国家数值风洞工程验证与确认系列专著

模型驱动的自动化软件代码生成技术
——气动数据管理框架
MDA Code Generation Technology
Aerodynamic Data Management Framework

杨福军　杨　雷　李志辉　著

科 学 出 版 社

北 京

内 容 简 介

本书通过对模型驱动的自动化软件代码生成策略、气动数据管理框架、气动数据处理流程和气动数据库数据结构进行研究，对气动数据管理系统进行共性分析，建立自动化软件框架的领域模型。第 1 章绪论分析了代码生成技术和气动管理系统框架现状，第 2、3 章阐述了现有软件框架和本书使用的设计模式，第 4~7 章阐述了基础框架和工作流引擎的设计过程，第 8、9 章阐述了气动数据管理系统相关设计内容，第 10 章阐述了气动数据管理框架支撑架构及自动化代码生成设计，第 11 章对本书设计的代码生成框架进行了示范生成效果展示。本书完整展示了气动数据管理和模型驱动代码生成技术的结合与设计过程，这预示着一种全新的气动数据管理系统开发方法已经落地，将为推动我国气动领域数据再利用及数字化工程加速建设奠定基础。

本书适用读者为气动数据工程建设及气动数据管理软件开发人员。

图书在版编目（CIP）数据

模型驱动的自动化软件代码生成技术：气动数据管理框架 / 杨福军，杨雷，李志辉著. —北京：科学出版社，2024.8
ISBN 978-7-03-076555-0

Ⅰ. ①模…　Ⅱ. ①杨…　②杨…　③李…　Ⅲ. ①气动技术–数据管理　Ⅳ. ①TP6

中国国家版本馆 CIP 数据核字（2023）第 188143 号

责任编辑：刘信力　范培培 / 责任校对：彭珍珍
责任印制：张　伟 / 封面设计：无极书装

科学出版社 出版
北京东黄城根北街 16 号
邮政编码：100717
http://www.sciencep.com
固安县铭成印刷有限公司印刷
科学出版社发行　各地新华书店经销

*

2024 年 8 月第　一　版　开本：720×1000　1/16
2024 年 8 月第一次印刷　印张：20
字数：398 000

定价：148.00 元
（如有印装质量问题，我社负责调换）

丛 书 序

计算流体力学 (computational fluid dynamics，CFD) 已成为支撑航空航天、工业装备、交通运输、节能环保等诸多领域发展的共性基础技术，在国防和国民经济建设中发挥着越来越重要的作用。CFD 技术验证、确认和不确定性量化 (VV&UQ) 是 CFD 从理论走向工程的关键环节之一。

美国非常重视 CFD 技术的验证和确认，20 世纪 60~70 年代，美国计算机仿真学会 (Society of Computer Simulation，SCS) 就专门成立模型可信性技术委员会 (Technical Committee of Modeling Credibility，TCMC)，开展计算仿真与模拟验证和确认方法的概念术语和规范的研究。美国航空航天局 (NASA) 2030 CFD 愿景中明确指出需持续加强对 CFD 技术验证、确认和不确定度量化研究，并在 CREATE-AV 项目中，将验证确认作为工业应用 CFD 软件质量保证 (SQA) 的关键一环。

我国从 "九五" 后期开始跟踪研究 CFD 技术验证与确认，开展了一系列卓有成效的工作。2018 年，中国空气动力研究与发展中心在国家数值风洞 (NNW) 工程项目中，专门设置了 "验证与确认系统"，联合国内优势单位和力量，共同开展 CFD 软件验证与确认相关研究工作，在基础理论、平台开发、数据库建设、工程应用等方面都取得了长足进步。

在国家数值风洞工程项目支持下，验证与确认研究团队精心组织开展了国外验证与确认领域文献著作的翻译。为总结国内研究成果，团队联合国内知名专家学者，完成了 "国家数值风洞工程验证与确认系列专著" 的编撰工作。本丛书从理论方法、标模试验和数据库建设等方面，系统地介绍了国内学者在验证与确认领域取得的成果。希望本丛书能为这一领域的研究人员提供有益的参考和借鉴，为我国这一领域的人才培养提供很好的指导和帮助，促进我国 CFD 验证与确认技术的快速发展。

感谢本丛书组织者和参与丛书编写的作者们，他们的努力将会有丰厚的回报。是为序！

唐志共

中国科学院院士

中国空气动力研究与发展中心

2022 年 8 月 16 日

序

　　空气动力学研究有三个重要手段：风洞试验、数值模拟和模型飞行试验。高保真度物理化学模型的建立需要大量风洞试验、飞行试验的支持，而数值计算可以给定详细、瞬时、可追溯、可跟踪的流场信息进行流动机理分析，三者结合可以更好地开展流动现象、规律的探索。尤其是随着高性能计算的快速发展，计算流体力学异军突起，通过计算机和数值方法来求解流体力学的控制方程，对流体力学问题进行高性能数值模拟与计算分析。

　　无论是风洞试验、数值计算还是飞行试验，都会产生大量的气动数据，这些数据包括设备信息、模型信息、条件状态信息和结果信息等。这些数据是空气动力学研究的基础，通过对气动数据的收集、整理、关联融合与挖掘分析，才能快速获得可用于飞行器论证、研制、鉴定和生产应用性能评估的综合性气动数据，获得气动布局设计原则和参数影响规律，为飞行器设计提供重要的技术参考。

　　对宝贵数据的有效管理和高效应用，都离不开数据库应用系统，数据库应用系统不仅可以打破数据藩篱，实现数据共享，还可以提高数据使用效率，增强科研能力。随着大数据时代的到来，以及人工智能和机器学习的广泛应用，数据库、数据仓库和数据中心建设是数字化工程的必由之路和重要支撑。该书从气动数据管理出发，针对现有气动数据管理系统进行分析总结，提出了一套适用于气动数据管理的数据模型及代码生成方法，可有效帮助气动人员快速建设气动数据管理系统。该方法通过自动化生成代码替代人员编码，有效降低了人为因素对代码质量的影响，减少系统缺陷产生，为气动数据保护和有效使用提供了强力支撑。该工作通过简化模型构建过程，降低了系统建模难度，帮助使用者摆脱对软件技术的依赖，使之更适用于气动人员使用。

　　该书作者长期以来，一直从事航空航天领域空气动力学可计算建模、模型驱动的自动化软件代码生成技术、气动试验数据工程建设、气动数据库软件设计与开发工作。该书立足于自主可控，充分借鉴国内外数据库系统研发和使用经验，利用先进的数据库技术和软件开发手段，研制出一套基于气动数据模型驱动的自动化软件框架。对气动数据库软件开发人员来说，这是一本不可多得的理论联系实际应用研究的好书，在空气动力学高性能计算通用模型及气动数据管理软件开发方面具有很强的借鉴与指导意义。从底层支撑框架、工作流引擎到自动化代码生成框架全部采用团队自研，是一次彻底国产化的尝试，避免了发展过程中的"卡脖子"问题。对气动等关键领域的数据管理国产化参与者而言，该书具有很强的借鉴与指导意义。为此，我欣然接受李志辉研究员的邀请，略贡贺词，是为序。

廖湘科

中国工程院院士

启元国家实验室主任

2022 年 12 月 1 日

前　　言

代码自动生成技术帮助软件开发人员从繁琐的编码工作中解放出来。通过代码自动化生成，避免了代码缺陷带来的安全问题、需求变更的代码维护问题和代码集成的协同问题。

模型驱动体系结构（Model-Driven Architecture，MDA）将软件开发过程中产生的所有模型分为平台无关模型（PIM）和平台相关模型（PSM）两种类型，通过各个层次间的映射和转换，实现可执行系统的开发。通过这种方式，软件系统的业务逻辑和实现细节得以分离。

学术界和软件工业界发展出许多模型驱动的代码自动生成方法和代码自动生成工具，最为主流的方式就是基于 UML 和 SysML 模型进行代码生成。而对于气动数据管理系统而言，存在数据管理流程较为统一、原始文件格式偏差较大、应用场景较为固定等特点，UML 和 SysML 需要更多的学习周期和更大的建模难度，并不适合气动人员进行操作。本书提出了一种更为简单有效的模型和代码生成方法，可协助气动人员快速建立模型并生成系统代码。

本书描述的代码生成框架包括：PIM 部分和 PSM 部分。其中 PIM 部分对气动数据管理的基本流程、数据装入流程、数据存取、数据处理流程、系统安全等基础设施做了固化；PSM 部分保留了特定信息（如风洞、天平等）、数据、展示方式、特定文件解析、特定数据处理方法的用户接口，由用户通过模型进行定义。从而让用户花费极小设计代价即可完成整个系统的代码生成。

一个新的框架从初生到成熟需要经历较长时间，为保证本书所设计代码生成框架的可延续性，避免"卡脖子"问题发生，所依赖的基础框架和引擎采用团队自研，包括：服务端框架 Noomi、ORM 框架 Relaen、前端框架 Nodom 和工作流引擎 Noomiflow。书中对这几个框架的设计进行了详细阐述，相关框架已开源并发布，在 npm 网站（www.npmjs.com）搜索框架名称即可下载。

本书的出版得益于"国家数值风洞工程"项目、国家自然科学基金重点支持项目"返回舱（器）再入跨流域热化学非平衡气动力/热绕流问题模拟研究"和国家重点研发计划"安全攸关软件框架验证的数学方法与应用"的大力支持。参编本书的单位有中国空气动力研究与发展中心、西南科技大学。本书第 1～3 章由李志辉撰写，第 4～7 章由杨雷（西南科技大学）撰写，第 8～10 章由杨福军撰写，第 11 章由吴晓军、张培红撰写。王昉、陈江涛、赵炜、贾洪印、钱炜祺、唐怡、付眸、冯姣、肖维、金韬、郭勇颜、赵娇、章超、吕罗庚、沈盈盈等同志也参与了部分章节内容的编写和校对工作。在本书编写过程中，部分内容采用了国家数值风洞工程项目以及其他气动数据管理相关项目研发过程中产生的文档资料，也参考了国内外众多学者的研究成果，这些资料和成果是空气动力学相关研究人员集体智慧的结晶，在此对所有长期以来为我国气动事业付出辛勤劳动的默默耕耘者致以最诚挚的敬意。

由于作者水平有限，时间仓促，书中难免存在不足，敬请广大读者批评指正，在此表示感谢。作者邮箱：fintan_yang@yeah.net。

作　者

2023 年 8 月

目　　录

第1章 绪 论

1.1 代码生成技术

1.1.1 引言

随着计算机的普及、信息技术的发展，人们在享受软件为生活带来方便的同时，对软件的需求、依赖性越来越强烈，对软件的稳定性、可靠性、安全性等要求越来越高。另外，随着移动互联网、物联网等的不断发展，软件运行的硬件平台、开发环境、运行环境等均在不断变化，软件开发的难度、复杂度、开发周期、研发成本等均在不断提高。然而，在软件工程高度发达的今天，多数的软件开发过程仍然采用手工编码方式。这种传统的软件开发方式通常效率较低、开发周期较长，且存在大量重复劳动。另外，当团队在开发庞大系统时，人员的编码习惯、编程水平等均有所不同。在开发过程中，也易受到项目时间限制、任务难度等因素的影响，对所写代码的可维护性、易扩展性等方面的考虑也有所不同。因此，在大型软件开发过程中，经常出现项目延期，系统稳定性、可靠性、安全性等不符合要求等问题。上述因素迫使开发人员对于如何减少重复开发劳动，提高代码开发效率，降低开发、维护成本，减轻程序员的负担等进行思考。特别是随着工业控制场景下控制软件复杂度的提升，基于文本的开发方式，即根据文本形式的规格说明书进行编码实现，然后通过在原型系统或实物系统上的运行来开展测试调试，已经很难满足当前在高质量保证的基础上，快速进行产品或系统交付的市场需求。而基于模型的设计，即在产品规格设计阶段就使用模型对产品规格进行描述，形成可执行的规格说明之后，利用自动化软件代码生成技术将规格模型直接转化为可以运行的产品级代码，是应对这种开发挑战的有效手段。自动化软件代码生成技术将大大加速软件的研发进度，规范编码风格，提高软件质量[1]。代码自动生成方法就是程序或软件根据开发人员的需求描述而自动生成对应的源代码，这个描述可以采用模型构建、文字输入或者图像输入等方式。代码自动生成方法可以有效地降低重复编码的工作量[2]，提高代码开发效率，降低开发、维护成本。

自动化软件代码生成，即根据用户任务需求建模而自动生成源代码的程序或软件。自动化软件代码生成深刻影响着软件开发的内容和形式。其主要优点如下[3]：

（1）减少重复的编码工作。自动化软件代码生成可减少很多不必要的重复代码的编写，基于模板或者模型，通过代码生成引擎，自动生成海量的代码，可以提高软件开发效率，优化软件开发过程。

（2）代码生成风格上一致良好。不同的程序员在编写相同功能的模块时，最终编写的源代码会有很大的不同，但是通过自动化软件代码生成的源代码，具有较好的一致性和规范性，同时也具有良好的可读性。

（3）系统设计成为主导。整个开发过程，选择正确的模型至关重要。因此系统设计者的主要目光会放到模型的选择和系统业务逻辑的设计上。系统设计者会把较多的精力和时间花费在顶层设计上，提高系统可用性和健壮性。

（4）易于修改和升级。自动化软件代码生成的另外一个优势是可扩展性。在业务层次上，从长远来看，自动化软件代码生成技术使得软件更容易修改和升级。

（5）设计的连贯性。自动化软件代码生成鼓励程序员在编码体系内工作，同时，自动化软件代码生成器良好的文档和可维护性为项目的维护和演化也提供了一致的结构和方法。

代码生成技术主要有两种方式：基于模板的代码自动生成技术和基于模型的代码自动生成技术。

1.1.2　基于模板的代码自动生成技术

1.1.2.1　概述

基于模板的代码自动生成技术起源于 20 世纪 90 年代，其研究的最初目的是减少早期软件开发过程中重复代码的编写。基于模板的代码自动生成系统通常包含三个核心元素：模板文件、数据模型和模板引擎。模板文件用于封装可复用的代码，数据模型是指动态可变的代码部分，模板引擎用于整合模板文件和数据模型生成最终的代码。首先开发者根据模板的语法规则设计好模板，通常将不变的部分以源码的形式写入模板中，将可变的部分以特殊标记或占位符号的形式写入模板中的特定位置。在自动生成代码时，模板引擎需要读取模板文件，然后根据动态输入的数据和参数执行多个模板进行组合或替换模板中的占位符等操作，生成最终的代码[4]。模板是最终生成的代码原型。一个代码模板包括静态代码和动态代码两部分。静态代码不需要代码生成器的解析而直接输出。动态代码的代码和数据可以被改变[5]。作为在计算机领域中使用的模板，可以简单地将之理解为——为解决特定的问题而编写的通用性算法框架[6]。模板引擎和模板是相互依赖的，没有了模板，系统无法生成满足需求的代码；没有模板引擎，系统无法解析模板，从而也无从谈起代码生成。

1.1.2.2　相关技术

1.1.2.2.1　分层技术

分层技术在当前软件开发中被广泛使用。在软件开发过程当中，把具有不同过程的解决方案放置到不同的概念层上面，之后这整个层次形成一个不够密封的系统，其中每一个层次在级别上具有平等性。软件的分层随着用户的需求和软件体系结构的发展在逐层地演进，从 20 世纪 80 年代初的小型数据库结构化程序设计的单层结构，基于服务端和客户端的双层结构，客户端下的三层体系结构，到将业务逻辑独立出来的分布式系统的四层和五层结构，这些结构见证了软件系统开发中的分层技术的发展趋势。层与层之间通过层接口进行数据交互。分层的优点在于提高系统的灵活性和可复用性，能够提高软件开发的效率。

（1）定义 1（分层结构）约定 n 层构架的各层编号为 1，2，…，n，其中，层的编号越大，则越处于系统的高层。那么分层构架应该满足如下规则[7]：

（a）第 k 层（$1 < k \leqslant n$）智能依赖于 $k - 1$ 层，而不能依赖于其他低层；

（b）如果 p 层依赖于 q 层，则 p 的编号大于 q。

该原则保证层依赖的单向性，减少和降低系统逻辑的复杂性，使得系统在提高功能和可复用性前提下易于控制。

（2）定义 2（分层对象模型）将基于分层体系的对象模型分成数据实体对象、持久层对象和业务逻辑层对象，每层的对象可以表示为一个 n 元组[7]。

（a）数据实体对象 MO =（mo_id, mo_name, attr_set, op_attr）。其中，mo_id, mo_name 分别对应模型实体对象 MO 的唯一的标识和名称；attr_set 代表该实体的属性集；op_ attr 代表对该属性的操作，一般对应该实体的可读和可写算子。

（b）持久层对象 PO =（po_id, po_name, mo, dll_set）。其中，po_id, po_name 分别对应持久层对象 PO 的唯一标识和名称；mo 为持久层关联的模型层实体对象和实体对象集合；dll_set 为持久层对应的操作集合，如添加、删除、修改、查询、分页和排序等操作。

（c）业务逻辑层对象 BO =（bo_id, bo_name, mo, bll_set）。其中，bo_id, bo_name 分别对应业务逻辑层 BO 的唯一标识和名称；mo 为持久层关联的模型层实体对象和实体对象集合；bll_set 为业务逻辑层对应的操作集合，如登录、注册、审核等业务逻辑层的功能。

1.1.2.2.2　生成策略

当前使用比较多的基于模板的代码自动生成技术主要用到 FreeMarker、XSLT（eXtensible Stylesheet Language Transformations，扩展样式表转换语言）技术和 Velocity 技术，通过代码生成引擎将输入的数据模型替换模板文件中的可变部分来生成目标代码。由于模板文件基于文本易于定制和调整，结合成熟的模板语言可使代码生成过程更具灵活性，生成的代码质量更高。故其在中小企业中是应用最为广泛的一种方式。在代码生成方案中，以下的三个元素是必须的。①模板：在生成的代码中，有些内容和逻辑是不变的，在基于模板的代码生成技术方案中，这些内容用模板存放，其中定义了生成代码的基本结构和逻辑；②元数据：元数据的本义是描述数据内容和结构，在代码生成技术中，元数据用于描述生成代码的内容；③业务规则：定义了生成系统的数据处理逻辑，主要是模块中的在持久层如何进行实体的持久，亦即基本的增、删、改、查操作，在业务逻辑层定义构建在持久层基础上的业务逻辑操作[8]。

1.1.2.2.3　生成过程

基于模板的自动代码生成过程如下：首先对用户需求进行初步的分析和设计，在实现阶段制定要采用的框架和何种分层结构，根据功能需求，设计相应的模板文件，并根据数据库或者元数据，使用代码生成引擎去生成程序的源代码。在生成基础源代码的基础上进行代码调整和特定代码的添加，调试之后将代码部署到基础框架中[8]。

1.1.2.3　技术应用

目前，国外很多大型的软件公司为了解决代码重用的问题，都有着自己的解决方案。一些解决方案是通过用户创建的模型文件生成代码，例如 Rational 公司的 Rose 就能够根据用户通过其创建的数据模型，按照用户选择的语言类别，自动化生成一些代码。Together 公司的 Together Center，同样是通过用户设计的 UML 文件来自动生成一些目标代码。另外的一些解决方案是在集成开发环境中增加一些向导功能，利用向导可以自动生成部分所需的目标代码。例如 Microsoft 公司的 Visual Studio 系列均采用向导的方式，当需要创建相关控件或类时，开发人员只需要将控件拖到开发环境并添加用户控件名，即能生成固定格式的控件框架代码；需要类时，在开发环境里添加类，并填写相应的类名，就能生成固定的类框架代码。Borland 公司的 JBuilder 也是曾经比较流行的开发工具，提供可视化的操作开发界面，也是通过向导的方式自动生成框架代码[9]。

1.1.2.4　总结

基于模板的代码自动生成技术的优点是具有良好的可维护性，技术原理和使用都较为简单，因此应用范围十分广泛，在很多开发框架、开发辅助工具中都能见到该技术的应用；但缺点是受限于模板，自动生成代码的灵活性较差。如果要实现功能强大的代码自动生成能力，则需要大量的预定义模板和复杂的模板引擎规则。此外，基于模板的代码生成技术也是很多其他代码生成技术的实现基础或者重要组成部分，一些自动化软件代码生成技术是从基于模板的代码生成技术发展而来的[10]。

1.1.3　基于模型的代码自动生成技术

1.1.3.1　概述

有关模型驱动架构的研究起始于 20 世纪 70 年代，与代码自动生成的研究趋势基本保持着同步的状态。基于模型驱动的自动建模平台和代码自动生成技术已经成为软件开发中不可或缺的一部分，在敏捷迭代开发和提高软件开发效率中发挥着重要的作用[10-14]，基于模型的自动化软件代码生成技术在软件工程中发挥着越来越重要的作用，深刻改变着软件开发过程的演进和变革，尤其是以模型驱动架构（Model Driven Architecture，MDA）指导的自动代码生成。如果说基于模板的代码生成技术本质上是具体代码层面的复用，那么基于模型驱动的代码生成技术就是软件抽象结构的复用。基于模型的代码自动生成要实现的是将系统抽象成模型，然后通过模型到代码的映射规则自动生成代码。核心原理是借助 MDA，MDA 技术相较于传统软件开发方式，可以利用模型语言完成软件设计，实现系统代码生成和运行编译等过程，最终满足用户需求。其中模型转换是指通过指定模型语言或建模工具搭建符合用户需求的系统模型，这类模型结构和动作能够有效反映系统信息，在完成一系列转换处理后即可将系统模型转换为可供独立使用的代码文件。通常来说，模型转换包括由模型到模型和模型到代码两种转换模式。MDA 架构是以统一建模语言（UML）为基础，并融合部分工业领域系统架构，可供系统设计、可视化服务、数据转换等任务使用[4]。

1.1.3.2　核心技术

1.1.3.2.1　MDA

国际对象管理组织（Object Management Group，OMG）在 2001 年提出了 MDA。MDA 的核心思想是抽象出关键的平台无关模型（PIM），该模型与具体的完成技术无关，并能详细描述应用的功能，用 UML 来表示。然后针对具体平台的不同实现技术和语言制定相应的映射规则，通过这些映射规则及辅助工具可以将 PIM 转换成与具体平台的实现技术和语言相关的平台相关模型（PSM），最后对 PSM 进行丰富并转换成代码。MDA 的目的是通过 PIM 和 PSM 将一个应用的具体业务建模与具体的实现平台和技术区分开来，这样可以避免由应用的具体业务所建立的模型受到不同实现技术带来的影响。通过引入 MDA 可把嵌入式软件的开发方法从代码层次提升到模型层次，从而提高软件的可信性，缩短开发周期。基于模型的开发方法中的核心技术就是模型验证以及自动代码生成技术。MDA 旨在提高软件的开发效率，它与面向构件和面向服务的软件体系结构以及基于中间件的分布软件开发环境相辅相成，提供了一种开放的方法，该方法对所有的软件开发商都是中立的，以解决业务和技术变化带来的挑战[15-24]。通过 UML 或者无对象设施（Meta-Object Facility，MOF）等 OMG 建模标准，来表达应用软件的主要功能和行为，然后可以通过 MDA 将得到的平台无关模型实现到具体平台上，如 Web Services、.NET、CORBA、J2EE 等。在 MDA 的开发理念下，无论使用了哪种实际的技术平台，应用软件的业务部分和技术部分都可以分别发展，业务逻辑随业务需求的变化而变化，如果业务需要，技术部分还可以随时享受到新的技术发展趋势的好处[10]。MDA 中主要有四种模型：计算无关模型（CIM）、平台无关模型（PIM）、平台相关模型（PSM）和代码。

（1）计算无关模型（CIM）。

计算无关模型是描述某个具体领域的业务的抽象模型，它被看作需求模型的一个组成部分。它聚焦于系统环境及需求，但是不涉及系统内部的结构和运作细节[25]。

（2）平台无关模型（PIM）。

平台无关指的是让模型独立于具体的实现技术与平台，即它们之间没有任何依赖关系，建立系统模型的时候平台无关模型不用考虑系统将基于什么平台或者什么技术实现，而仅仅从系统角度考虑如何使得系统的结构、功能、业务逻辑更符合需求建模，它是一种提供软件体系结构、功能和行为的形式化描述的分析模型。它将系统的结构和功能从特定的技术细节中抽离出来，不再关心具体实现技术和实现平台，是一种抽象且协同性高的模型。平台无关模型聚焦于系统的内部细节，但是不涉及实现系统的具体平台和具体技术。

（3）平台相关模型（PSM）。

平台相关模型指的是与平台具有关联关系的模型，基于特定的平台或者特定的技术来描述如何实现系统某一部分或者整个的功能和业务。平台无关模型和平台相关模型的转化是一对多的关系，对于同一个平台无关模型，可以根据不同的平台以及不同的技术，定义不同的转化规范，形成多个不同的平台相关模型。在数据库设计中，关系模式即为平台无关模型，针对不同的数据库如 MySQL、Oracle，对应不同转化规范，转化为具体的 SQL 语句[21]。平台相关模型聚焦于系统落实于特定系统的具体平台和具体实现技术。

（4）代码。

开发的最后一步是把每个 PSM 变换成代码。因为 PSM 同相应技术密切相关，所以这一变换相对比较直接。

1.1.3.2.2　MDA 模型转化[21]

（1）CIM 到 PIM 的转化。

CIM 到 PIM 的转化是需求模型转化到分析模型，这部分的转化绝大多数情况下是由设计人员手动完成的。

（2）PIM 到 PIM 的转化。

如果模型在开发过程中发生了变化，但是这个模型不和任何平台和实现技术有关联，那么就使用平台无关模型到平台无关模型的转化。这个变化过程最常见的情况是设计人员对模型的改进和进一步的细化。

（3）PIM 到 PSM 的转化。

这个过程是针对具体的平台和实现技术情况下发生的，比如将关系模式转化为 MySQL 数据库的建表语句就是 PIM 到 PSM 的转化。在 MDA 中，转化组件会根据特定的技术与平台选择与之相对应的转化规则，将一个 PIM 转化为具体的 PSM。

（4）PSM 到 PSM 的转化。

从一个平台相关模型到另一个平台相关模型的转化与特定的平台和技术的细化有关，被看作对平台相关模型的改进过程。

（5）PSM 到 PIM 的转化。

当需要从现有的 PSM 中抽象出与平台和技术无关的模型即 PIM 时，便需要用到平台相关模型到平台无关模型的转化。这与上述的第（3）步是相反的过程，它们之间的相互转化结果应该是一样的。

（6）PSM 到 Code 的转化。

这是由模型生成可执行代码的阶段，现在市场上已经有许多的工具可以做到从 PSM 自动地生成 Java 或者 C# 代码，如 Power Designer、StartUML 等。目前这个阶段的转化方法主要有如下几种。

（a）基于观察者的方式：这个方法在实际的 MDA 工程项目中应用十分广泛，主要思想是提供一个观察者的机制对模型的存储形式进行遍历，并最后将生成的代码以文本流的形式输出，保存下来。

（b）基于模板解析：该方法的主要思想是对于源模型的每个节点符号，都有一个相应的模板与它匹配并将它转化为相应的代码。

（7）Code 到 PSM 的转化。

生成的代码到平台相关模型的转化与平台相关模型到可执行代码的转化是个互逆的工程，属于 MDA 中逆向工程，需要注意的是两个相互转化的结果应该是一致的。

1.1.3.2.3 统一建模语言

UML 是当前应用最通用的建模语言，用户可以将思路快速地映射到模型中，其余人员也可以快速从模型中了解思路。开发人员的工作是将需求转换成可靠、可运行的模型，通过 UML 可快速地从建模思路进行实现。现在很多代码生成的技术一直在进步，更加符合当前技术人员的需求。编程语言和编译平台的更替会使很多代码被弃用，带来了极大的浪费，但是模型的更替较慢，更贴近人的思维，可以有效减缓资源浪费的速度。模型驱动代码生成的主要思路是面向对象开发，核心是各种 UML 模型，关键是模型对代码的映射，让思维更加清晰，实现更加快速。通过建模进行软件开发，将思维直接映射到模型，再从模型转换到目标平台代码，它的使用可能会成为新时代的开发方法[22-26]。特别是应用于嵌入式系统领域的体系结构建模语言（Architecture Analysis and Design Language，AADL），主要支持航空、航天、汽车等领域复杂实时的安全关键系统的设计与分析，具有语法简单、功能强大、可扩展等优点，能够对嵌入式软件的功能和非功能属性进行建模与描述，对实时系统的软件及硬件进行标准化分类，提供精确的语义定义，在开发早期对系统进行分析与验证。AADL 规范表示计算机系统运行时架构的组件模型，它通常是由嵌入式的、安全关键的、任务关键的或性能关键的应用软件和执行平台及计算机硬件组成物理系统[27-37]。组件代表系统的一部分并与其他组件交互，系统由交互的组件分层组成。软件组件定义了系统体系结构中的应用元素，包含数据、线程、线程组，进程、子程序、子程序组。执行平台组件定义硬件元素，包含总线、内存、处理器、设备、虚拟总线、虚拟处理器。组合组件用来采集各种不同的组件（软件和硬件），在逻辑上以实体的形式建立系统的体系结构。

1.1.3.3 技术应用

在模型驱动工程领域中，Monteiro 等从建模阶段出发，介绍了图模板、模型模式等概念，并应用 MDA 来开发信息系统，达到应用程序代码 80% 的模型生成。Perillo 等提出了一种将 Simulink 和 SysML 建模的软件和固件子系统集成到一个系统级模型中的方法和一套 MDA 工具包，从而实现功能仿真，在 SysML 模型中应用了自动代码生成技术，生成的代码将软件代码和等效行为的 FPGA 实现集成在一个虚拟仿真平台上。类似地，Di Natale 等介绍了 Elettronica SpA（ELT）开发集成软件和固件的复杂嵌入式系统的 MDE 过程，采用 SysML 作为系统级建模语言，并使用 Simulink 对选定的子系统进行细化，实现软件 C++ 等代码和固件部分自动实现。Katayama 等提出了一种源代码修改方法来对应 MDA 中的修改模型，它减少了在修改需求规范后保持模型和源代码之间一致性的时间和精力。Jäger 等提出了一种 C++ 代码生成方法，用于创建类、元模型包和工厂，以实现 UML 模型的建模、转换、验证和比较。Benouda 等研究了一种基于模型驱动的体系结构方法，根据开发到运行一对多的原则，为多个平台生成移动应用，并采用了模板的方法，使用 Acceleo 作为转换语言开发了生成移动设备所需的所有元类。Roubi 等提出了一种模型驱动的开发过程来生成富互联网应用程序，它以图形界面为中心，在简化设计任务的基础上，不必了解实现规范。Uzun 等关注点在于基于模型驱动架构的测试，通过应用多学科设计优化方法，确定了建议的解决方案，并描述了多学科设计优化方法的当前研究方向。Huning 等提出了在统一建模语言

（UML）中用一组基于派生的安全需求 RD 的安全原型注释类图，通过模型转换创建中间模型，这些模型实现指定安全机制的类。

1.1.3.4 总结

使用模型驱动开发有以下优点[12]。

（1）提高生产效率：在 MDA 中，模型是软件设计和开发的重点，基于用户需求和系统功能建立 PIM，PSM 由 PIM 转换得到。PIM 到 PSM 转换的定义在后期的开发中可以反复使用，这样开发人员就不用将过多的时间和精力花费在具体目标平台上，因此可以提高软件的开发效率。

（2）增强可移植性：PIM 是平台无关的，多个平台的 PSM 可以由一个 PIM 转换而来，如此便增强了应用的可移植性。

（3）支持互操作性：同一个 PIM 可以转换为不同平台的 PSM，但是不同平台的 PSM 不能直接产生联系，这就需要桥接器进行不同平台之间概念转换。PSM 转换到代码后，也需要桥接器连接不同平台的代码，这也就体现了模型驱动开发的互操作性。

（4）便于维护：PIM 是对系统的高层次抽象，相当于系统的高层次文档，便于后期维护。

1.2 气动数据管理框架

1.2.1 气动数据管理框架的必要性

空气动力学是航空航天工业发展过程中成长起来的一门学科，在研究揭示飞行器同气体相对运动力/热特性、流动规律和伴随发生物理化学变化过程中展现生命力，集聚数理化建模与应用科技的融合；在载人航天工程空间返回任务对返回舱（器）气动外形的需求与低地球轨道 300～1000km 运行的气动融合轨道飞行在轨服役与离轨再入近空间大气层安全评估过程中，积累了大量空气动力计算与试验模拟数据库[12,13,15-20,23,27-37]。如何管理与挖掘空气动力学数据是决定设计成败的关键。我们经常会被问这样一个问题，既然都是管理气动数据，为什么总要重复开发多个数据库系统呢？不能采用同一套数据库系统解决所有问题吗？简单的回答是"可以，但是通用的一定不好用"。我们甚至可以采用一个非常通用的信息系统管理所有和数据有关的系统需求，比如档案管理、人员管理、试验管理等，但是一定会有很多用户的需求无法得到满足。

具体一点说，在资源层，不同业务的数据结构会有一定差别，如果一定要做并集，不仅会造成空间冗余，同时数据查询也往往需要进行过滤筛选，形成新的视图，影响访问效率。同时不同的分层结构与外键关联也无法满足变化的数据组织。

在业务逻辑层，不同的系统工作流程不一样，比如有的需要增加校对、审核流程，有的不需要；数据处理不一致，比如有的需要算法库进行计算，或者对数据进行差值、修正等；数据比对、画图方式一般有通用的工具，但为了便捷操作，依然需要根据具体需求定制，如统计、报表生成等都要根据用户需求进行定制。

在数据呈现层，系统的数据呈现往往是由用户、领导和项目负责人决定的，开发人员无法决定布局、色彩、操作等呈现方式，也很难通过切换皮肤等方式让用户、领导和项目负责人完全满意或者慢慢适应，往往都会根据具体的项目和系统进行定制开发。

但不可否认，确实很多气动数据库系统的主要功能基本一致，处理流程也相对固定，虽然气动数据的数据类型繁多、数据入库手续繁琐、层次关系灵活多变，但依然能够抽取共性业务逻辑，解耦功能模块，开发一套有针对性的气动数据管理框架，以解决气动数据应用系统重复开发、功能扩展困难等问题，实现代码重用。具体而论，气动数据管理框架能够满足如下需要。

（1）气动数据化平台建设需要。

所有航空航天等空气动力学研究相关院所，都存在大量宝贵的试验和计算数据，也几乎都有自己的数据库系统，但是这些系统基本上都是自行开发或者外委开发，系统质量参差不齐，系统界面千差万别，存在大量的重复劳动，使试验业务中产生的有价值数据没有很好地被收集、整理和保存。同时围绕试验业务的各部门之间的协调配合，也无法建立比较好的信息化管理机制。

（2）试验项目管理需要。

各试验项目需要通过管理框架功能，进行分类管理、状态管理、进度管理、信息管理等操作，通过合理的组织，实现对项目以不同的导航方式进行显示与管理，同时通过查询功能实现项目信息的快速定位，最终实现对试验项目的综合管理。在项目管理过程中，应包含项目的建立、修改、删除等功能，并可进行浏览、查看、查询、统计等操作。

（3）试验流程管理需要。

由于试验流程种类多且非常灵活，需要提供流程管理模块。可根据试验要求对试验进行试验任务的分解与划分，指定相关执行人与执行班组；并可对分解结果进行保存，便于后期进行引用。针对试验中的各种文档提供文档审批流程，试验中可灵活调用各种文档审批流程，进行文档的流程控制与审批。在流程应用时可随时对流程进行监控、查询等功能操作。

（4）试验设备管理需要。

将环境试验设备进行统一的管理，对设备分类、设备状态、设备信息、设备参数、设备相关文档等与设备相关的各项信息进行管理。同时通过设备调度机制实现设备状态的浏览、设备计划浏览、设备使用申请、设备申请汇总等功能。有效地提高设备信息的完整性与设备调度的合理性，提高设备的利用率与共享度。试验设备管理功能应包括：维护管理（日常维护、定期维护）、维修记录（维修申请、维修审批、维修验收）、周期验证、运行时间、状态变更、计量提醒、检测登记、检定录入、状态变更（在用、送检、停用、报废）等管理功能。在试验设备管理过程中实现与试验项目信息的关联，操作者可通过项目信息的浏览，方便快捷地了解到试验项目所用到的试验设备及相关资源信息。

（5）数据管理需要。

对试验中的各项数据进行综合管理，包括试验数据、测量数据、故障数据等。可以对各种数据进行分类组织、浏览、查看、增删，以及查询、统计、导入/导出等功能。可以对数据按照树状结构进行浏览查询、组合查询和模糊查询。

实现分散的数据统一、有序的存储管理，使用统一的格式存储，并能够选择格式导出，便于业务系统中的各种工具能够方便地获取、处理、传输和显示各种数据，保证试验过程数据的完整性。在数据管理过程中建立数据与试验项目的关联机制，通过信息的管理实现项目数据的完整性，同时实现试验数据的结构化的管理应用。

（6）报告管理需要。

针对试验中报告文件种类繁多的问题，需要建立报告模板定义的功能。可通过报告模板和数据库相关字段进行关联。实现试验数据、试验分析数据、试验图片等信息，自动、规范、快速地生成各类试验报告，减少信息统计时间，减少出错率，提高报告文件的编制效率。

（7）知识管理需要。

将长期积累的经验数据、技术文档、试验标准、规范文档等知识积累型文档进行合理规范管理与共享功能，充分发挥各种试验知识的应用效应。提高规范化的文档管理能力，促进各类知识性文档的共享与应用，使各种知识在设计、试验、生产工作中得到充分利用，缩短产品研制周期，缩短排故周期，也尽快提高新人业务水平。

（8）数据安全管理需要。

通过部门建立、人员管理、权限划分等操作，实现平台的多层次安全管理。记录并显示所有人员在系统中所做的操作日志、系统日志、应用日志等日志信息，并提供日志浏览、查询、导出等操作实现平台日志管理。系统提供完全备份和增量备份相结合的模式，用户可通过备份和恢复工具自由进行备份，系统同时还提供自动的备份服务，可实现用户无干预的数据备份。

（9）可扩展性需要。

考虑到试验业务的扩展，框架需要具备维护性和扩展性，为后期的系统扩展与系统集成提供相关接口。可扩展性一般包括以下三个方面。

（a）动态建模：通过数据模型的自定义能力和动态扩展能力，保证企业能随业务需求，随时变化具体的业务数据结构。

（b）系统集成：系统在建设中考虑企业未来发展的需要，具备良好的集成性，可与单位内现行的信息化系统（PDM、OA）进行数据交换与集成。

（c）系统扩展：系统具备开放的体系架构，提供二次开发接口标准，支持业务拓展需要；提供试验设备的标准开发接口，使新的试验设备驱动可以直接接入测控软件，进行统一的综合测控。

1.2.2 数据管理框架的国内外现状

试验是产品研发、生产制造、维修保障过程中必不可少的重要技术手段，在优化产品性能、延长产品寿命、提高产品质量以及控制成本方面都起着至关重要的作用；同时试验本身也是跨学科、多人参与的复杂过程，其中会涉及多数据管理、试验项目过程控制、试验内容协同等工作内容。而在企业实际的试验过程中，日积月累的大量试验数据大多仍以文件形式零散管理，没有得到有效的管理和利用。如何管理和组织这些存放分散、类型多样、格式复杂的试验数据一直是一个困扰试验管理人员的难题。同时，如何合理地调配试验管理人员，如何合理地调配试验资源，高效利用试验台架以及试验设备，如何规范试验的流程以保证试验的准确、高效、避免重复，都成为突破企业试验水平和试验效率瓶颈的有效手段[4,5,21-23,27-31]。数据管理描述了用于规划、指定、启用、创建、获取、维护、使用、归纳、检索、控制和清除数据的过程。虽然数据管理已成为该学科的常用术语，但它有时还被称为数据资源管理或企业信息管理（EIM）。市场上类似的试验数据管理框架有很多，TDM 这个概念起始于 2003 年，美国 Newtera 公司的产品最初称为试验数据管理系统。TDM 发展经历了以下三个阶段。

第一代 TDM（2003～2008）：TDM 处于概念阶段和市场培育期，没有成熟的产品，只能按照用户需求定制开发，少有成功案例。

第二代 TDM（2009～2015）：出现了成型的 TDM 产品，实现了试验管理的可配置功能模块，例如试验数据管理、试验流程管理、试验资源管理、系统集成和设备集成等。行业内出现一些成功应用案例。

第三代 TDM（2016～ ）：也就是协同 TDM，不局限于试验业务部门的管理系统，而是着眼于通过互联、互通和协同等要素成为企业 PLM 信息战略的重要组成部分，发挥更大的价值。

下面介绍几款经典的试验数据管理框架。

1.2.2.1 Newtera TDM

Newtera 于 2003 年创建于美国加利福尼亚州的硅谷，Newtera TDM 提供了简单易用的设计工具来实现企业个性化需求，无须编写或修改代码，从而将"随需而变"的理念落地。通过对 Newtera TDM 一次投入，不但可以满足企业现有的业务需要，还可以满足未来企业业务拓展的需要，具有极高的性价比。企业可以通过 Newtera TDM 系统由小到大逐步建立完善自己所需的试验业务管理系统。Newtera 特点如图 1.1 所示。

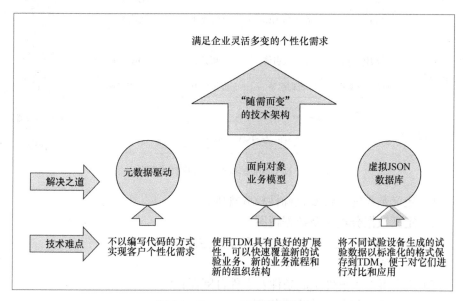

图 1.1 Newtera 试验数据管理

Newtera TDM 7.0 采用 SPA 架构开发。前端使用 HTML 5、JavaScript、AngularJS、Bootstrap 技术实现功能，使用浏览器作为容器及运行环境；后端采用符合 REST 规范的 Web API 提供微服务，以 HTTP 协议和 JSON 格式的数据与前端进行交互。

Newtera TDM 平台的应用服务器为前端提供各种试验业务管理相关的后端服务，例如，试验流程、试验数据、试验资源管理等。平台提供了七种配置工具用于定义服务的配置模型，应用服务器的各种引擎根据服务的配置可以动态地发布或更新服务的 API 和业务逻辑，替代了传统上需要软件开发人员所做的工作。Newtera 试验数据管理技术架构如图 1.2 所示。

Newtera TDM 主要配置工具介绍如下。

（1）DesignStudio（业务建模）的主要功能有：

（a）创建及修改面向对象的数据模型；

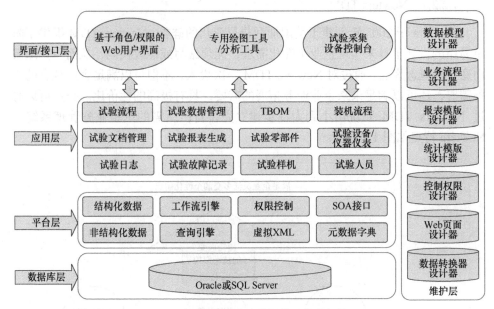

图 1.2　Newtera 试验数据管理技术架构

（b）定义数据完整性及正确性校验规则；

（c）定义数据分类树及数据视图；

（d）定义用户角色、组织结构树和权限控制规则；

（e）定义服务 REST API 接口；

（f）定义事件、事件生成条件及事件订阅器；

（g）定义用户操作日志生成规则。

（2）WorkflowStudio（流程建模）的主要功能有：

（a）支持顺序工作流、状态机工作流、主辅工作流；

（b）支持串行、并行、会签、分解工作流的模式；

（c）数据库事件及外部事件驱动，无须编写程序；

（d）基于角色的工作流任务分配，支持任务代办；

（e）图形化监视工作流的进度，并可进行人工干预；

（f）支持可定制的工作流活动，扩展工作流的功能；

（g）同时部署和运行工作流模型的不同版本，为流程的平滑升级提供便利。

（3）SiteMapStudio（界面功能配置）的主要功能有：

（a）按照所属单位、职位或角色定义功能菜单；

（b）定义菜单项的所用的功能模块、文字、图标、尺寸和颜色；

（c）定义对数据记录的各种操作功能；

（d）在产品自带的功能基础上，添加定制开发的功能模块；

（e）支持定义多个应用的菜单，动态切换。

（4）DataWizard 的主要功能有：

（a）支持多种文件类型的数据导入，如：文本、Excel 等；

（b）将各种格式、名称、计量单位的试验数据转换为标准和规范的格式，便于数据的对比分析；

（c）可以将数据处理步骤保存为脚本，供后续数据导入使用；

（d）允许编写函数来处理数据导入过程中遇到的复杂情况，例如异常格式处理、计量单位转换等；

（e）支持海量数据文件的处理，以分块导入的方式处理海量数据的导入而不占用过多的系统资源；

（f）对于特殊格式的文本文件，提供了可视化的工具用于定义数据识别规则和数据解析器用于从规则生成代码，而无须编写代码。

（5）SmartForm（智能表单）。

Newtera TDM 提供了智能表单设计器，允许业务人员以无编程和所见即所得的方式定义智能表单，以便取代试验业务中常用的纸质表单，例如试验申请单、样品流转表单、测试记录表单等。

（6）SmartWord（智能 Word 报告）。

企业的试验检验报告多种多样，报告格式不同，为了方便业务人员自行设计试验报告的模板，Newtera TDM 平台提供了一个称为 SmartWord 的工具。SmartWord 允许业务人员使用微软 Word 创建试验报告的格式，在试验报告中的不同位置引用保存在 TDM 数据库中的试验数据参数，并将设计好的报告保存为模板并部署在 TDM 服务器端。在建好的 Word 模板的基础上，业务人员使用 Web 客户端便可以实现自动生成试验报告的功能，节省了大量的手工操作劳动。

（7）SmartExcel（智能 Excel 报表）。

试验业务中有很多的统计分析报表需要制作，例如试验趋势统计表、设备使用统计表等，这些报表通常采用 Excel 手工制作，费时费力，Newtera TDM 平台提供了一个称为 SmartExcel 的工具来解决这个问题。SmartExcel 是基于 Excel 所扩展的工具，它允许使用者使用 Excel 功能来设计报表的格式和样式，包括表格、透视表、曲线图、饼图、条图等类型，从而形成报表展示模板。而后在模板中的不同单元格以拖拽方式引用数据模型的相关属性。创建好的报表模板部署在服务器端后，用户可在 Web 界面通过服务器的报表生成引擎来一键生成统计报表。

（8）DataWizard（数据处理向导）。

试验数据具有批量大、格式多的特点，数据的批量导入要求非常复杂，解决好试验数据批量处理的问题是 TDM 的主要功能之一，Newtera TDM 平台提供了类似 ETL 工具的数据处理向导（DataWizard），可通过配置方式实现各种试验数据抽取、转换、批量导入的功能。

1.2.2.2 Hi-key TDM

北京海基科技发展有限责任公司的 Hi-key TDM 系统具备如下特点。

（1）接口规范。

Hi-key TDM 系统中专门提供了 TBOM 功能模块，该模块不但可以直接读取 PDM 系统中的 EBOM 表单，与 PDM 系统进行直接集成，而且可以方便技术人员按照 PDM 系统中的产品结构树增删改查数据，该项功能是在项目实施过程中很多用户非常关注的需求，因此，Hi-key TDM 专门开发了这样一个功能。

（2）安全性。

国家针对国防工业单位的数据管理系统已经有了严格的保密规定，比如三员分立（系统员、安全员、审核员）、密码暗文、日志记录等，尤其是不允许存在超级管理员的权限设置，Hi-key TDM 在开发之初从架构上就考虑了这些因素，可以灵活设置角色和权限，能够完全满足国家保密的规定。而不像当时其他一些 TDM 系统，仍然采用的是超级管理员账户管理系统。

（3）跨平台。

Hi-key TDM 基于 Java 平台开发，具有平台无关性，支持各种操作系统，系统也可以选择多种服务器，像 Oracle WebLogic、IBM WebSphere 等商业应用服务器或开源稳定的 Tomcat 服务器，可以获得很好的稳定性和性能。而有些 TDM 系统基于微软的 .NET 平台开发，目前只支持 Windows 系统，只能运行在 Windows 系统上的 IIS 服务器上，当访问用户数到达一定数量时服务器端性能不稳定，容易崩溃。

（4）动态建库。

Hi-key TDM 系统是提供动态建库功能的软件，支持面向对象的建模机制。用户在试验过程中的数据及模型都是根据需要动态变化的，在离开了实施人员后用户需要自己对数据模型进行修改，所以通过 Hi-key TDM 动态建库功能，用户可以很方便地改变数据模型结构，并且所有操作都是动态生成的。Hi-key TDM 动态建库功能除了可以创建数据表、数据视图、数据约束之外，还可以创建统计视图，并且提供了“数据表枚举约束”“数据级联”“多对多关联关系”“显示属性排序”等实用的功能。

（5）ETL 海量数据导入。

Hi-key TDM 系统提供独立的 ETL 工具，具有前台导入、后台导入、定时导入、批量导入、试验条件和数据整体导入（多表关联导入）、导入脚本等功能，导入性能稳定。

　　基于 Hi-key TDM 发展起来的 Orient TDM 除了具备原有功能外，实现了面向试验全过程及过程数据的管理平台，覆盖了试验策划、试验准备、试验执行到试验分析的全生命周期。Orient TDM 试验数据管理系统通过建立试验 "前""中""后"的规范化试验流程，提高试验数据"采""存""用"的方便性和灵活性；实现试验过程与试验数据及试验相关信息的关联统一；实现了试验数据在试验、设计、仿真和管理等多部门之间的同源和共享，提高试验数据的利用率，最终提高企业的试验设计能力，验证评估能力，仿真指导能力及技术咨询能力。

　　Orient TDM 集成自主研发的 LabDac，支持仪表盘、度量表、温度计、曲线、云图等方式进行采集数据的实时显示，支持数据回放。提供数据导入工具，实现海量数据导入，支持基于 Hadoop 分布式文件系统（HDFS）进行大数据存储，支持基于 MapReduce 进行大数据的分析和处理。提供灵活的数据分类展示配置工具，提供数据的多维展现。

　　Orient TDM 试验数据管理平台界面如图 1.3 所示。

图 1.3　Orient TDM 试验数据管理平台

1.2.2.3　Hifar TDM

　　北京华天海峰科技股份有限公司的 Hifar TDM 为用户提供协同工作平台，使产品试验的准备、执行、分析、评估四大阶段处于受控的状态，对试验业务各阶段各环节的工作进行高效协同，对试验数据进行统一收集、整理，帮助企业从试验数据中获取相关知识和经验，反馈给相关设计、生产部门，达到改进产品设计，提高产品质量，增加企业效益，提高企业生产力与竞争力的目的。

　　Hifar TDM 产品理念是通过建立试验业务平台，将数据管理能力融入业务过程中，从而达到高效使用试验结果的目的。试验设备数字化，消除信息孤岛，记录试验过程多种类型信息，方便试验质量控制和追踪溯源。建立大容量、高性能试验工程数据库，方便试验数据存储统计、谱系关系追溯，实现试验数据高效利用。提供专业的试验准备工具软件，提高准备阶段进程的规范性和准确性。建立三种密级权限及安全措施能力，提高数据安全保密水平。提供移动业务子系统，解决试验多地点、多任务、多协作带来的问题。建立开放式数据分析平台，提高试验数据综合分析能力，解决分析软件及数据格式复杂多变。建立虚拟试验体系，提高试验服务设计能力，加速产品研发进程。提供院/所/室三层业务运营服务平台，可循序渐进、分布实施、逐步扩展。

Hifar TDM 功能特点如图 1.4 所示。

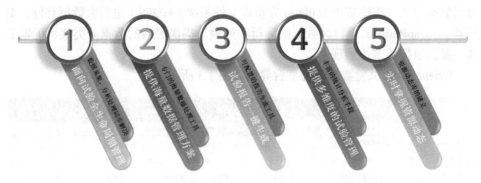

图 1.4　华天海峰公司试验数据管理系统特点

（1）数据处理同步：Hifar TDM 面向试验全生命周期管理，在数据采集和分析处理时，可同步完成。

（2）数据管理方案：Hifar TDM 具有专门的数据处理工具，可向客户提供海量数据管理方案。

（3）生成报告：Hifar TDM 可配置报告生成工具，可一键生成试验报告，使用方便，操作简洁。

（4）多维度：Hifar TDM 具有丰富的统计分析手段，可向客户提供多维度的试验管理方案。

（5）资源动态：Hifar TDM 可建立资源动态库房，使客户实时掌握资源动态。

1.2.2.4　TDM3000®

北京瑞风协同科技股份有限公司的 TDM3000®适用于高端制造行业的产品试验及检测过程，结合了先进的行业实践经验，并具有良好的开放性和扩展性。TDM3000®是国内应用范围最广、涉及试验专业领域最深的试验全生命周期业务系统，提供价值最大化的整体解决方案及专业服务，赢得各行业客户的好评。

数字化试验业务平台 TDM3000® 具体特点如下。

（1）灵活的多门户：充分利用平台门户扩展配置机制，为各级用户提供自由、方便、可扩展、可定制的多门户应用站点，增强信息定位准确性，提高工作效率。

（2）便捷的个人空间：提供个人应用空间，随时掌握任务进度，即时办理任务/流程，提升试验人员业务高效化。

（3）强大的基础平台：提供强大的配置定义工具，满足各类用户系统构建需要，满足系统界面/管理模型/应用方式/统计应用/业务变化等各项的变更、维护与扩展需要，全面体现系统核心价值。

（4）专业的全生命周期试验数据管理：管理试验过程中的全数据、增强数据间的关联性与共享性，满足各类数据解析与应用需要，提高数据利用率/共享性/定位准确性，通过数据比对实现对设计过程的支撑。

（5）高性能的试验数据中心：对试验项目、数据、报告、模板、合同、资源、知识、故障等进行不同管理权限下的协同数据管理，轻松管理大规模协同试验和多个试验项目的海量试验数据。

（6）灵活高效的试验规划：协助客户做好试验前各种准备工作，包括对试验资源规划和预约、试验方案设计、试验工况和参数设计、试验采集通道配置、试验标识测点等。

（7）完整的试验项目管理：遵循项目管理标准五个层次的要求，提供试验项目规划、资源预约、项目分解和计划安排、界定职责范围和权限分配、项目过程的监控和反馈、项目统计和查询、试验项目归档总结功能。

（8）完备的试验资源管理：针对试验过程中涉及到的所有资源，如试验台架、试验转台、风洞、微波暗室、仪器仪表、传感器、环境试验设备以及油、气、电等易耗资源进行统一管理。

（9）便携式的移动 TDM 系统：可直接运行的轻量化移动 TDM 解决方案，以实现单位内数据打包到协作单位的试验场所（统称"外场"）。

（10）规范的试验质量管理：提供试验过程质量管理、对试验过程关键节点提供评估并提交评估结果，对实现试验质量信息资源的优化配置和试验质量管理的网络化协同，提高试验质量管理和保证能力具有十分重要的现实意义。

丰富的试验业务工具：提供了试验审批流程、试验合同及委托单管理、试验故障管理、试验报告生成等各项基础管理工具，保障试验业务过程顺利开展，基础管理工具具备页面扩展、功能扩展，满足不同客户管理与扩展需要。瑞风协同 TDM3000® 结构如图 1.5 所示。

图 1.5 瑞风协同 TDM3000®

1.3 小 结

前面介绍了国内比较典型的 TDM 框架，也还有一些典型的 SDM 仿真数据管理框架大同小异，都是针对工业领域的试验和仿真数据管理，下面阐述我们为什么要研发基于模型的气动数据管理框架。

（1）解决数据入库问题。

前面介绍的试验数据管理框架，大都起源于美国 Newtera 公司的 Newtera 软件，Newtera 产品基于 E-Catalog 技术，主要应用于电子目录管理、文件管理等方面，由于该产品具备动态建库功能，动态建库功能能够应用于我国国防工业试验项目繁杂、试验种类多变的试验数据管理方面，这是 TDM 的普遍优势。但是气动数据库的数据建模有其自己的特点，数据的整理和入库工作依然没有摆脱繁琐的手工劳动，耗时耗力，在项目开发过程中，通用的数据入库模块无法满足用户要求，基本上都需要定制开发，有时候用文本文件，有时候用 Excel 表格，有时候用 XML 文件来整理数据，并且对于数据的附件处理、数据有效性检查都存在很多问题，很难推广应用，所以在此书中，我们试图聚焦空气动力学数据格式，聚焦空气动力学研究领域，基于气动数据模型，建立一套特定的入库模式。

（2）提高可扩展性，完善部分功能。

长期以来，我们使用过多种 TDM 框架产品，长期使用过程中，我们充分了解了用户的需求，对气动数据管理系统应该具备的功能模块有了详尽的掌握，对项目实施过程中存在的风险有了完善的预判机制，同时也发现了已有 TDM 框架的很多问题，我们建立基于气动数据模型的软件框架，也是为了进一步提高系统可维护性和可扩展性，同时我们发现已有 TDM 系统的后置处理功能不够友好，比如曲线绘图功能都不完善，统计功能不够直观，我们试图进行深入研究，利用最新技术改写这部分功能。

（3）完全自主可控。

上面介绍的那些产品，都是绑定 license，而且并不开放源码，所以用户只能在此框架基础上开发，不能修改框架。这就造成在某些功能或者界面风格上不得已向框架妥协，否则只能委托 TDM 框架版权拥有方开发系统，费用昂贵。而且在项目实施过程和使用过程中，用户自己无法修改和完善系统，都需要依赖版权拥有方完成。因为没有源代码，独立第三方的单元测试也无法完成。也就是说，在系统整个的生命周期之内都必须依赖系统开发方，当然，在维护期之内这是开发方必须提供的服务，但是维护期满之后理论上开发方可以再次收费。

（4）针对性强。

前面介绍的产品，往往都比较庞大，因为功能多且广，有些还支持分布式数据库、大数据平台和人工智能，而我们大部分情况下都不需要这些功能。但部分产品耦合性又比较高，不需要的部分无法裁剪，只能一并安装，这就严重降低了系统性能，同时也增加了维护难度和维护成本。所以我们把框架研究限定在气动数据库领域，也去掉一些多余的功能，试图研究一套针对性强、简洁的、专用的数据库框架。

（5）跨数据库。

国内 TDM 不是基于 Microsoft 公司的 .NET 架构就是基于 Sun 公司的 Java 架构，数据库也几乎都只能支持 Oracle，对 Microsoft SQL Server 等与 Oracle 差异较大的数据库则无法支持，充其量勉强能够支持与 Oracle 有一定类似的几家数据库系统产品，这是因为当初 Oracle 曾一统天下，但是随着国产数据库崛起，Oracle 数据市场急剧萎缩，我们试图把气动数据库框架定位在跨平台、跨操作系统、跨数据库产品，从而扩大框架的应用范围。

综上所述，通过分析气动数据管理框架结构，所有框架功能具有很大相似性，这正是代码生成的优势战场。基于模板的代码自动生成，大大减少了开发人员为编写重复性代码而负担的不必要的工作量，规范化的代码风格也使得具有良好的可维护性和可操作性。但同时也受限于模板，如果没有大量的预定义模板和复杂的模板引擎规则的话，自动生成代码的灵活性就会非常有限。基于模型驱动的代码生成使得开发人员更加注重于模型的设计，使得软件生产更加贴近需求，模型的可操作性也极大程度上适应了时刻发生变化的需求，降低了软件生产的维护成本，模型与模型间的相互组合使用也使得软件复用性大大提高。

目前尚未查到可通过数据模型生成气动数据管理系统代码的框架，本书研究基于模型驱动的代码生成技术，基于气动数据模型，研究自动化生成算法，包括：前端页面生成算法、RESTful 接口生成算法、业务代码生成算法、DAO 层代码生成算法。一键生成气动数据管理平台的信息管理、数据管理、安全管理、数据处理流程的各个模块，完成气动数据管理平台基础骨架和核心功能，同时增量生成配置文件，用户可根据需求，适量修改配置。最终实现快速实施气动数据管理系统的能力。

此项研究意图实现完全自主可控，基于自主知识产权的基础软件框架和工作流引擎，针对气动数据特点，实现气动数据管理通用功能的专用框架 ADM（Aerodynamic Data Management），满足全自主、跨平台、高性能、数据库产品覆盖广的需求。

后续章节将陆续阐述如何设计基础软件框架、工作流引擎、气动数据、气动数据管理通用特性以及气动管理系统代码生成技术，完整展现研究内容。第 2 章阐述参考的基础软件框架，第 3 章阐述后续设计使用的设计模式，第 4 章阐述服务端框架 Noomi 详细设计，第 5 章阐述 ORM 框架 Relaen 详细设计，第 6 章阐述前端 MVVM 框架 Nodom 详细设计，第 7 章阐述工作流引擎详细设计，第 8 章阐述气动数据及其存储结构，第 9 章分析气动数据库系统通用功能，第 10 章阐述自主的气动数据管理框架的整体设计、数据库设计和生成算法设计等核心设计，第 11 章对设计的气动数据管理框架进行示范验证。

第 2 章　基础软件框架概况

优秀的软件系统架构就如大海航船舵手，指引着软件前进的方向，只有兼具技术的深度和广度，并能克服人性弱点的资深 IT 从业者，才有机会成为一个优秀的架构师，随着软件系统规模的增加，计算相关的算法和数据结构不再构成主要的设计问题；当系统由许多部分组成时，整个系统的组织，也就是所说的"软件框架"才是主要的设计问题。软件框架（Software Framework），通常指的是为了实现某个业界标准或完成特定基本任务的软件组件规范，也指为了实现某个软件组件规范时，提供规范所要求基础功能的软件产品。框架的功能类似于基础设施，与具体的软件应用无关，提供并实现最为基础的软件架构和体系，软件开发者通常依据特定的框架实现更为复杂的商业运用和业务逻辑。这样的软件应用可以在支持同一种框架的软件系统中运行。简而言之，框架就是制定一套规范或者规则，程序员在该规范或者规则下工作，或者说使用别人搭好的舞台来做编剧和表演。

规模较大的软件系统会面临各种软件架构相关的问题[28-42]，如系统规模较大、内部耦合严重、开发效率低；系统耦合严重，牵一发动全身，后续修改和扩展困难；系统逻辑复杂，容易出问题，出问题后很难排查修复。系统泛指由一群有关联的个体组成，根据某种规则运作，能完成个别元件不能单独完成的工作群体。

（1）关联：系统是由一群有关联的个体组成的，没有关联的个体堆在一起不能成为一个系统。

（2）规则：系统内的个体需要按照指定的规则运作，而不是单个个体各自为政。规则规定了系统内个体分工和协作的方式。

（3）能力：系统能力与个体能力有本质的差别，系统能力不是个体能力之和，而是产生了新的能力。

子系统的定义其实和系统的定义是一样的，只是观察的角度有差异，一个系统可能是另外一个更大系统的子系统。子系统也是由一群有关联的个体所组成的系统，多半是更大系统中的一部分。

为此，本书所设计的气动数据管理框架需要依赖基础软件框架进行搭建，为提升自主能力，避免"卡脖子"问题，本书以团队自主设计的软件框架为基础，形成气动数据管理框架底层建筑[43-54]。后续的自主软件框架设计借鉴了很多现有优秀框架的设计方法、理论和思想，本章将对国内外主流的基础软件框架进行介绍。

2.1 国外软件框架介绍

2.1.1 Spring

Spring 框架是一个开放源代码的 J2EE 应用程序框架，是 Java 社区最流行的框架，由 Rod Johnson 发起，是针对 Bean 的生命周期进行管理的轻量级容器（Lightweight Container）。Spring 解决了开发者在 J2EE 开发中遇到的许多常见的问题，提供了功能强大的 IoC、AOP 及 Web MVC 等功能。Spring 可以单独应用于构筑应用程序，也可以和 Struts、Webwork、Tapestry 等众多 Web 框架组合使用。Spring 框架主要由七部分组成，分别是 Spring Core、Spring AOP、Spring ORM、Spring DAO、Spring Context、Spring Web 和 Spring Web MVC。

框架特征具体如下。

（1）轻量。

从大小与开销两方面而言 Spring 都是轻量的。完整的 Spring 框架可以在一个大小只有 1MB 多的 JAR 文件里发布；并且 Spring 所需的处理开销也是微不足道的。此外，Spring 是非侵入式的，Spring 应用中的对象不依赖于 Spring 的特定类。

（2）控制反转。

Spring 通过一种称作控制反转（IoC）的技术促进了低耦合。当应用了 IoC，一个对象依赖的其他对象会通过被动的方式传递进来，而不是这个对象自己创建或者查找依赖对象。你可以认为 IoC 与 JNDI 相反——不是对象从容器中查找依赖，而是容器在对象初始化时不等对象请求就主动将依赖传递给它。它的底层设计模式采用了工厂模式，所有的 Bean 都需要注册到 Bean 工厂中，将其初始化和生命周期的监控交由工厂实现管理。程序员只需要按照规定的格式进行 Bean 开发，然后利用 XML 文件进行 Bean 的定义和参数配置，其他的动态生成和监控就不需要调用者完成，而是统一交给了平台进行管理。控制反转是软件设计大师 Martin Fowler 在 2004 年发表的"Inversion of Control Containers and the Dependency Injection Pattern"中提出的。这篇文章系统阐述了控制反转的思想，提出了控制反转有依赖查找和依赖注入实现方式。控制反转意味着在系统开发过程中，设计的类将交由容器去控制，而不是在类的内部去控制，类与类之间的关系将交由容器处理，一个类在需要调用另一个类时，只要调用另一个类在容器中注册的名字就可以得到这个类的实例，与传统的编程方式有了很大的不同，"不用你找，我来提供给你"，这就是控制反转的含义。

（3）面向切面。

Spring 提供了面向切面编程的丰富支持，允许通过分离应用的业务逻辑与系统级服务（例如审计（Audit）和事务（Transaction）管理）进行内聚性的开发。
应用对象只实现它们应该做的——完成业务逻辑——仅此而已。它们并不负责其
他的系统级关注点，例如日志或事务支持。

（4）容器。

Spring 包含并管理应用对象的配置和生命周期，在这个意义上它是一种容器，
用户可以配置自己的每个 Bean 如何被创建——基于一个可配置原型（Prototype），
Bean 可以创建一个单独的实例或者每次需要时都生成一个新的实例——以及它
们是如何相互关联的。然而，Spring 不应该被混同于传统的重量级的 EJB 容器，
后者经常是庞大与笨重的，难以使用。

（5）框架。

Spring 可以将简单的组件配置、组合成为复杂的应用。在 Spring 中，应用对
象被声明式地组合，通常情况是在一个 XML 文件里。Spring 也提供了很多基础
功能（事务管理、持久化框架集成等），将应用逻辑的开发留给了用户。

（6）MVC。

Spring 的作用是整合，但不仅仅限于整合，Spring 框架可以被看作一个企业
解决方案级别的框架。客户端发送请求，服务器控制器（由 DispatcherServlet 实
现的）完成请求的转发，控制器调用一个用于映射的类 HandlerMapping，该类用
于将请求映射到对应的处理器来处理请求。HandlerMapping 将请求映射到对应的
处理器 Controller（相当于 Action），在 Spring 当中如果写一些处理器组件，一般
实现 Controller 接口，在 Controller 中就可以调用一些 Service 或 DAO 来进行数据
操作。ModelAndView 用于存放从 DAO 中取出的数据，还可以存放响应视图的一
些数据。如果想将处理结果返回给用户，那么在 Spring 框架中还提供一个视图组
件 ViewResolver，该组件根据 Controller 返回的标示，找到对应的视图，将响应
Response 返回给用户。

所有 Spring 的这些特征使开发者能够编写更干净、更可管理，并且更易于测
试的代码。它们也为 Spring 中的各种模块提供了基础支持。

2.1.2 Hibernate

Hibernate 是一个开放源代码的对象关系映射框架，它对 JDBC 进行了非常轻
量级的对象封装，它将 POJO 与数据库表建立映射关系，是一个全自动的 ORM
框架，Hibernate 可以自动生成 SQL 语句，自动执行，使得 Java 程序员可以随心
所欲地使用对象编程思维来操纵数据库。Hibernate 可以应用在任何使用 JDBC 的
场合，既可以在 Java 的客户端程序使用，也可以在 Servlet/JSP 的 Web 应用中使
用，最具革命意义的是，Hibernate 可以在应用 EJB 的 JavaEE 架构中取代 CMP，
完成数据持久化的重任。

框架特点：

（1）将对数据库的操作转换为对 Java 对象的操作，从而简化开发。通过修改一个"持久化"对象的属性从而修改数据库表中对应的记录数据。

（2）提供线程和进程两个级别的缓存提升应用程序性能。

（3）用丰富的映射方式将 Java 对象之间的关系转换为数据库表之间的关系。

（4）屏蔽不同数据库实现之间的差异。在 Hibernate 中只需要通过"方言"的形式指定当前使用的数据库，就可以根据底层数据库的实际情况生成适合的 SQL 语句。

（5）Hibernate 不要求持久化类实现任何接口或继承任何类，POJO 即可。

2.1.3   Struts

Struts 是 Apache 软件基金会（ASF）赞助的一个开源项目。它最初是 Jakarta 项目中的一个子项目，并在 2004 年 3 月成为 ASF 的顶级项目。它通过采用 Java Servlet/JSP 技术，实现了基于 Java EE Web 应用的 Model-View-Controller（MVC）设计模式的应用框架，是 MVC 经典设计模式中的一个经典产品。

在 Struts 中，已经由一个名为 ActionServlet 的 Servlet 充当控制器（Controller）的角色，根据描述模型、视图、控制器对应关系的 struts-config.xml 的配置文件，转发视图（View）的请求，组装响应数据模型（Model）。在 MVC 的模型（Model）部分，经常划分为两个主要子系统（系统的内部数据状态与改变数据状态的逻辑动作），这两个概念子系统分别具体对应 Struts 里的 ActionForm 与 Action 两个需要继承实现的超类。在这里，Struts 可以与各种标准的数据访问技术结合在一起，包括 Enterprise Java Beans（EJB）、JDBC 与 JNDI。在 Struts 的视图（View）端，除了使用标准的 JavaServer Pages（JSP）以外，还提供了大量的标签库使用，同时也可以与其他表现层组件技术（产品）进行整合，比如 Velocity Templates、XSLT 等。通过应用 Struts 的框架，最终用户可以把大部分的关注点放在自己的业务逻辑（Action）与映射关系的配置文件（struts-config.xml）中。

2.1.4   Express

Express 是一个保持最小规模的灵活的 Node.js Web 应用程序开发框架，为 Web 和移动应用程序提供一组强大的功能。使用 Express 可以快速地搭建一个完整功能的网站。

Express 框架核心特性：

（1）设置中间件来响应 HTTP 请求；

（2）定义了路由表用于执行不同的 HTTP 请求动作；

（3）可以通过向模板传递参数来动态渲染 HTML 页面。

2.1.5 Koa

Koa 是由 Express 原班人马打造的，致力于成为一个更小、更富有表现力、更健壮的 Web 框架。使用 Koa 编写 Web 应用，可以免除重复繁琐的回调函数嵌套，并极大地提升错误处理的效率。

Koa 应用是一个包含一系列中间件 generator 函数的对象。这些中间件函数基于 request 请求以一个类似于栈的结构组成并依次执行。Koa 类似于其他中间件系统（比如 Ruby's Rack、Connect 等），然而 Koa 的核心设计思路是为中间件层提供高级语法糖封装，以增强其互用性和健壮性，并使得编写中间件变得简单。

Koa 包含了像 content-negotiation（内容协商）、cache freshness（缓存刷新）、proxy support（代理支持）和 redirection（重定向）等常用任务方法。与提供庞大的函数支持不同，Koa 只包含很小的一部分，因为 Koa 并不绑定任何中间件。

Koa 的中间件通过一种更加传统的方式进行级联，摒弃了以往 Node 频繁的回调函数造成的复杂代码逻辑。然而，使用异步函数，我们可以实现“真正”的中间件。与之不同，当执行到 yield next 语句时，Koa 暂停了该中间件，继续执行下一个符合请求的中间件（'downstream'），然后控制权再逐级返回给上层中间件（'upstream'）。

2.1.6 Hapi

Hapi 是由沃尔玛（Walmart）技术团队开发的 Web 框架，在结构上保留了 Express 基于扩展的设计思想。Hapi 采用基于插件的扩展结构，与基于中间件的扩展结构的主要区别在于，Hapi 中一个插件代表一个独立服务，而 Express 中一个中间件代表一个函数。Hapi 提供了认证、日志、路由等功能模块用于请求的识别、记录与转发，同时结合 joi、vision 等插件完成请求解析与视图管理。

2.1.7 Nest

Nest（NestJS）是一个用于构建高效、可扩展的 Node.js 服务器端应用程序的开发框架。它利用 JavaScript 的渐进增强的能力，使用且完全支持 TypeScript（仍然允许开发者使用纯 JavaScript 进行开发），并结合了 OOP（面向对象编程）、FP（函数式编程）和 FRP（函数响应式编程）。

在底层，Nest 构建在强大的 HTTP 服务器框架上，例如 Express（默认），并且还可以通过配置从而使用 Fastify。

Nest 在这些常见的 Node.js 框架（Express/Fastify）之上提高了一个抽象级别，但仍然向开发者直接暴露了底层框架的 API。这使得开发者可以自由地使用适用于底层平台的第三方模块。

2.1.8　Sequelize

Sequelize 是一个基于 Promise 的适用于 Node.js 的 ORM 框架，目前支持 Postgres、MySQL、MariaDB、SQLite 以及 Microsoft SQL Server。它具有强大的事务支持、关联关系、预读和延迟加载、主从复制等功能。Sequelize 遵循 SemVer（Semantic Versioning）语义版本规范，支持 Node.js 及更高版本以便使用 ES6 功能。模型是 Sequelize 的本质，定义的一个个模型与数据库的表建立起映射的关系，通过模型对数据库进行操作。Sequelize 是一款较早的基于 Node.js 的 ORM 框架，其简单易于开发特性，被广泛使用。但其对 TypeScript 语法支持不太友好，在 JavaScript 向 TypeScript 编写程序的发展趋势下，成为其很大的局限和缺点。

2.1.9　TypeORM

TypeORM 是一个 ORM 框架，它可以在 Node.js、Browser、Cordova、Ionic、React Native、Expo 和 Electron 平台上运行，可以与 TypeScript 和 JavaScript（ES5、ES6、ES7、ES8）一起使用。它的目标是始终支持最新的 JavaScript 特性并提供额外的特性以帮助开发者开发任何使用数据库的应用程序。不同于现有的所有其他 JavaScript ORM 框架，TypeORM 支持 Active Record 和 Data Mapper 模式，这使得开发者可以以最高效的方式编写高质量、松耦合的、可扩展的、可维护的应用程序。TypeORM 参考了很多其他优秀的 ORM 框架的实现，比如 Hibernate、Doctrine 和 Entity Framework。但其对实体之间的关联关系注解描述不清晰和不灵活，配置较为繁琐，对开发者而言有较大的学习成本。

2.1.10　React

React 是用于构建用户界面的 JavaScript 库，起源于 Facebook 的内部项目，该公司对市场上所有 JavaScript MVC 框架都不满意，决定自行开发一套，用于架设 Instagram 的网站。React 于 2013 年 5 月开源。

主要特性：

（1）声明式设计。React 使创建交互式 UI 变得轻而易举。为应用的每一个状态设计简洁的视图，当数据变动时，React 能高效更新并渲染合适的组件。

（2）组件化。构建管理自身状态的封装组件，然后对其组合以构成复杂的 UI。

（3）高效。React 通过对 DOM 的模拟，最大限度地减少与 DOM 的交互。

（4）灵活。无论现在使用什么技术栈，在无须重写现有代码的前提下，通过引入 React 来开发新功能。

2.1.11　AngularJS

AngularJS 诞生于 2009 年，由 Misko Hevery 等创建，是一款构建用户界面的前端框架，后被谷歌收购。AngularJS 是一个应用设计框架与开发平台，用于创建高效、复杂、精致的单页面应用，通过新的属性和表达式扩展了 HTML，实现一套跨平台、跨终端的框架。

主要特性：

（1）高模块化。AngularJS 以 MVC 框架的足迹为基础。此外，它还包括许多用于各种功能的组件，开发者可以在需要时安装每个模块。通过这种方式，它消除了安装基本模块的要求。

（2）单页应用（SPA）开发。AngularJS 支持很多 SPA 功能。所有这些功能使在线表单的开发和管理变得更加容易，它还确保提供有效的结果。有了 AngularJS，开发人员可以在开发单页应用程序的同时，在管理和维护验证功能方面拥有更多控制权。通过这种方式，整个程序变得更容易满足项目的要求。

（3）组件拆分。框架将整个应用程序拆分为不同的组件，开发人员可以轻松地分别工作和管理所有这些拆分组件。

2.2　国内框架概况

2.2.1　Dubbo

Dubbo 是阿里巴巴公司开源的一个高性能优秀的服务框架，使得应用可通过高性能的 RPC 实现服务的输出和输入功能，可以和 Spring 框架无缝集成。

Dubbo 是一款高性能、轻量级的开源 Java RPC 框架，它提供了三大核心能力：面向接口的远程方法调用、智能容错和负载均衡，以及服务自动注册和发现。

核心部件：

（1）Remoting：网络通信框架，实现了 sync-over-async 和 request-response 消息机制。

（2）RPC：一个远程过程调用的抽象，支持负载均衡、容灾和集群功能。

（3）Registry：服务目录框架用于服务的注册、服务事件发布和订阅。

工作原理：

（1）Provider：暴露服务方称为"服务提供者"。

（2）Consumer：调用远程服务方称为"服务消费者"。

（3）Registry：服务注册与发现的中心目录服务称为"服务注册中心"。

（4）Monitor：统计服务的调用次数和调用时间的日志服务称为"服务监控中心"。

主要特性：

（1）连通性。连通性主要体现在以下几个方面：

（a）注册中心负责服务地址的注册与查找，相当于目录服务，服务提供者和消费者只在启动时与注册中心交互，注册中心不转发请求，压力较小；

（b）监控中心负责统计各服务调用次数、调用时间等，统计先在内存汇总后，每分钟一次发送到监控中心服务器，并以报表展示；

（c）服务提供者向注册中心注册其提供的服务，并向监控中心汇报调用时间，此时间不包含网络开销；

（d）服务消费者向注册中心获取服务提供者地址列表，并根据负载算法直接调用提供者，同时向监控中心汇报调用时间，此时间包含网络开销；

（e）注册中心、服务提供者、服务消费者三者之间均为长连接，监控中心除外；

（f）注册中心通过长连接感知服务提供者的存在，服务提供者宕机，注册中心将立即推送事件通知消费者；

（g）注册中心和监控中心全部宕机，不影响已运行的提供者和消费者，消费者在本地缓存了提供者列表；

（h）注册中心和监控中心都是可选的，服务消费者可以直连服务提供者。

（2）健壮性。健壮性主要体现在以下几个方面：

（a）监控中心宕掉不影响使用，只是丢失部分采样数据；

（b）数据库宕掉后，注册中心仍能通过缓存提供服务列表查询，但不能注册新服务；

（c）注册中心为对等集群，任意一台宕掉后，将自动切换到另一台；

（d）注册中心全部宕掉后，服务提供者和服务消费者仍能通过本地缓存通信；

（e）服务提供者无状态，任意一台宕掉后，不影响使用；

（f）服务提供者全部宕掉后，服务消费者应用将无法使用，并无限次重连等待服务提供者恢复。

（3）伸缩性。伸缩性主要体现在以下几个方面：

（a）注册中心为对等集群，可动态增加机器部署实例，所有客户端将自动发现新的注册中心。

（b）服务提供者无状态，可动态增加机器部署实例，注册中心将推送新的服务提供者信息给消费者。

其他特性：

（1）面向接口代理的高性能 RPC 调用提供高性能的基于代理的远程调用能力，服务以接口为粒度，为开发者屏蔽远程调用底层细节。

（2）智能负载均衡内置多种负载均衡策略，智能感知下游节点健康状况，显著减少调用延迟，提高系统吞吐量。

（3）服务自动注册与发现支持多种注册中心服务，服务实例上下线实时感知。

（4）高度可扩展能力遵循微内核+插件的设计原则，所有核心能力如 Protocol、Transport、Serialization 被设计为扩展点，平等对待内置实现和第三方实现。

（5）运行期流量调度内置条件、脚本等路由策略，通过配置不同的路由规则，轻松实现灰度发布，同机房优先等功能。

（6）可视化的服务治理与运维提供丰富服务治理、运维工具：随时查询服务元数据、服务健康状态及调用统计，实时下发路由策略、调整配置参数。

2.2.2 Vue

Vue 是一套用于构建用户界面的渐进式 JavaScript 框架。与其他大型框架不同的是，Vue 被设计为可以自底向上逐层应用。Vue 的核心库只关注视图层，不仅易于上手，还便于与第三方库或既有项目整合。另外，当与现代化的工具链以及各种支持类库结合使用时，Vue 也完全能够为复杂的单页应用（SPA）提供驱动。

主要特性：

（1）轻量级的框架。

Vue.js 能够自动追踪依赖的模板表达式和计算属性，提供 MVVM 数据绑定和一个可组合的组件系统，具有简单、灵活的 API，使读者更加容易理解，能够更快上手。

（2）双向数据绑定。

声明式渲染是数据双向绑定的主要体现，同样也是 Vue.js 的核心，它允许采用简洁的模板语法将数据声明式渲染整合进 DOM。

（3）指令。

Vue.js 内置了许多指令，例如 v-if、v-else、v-show、v-on、v-bind 和 v-model，这些指令用于在前端执行各种操作。Vue.js 与页面进行交互，主要就是通过内置指令来完成的，指令的作用是当其表达式的值改变时，相应地将某些行为应用到 DOM 上。

（4）组件化。

组件（Component）是 Vue.js 最强大的功能之一。组件可以扩展 HTML 元素，封装可重用的代码。在 Vue 中，父子组件通过 props 传递通信，从父向子单向传递。子组件与父组件通信，通过触发事件通知父组件改变数据，这样就形成了一个基本的父子通信模式。在开发中组件和 HTML、JavaScript 等有非常紧密的关系时，可以根据实际的需要自定义组件，使开发变得更加便利，可大量减少代码编写量。组件还支持热重载（Hotreload），当作了修改时，不会刷新页面，只是对组件本身进行立刻重载，不会影响整个应用当前的状态。CSS 也支持热重载。

（5）客户端路由。

Vue-router 是 Vue.js 官方的路由插件，与 Vue.js 深度集成，用于构建单页面应用。Vue 单页面应用是基于路由和组件的，路由用于设定访问路径，并将路径和组件映射起来，传统页面是通过超链接实现页面切换和跳转的。

（6）状态管理。

状态管理实际就是一个单向的数据流，State 驱动 View 的渲染，而用户对 View 进行操作产生 Action，使 State 产生变化，从而使 View 重新渲染，形成一个单独的组件。

第3章　软件框架的相关设计模式

互联网发展到今天，软件系统早就不是一个万行代码加上一台服务器这样的作坊玩具。软件框架的出现有其历史必然性，20 世纪 60 年代第一次软件危机引出了"结构化编程"，创造了"模块"概念；20 世纪 80 年代第二次软件危机引出了"面向对象编程"，创造了"对象"概念；到了 20 世纪 90 年代"软件架构"开始流行，创造了"组件"概念。我们可以看到，"模块""对象""组件"本质上都是对达到一定规模的软件进行拆分，差别只是在于随着软件的复杂度不断增加，拆分的粒度越来越粗，拆分的角度越来越高。软件模块（Module）是一套一致且互相有紧密关联的软件组织，它包含程序和数据结构两部分。现代软件开发通常利用模块作为合成的单位，模块的接口表达了由该模块提供的功能和调用它时所需的元素。模块是可能被分开编写的单位，这使得它们可再用，并允许开发人员同时协作、编写及研究不同的模块。软件组件（Component）定义为自包含的、可编程的、可重复用的、与语言无关的软件单元，软件组件可以很容易地被用于组装应用程序。框架定义的关键部分在于：其一，框架是组件规范，如 MVC 就是一种最常见的开发规范，类似的还有 MVP、MVVM 等框架；其二，框架提供基础功能的产品，如 Spring MVC 是 MVC 的开发框架，除了满足 MVC 的规范，Spring 提供了很多基础功能来帮助实现功能，包括注解等很多基础功能。软件框架设计模式是一套被反复使用的、多数人知晓、经过分类编目的优秀代码设计经验的总结[55-67]。使用设计模式，主要有以下优点：

（1）重用设计和代码，重用设计比重用代码更有意义，自动带来代码重用；

（2）提高扩展性，大量使用面向接口编程，预留扩展插槽，新的功能或特性很容易加入到系统中来；

（3）提高灵活性，通过组合提高灵活性，可允许代码修改平稳发生，对一处修改不会波及其他模块；

（4）提高开发效率，正确使用设计模式，可以节省大量的时间。

为优化代码结构，应用优秀的设计理念，框架关注的是"规范"，架构关注的是"结构"。软件架构是指软件系统的"基础结构"，创造这些基础结构的准则，以及对这些结构的描述。架构设计的关键思维是判断和取舍，程序设计的关键思维是逻辑和实现[59-71]。架构设计遵循三个原则：其一，合适原则。合适的架构优于业界领先的架构。真正优秀的架构都是在企业当前人力、条件、业务等各种约束下设计出来的，能够合理地将资源整合在一起并发挥出最大功效，并且能够快速落地。还有就是简单原则和演化原则。架构需要随着业务的发展而不断演化，对于软件来说，变化才是主题，软件架构设计类似于生物演化。

本章对本书涉及的所有自主软件框架和代码生成体系所采用的设计模式进行阐述。

3.1　工　厂　模　式

3.1.1　简单工厂

简单工厂模式属于创建型模式，又叫作静态工厂方法（Static Factory Method）模式，但不属于 23 种 GoF 设计模式之一（有人认为简单工厂并不是一个设计模式，反而比较像一种编程习惯）。简单工厂模式是由一个工厂对象决定创建出哪一种产品类的实例。简单工厂模式是工厂模式家族中最简单实用的模式，可以理解为不同工厂模式的一个特殊实现。

当有一些要实例化的具体类时，决定最终实例化哪一个类（可能是一系列相似的类之一），需要在运行时由一些条件来决定。当创建这个对象的相同代码分布在项目的多处时，一旦有变化或扩展，就必须重新打开这段代码进行检查和维护，用户需要查找所有的这些部分，并挨个修改，当项目比较大的时候，这是不可以接受的。这样的代码通常会造成部分系统维护和更新困难，而且也容易犯错。

对于上述问题，采用 new 方法实例化对象并非错误的方式，new 是语言的一部分，这并没有错。真正产生问题的是"针对具体编程"。我们希望能够针对接口编程，这样可以隔离掉以后系统可能发生的一大堆改变。

可以采用这样的方案：定义一个工厂类，在静态方法内实现根据参数的不同返回不同类的实例（通常使用 if-else 语句进行判定）。为什么使用静态方法？因为不需要使用创建对象的方法来实例化对象。但是这样也有缺点，不能通过继承来改变创建方法的行为。这就是一个简单工厂。

一个改进 if-else 或 switch-case 语句来进行选择创建具体类的方法是使用反射技术，区别是反射使用字符串（变量），变量是可变的，而使用 new 方法的类关键字是不可变的。有的语言没有反射，通用技巧是用函数指针和 map 来代替反射。

实际开发中，简单工厂经常被使用。简单工厂模式最大的优点在于实现对象的创建和对象的使用分离，将对象的创建交给专门的工厂类负责，但是其最大的缺点在于工厂类不够灵活，增加新的具体产品需要修改工厂类的判断逻辑代码，而且产品较多时，工厂方法代码将会非常复杂。

3.1.2 工厂方法模式

工厂方法模式（Factory Method），定义一个用于创建对象的接口，让子类决定实例化哪一个类。工厂方法使一个类的实例化延迟到其子类。

简单工厂模式的最大优点在于工厂类中包含了必要的逻辑判断，根据客户端的选择条件动态实例化相关的类，对于客户端来说，去除了与具体产品的依赖。但是工厂类与分支耦合，每次添加新类时需要对工厂类进行修改。可以根据依赖倒转原则，我们把工厂类抽象出一个接口，这个接口只有一个方法，就是创建抽象产品的工厂方法。然后，所有要生产具体类的工厂就去实现这个接口，这样，一个简单工厂模式的工厂类，变成了一个工厂抽象接口和多个具体生成对象的工厂，当我们要增加新的功能时，就不需要更改原有的工厂类了，只需要增加此功能的类和相应的工厂类就可以了，这样整个工厂和产品体系其实都没有修改的变化，而只是扩展的变化，这就完全符合了开放—封闭原则的精神。

具体使用工厂方法模式时，开发者仍然需要对实例化哪一个工厂进行选择，也就是说，工厂方法把简单工厂的内部逻辑判断移到了开发代码来进行。添加新功能类时，简单工厂是修改工厂类，而工厂方法是修改开发代码。这一点较为容易让人迷惑，让人感觉工厂方法不如简单工厂好用，甚至不如不用工厂方法简单。但实际上在工厂方法模式中，工厂方法用来创建客户所需要的产品，同时还向客户隐藏了哪种具体产品类将被实例化这一细节，用户只需要关心所需产品对应的工厂，无须关心创建细节，甚至无须知道具体产品类的类名。这样当客户端使用工厂方法创建一系列同类对象时，在维护时不必依次修改这些对象，只需修改这一个工厂。同时也不要忘记工厂方法最开始的优点：在系统中加入新产品时，无须修改抽象工厂和抽象产品提供的接口，无须修改客户端，也无须修改其他的具体工厂和具体产品，而只要添加一个具体工厂和具体产品就可以了。系统的可扩展性也就变得非常好，也就是符合"开闭原则"。

工厂方法模式是简单工厂模式的进一步抽象和推广。由于使用了面向对象的多态性，工厂方法模式保持了简单工厂模式的优点，而且克服了它的缺点。在工厂方法模式中，核心的工厂类不再负责所有产品的创建，而是将具体创建工作交给子类去做。这个核心类仅仅负责给出具体工厂必须实现的接口，而不负责哪一个产品类被实例化这种细节，这使得工厂方法模式可以允许系统在不修改工厂角色的情况下引进新产品。

3.1.3 抽象工厂

抽象工厂（Abstract Factory）模式提供一个创建一系列相关或相互依赖对象的接口，而无须指定它们具体的类。

抽象工厂模式包含四个角色：

（1）抽象工厂用于声明生成抽象产品的方法。

（2）具体工厂实现了抽象工厂声明的生成抽象产品的方法，生成一组具体产品，这些产品构成了一个产品族，每一个产品都位于某个产品等级结构中。

（3）抽象产品为每种产品声明接口，在抽象产品中定义了产品的抽象业务方法。

（4）具体产品定义具体工厂生产的具体产品对象，实现抽象产品接口中定义的业务方法。抽象工厂模式是所有形式的工厂模式中最为抽象和最具一般性的一种形态。

属于对象创建型模式。抽象工厂模式的实质是提供接口，创建一系列相关或独立的对象，而不指定这些对象的具体类。

抽象工厂模式与工厂方法模式最大的区别在于，工厂方法模式针对的是一个产品等级结构，而抽象工厂模式则需要面对多个产品等级结构。通常是在运行时刻再创建一个工厂类的实例，这个具体的工厂再创建具有特定实现的产品对象，也就是说，为创建不同的产品对象，开发中应使用不同的具体工厂。这么做最大的好处便是易于交换产品系列，由于具体工厂类在一个应用中只需要在初始化的时候出现一次，这就使得改变一个应用的具体工厂变得非常容易，它只需要改变具体工厂即可使用不同的产品配置。我们的设计不能去防止需求的更改，那么我们的理想便是让改动变得最小，现在如果用户要更改一个类簇的访问，我们只需要更改具体工厂就可以做到。第二大好处是，它让具体的创建实例过程与实际代码分离，实际代码通过它们的抽象接口操纵实例，产品的具体类名也被具体工厂的实现分离，不会出现在实际代码中。

3.2　单 例 模 式

单例模式是设计模式中最简单的形式之一。这一模式的目的是使得类的一个对象成为系统中的唯一实例。要实现这一点，可以从代码对其进行实例化开始。因此需要用一种只允许生成对象类的唯一实例的机制，"阻止"所有想要生成对象的访问。

对于系统中的某些类来说，只有一个实例很重要，例如，一个系统中可以存在多个打印任务，但是只能有一个正在工作的任务；一个系统只能有一个窗口管理器或文件系统；一个系统只能有一个计时工具或 ID（序号）生成器。如在 Windows 中就只能打开一个任务管理器。如果不使用机制对窗口对象进行唯一化，将弹出多个窗口，如果这些窗口显示的内容完全一致，则是重复对象，浪费内存资源；如果这些窗口显示的内容不一致，则意味着在某一瞬间系统有多个状态，与实际不符，也会给用户带来误解，不知道哪一个才是真实的状态。因此有时确保系统中某个对象的唯一性即一个类只能有一个实例非常重要。

单例模式的要点有三个：一是某个类只能有一个实例；二是它必须自行创建这个实例；三是它必须自行向整个系统提供这个实例。

优点：

（1）实例控制。单例模式会阻止其他对象实例化其自己的单例对象的副本，从而确保所有对象都访问唯一实例。

（2）灵活性。因为类控制了实例化过程，所以类可以灵活更改实例化过程。

缺点：

（1）开销。虽然数量很少，但如果每次对象请求引用时都要检查是否存在类的实例，将仍然需要一些开销。这可以通过使用静态初始化解决此问题。

（2）可能的开发混淆。使用单例对象（尤其在类库中定义的对象）时，开发人员必须记住自己不能使用 new 关键字实例化对象。因为可能无法访问库源代码，因此应用程序开发人员可能会意外发现自己无法直接实例化此类。

3.3　代　理　模　式

代理模式主要解决控制和管理。代理模式给某一个对象提供一个代理对象，并由代理对象控制原对象的引用。通俗地来讲，代理模式就是我们生活中常见的中介。在代理模式中，一个类代表另一个类的功能，这种类型的设计模式属于结构型模式。我们创建具有现有对象的对象，以便向外界提供功能接口，其意图是为其他对象提供一种代理以控制对这个对象的访问，它能够解决在直接访问对象时带来的问题，比如某些操作需要安全控制或者需要对进程外进行访问，如果直接访问会给使用者或者系统结构带来很多麻烦，我们可以在访问此对象时加上一个对此对象的访问层。

代理模式一般由三个部分组成。

（1）抽象角色：通过接口或抽象类声明真实角色实现的业务方法。

（2）代理角色：实现抽象角色，是真实角色的代理，通过真实角色的业务逻辑方法来实现抽象方法，并可以附加自己的操作。

（3）真实角色：实现抽象角色，定义真实角色所要实现的业务逻辑，供代理角色调用。

在代理模式中，真实的角色就是实现实际的业务逻辑，不用关心其他非本职责的事务，通过后期的代理完成事务，附带的结果就是编程简洁清晰，即职责清晰性。代理对象可以在客户端和目标对象之间起到中介的作用，这样起到了中介的作用和保护了目标对象的作用。与此同时，也伴随着不少缺点，例如由于在客户端和真实主题之间增加了代理对象，因此有些类型的代理模式可能会造成请求的处理速度变慢；实现代理模式需要额外的工作，有些代理模式的实现非常复杂。

代理模式按照不同的方式来划分，可以分为很多种。如果按照代理创建的时期来进行分类的话，可以分为两种：静态代理、动态代理。静态代理是由程序员创建或工具生成代理类的源码，再编译代理类。所谓静态也就是在程序运行前就已经存在代理类的字节码文件，代理类和委托类的关系在运行前就确定了。动态代理是在实现阶段不用关心代理类，而在运行阶段才指定哪一个对象。

3.4　装饰器模式

装饰器模式允许向一个现有的对象添加新的功能，同时又不改变其结构。这种类型的设计模式属于结构型模式，它是作为现有的类的一个包装。这种模式创建了一个装饰类，用来包装原有的类或方法，并在保持类方法完整性的前提下，提供了额外的功能。

当一个类已经存在并已经对外提供核心功能，希望对功能进行增强时，通常情况下，我们可以修改或继承原来的类，提供相应的增强功能即可。但是这种方式需要修改原类代码，违背了"开-闭"原则。同时，这种修改是永久性的，可能某些场景下，只需要之前的功能，而不需要新增的功能。在这种情况下，采用装饰器模式就是一个非常好的解决方案。通常做法是引入一个第三方中介类，这个类实现了装饰器接口，在具体的类或方法属性上进行装饰即可，而装饰器内部解决了所有新增功能的处理能力，从而保证了不改变原有类和方法。

优点：

（1）松耦合，在不修改原来代码的情况下，动态为类增加新功能；

（2）扩展性强，只需要增加新的装饰类，就可以对原类不断增加功能；

（3）灵活，不需要通过继承来扩展，可动态增删装饰类，不会对原类造成损失。

缺点：

（1）需单独定义装饰类；

（2）需框架或代码对装饰器进行支持（大多数高级语言已对装饰器进行支持）。

3.5　解释器模式

解释器模式（Interpreter Pattern）提供了评估语言的语法或表达式的方式，它属于行为型模式。这种模式实现了一个表达式接口，该接口解释一个特定的上下文。这种模式被用在 SQL 解析、符号处理引擎等方面。

解释器模式主要用于解决一些固定文法构建一个解释句子的解释行为，当一种特定类型的问题发生的频率足够高，那么就值得将该问题表述为一个简单语言中的句子，如 JPQL、HQL、UI 模板等，此时，就需要构建一个解释器来解释这些句子。

解释器通常需要两个部分：

（1）语法树：用于描述特定语法；

（2）环境类：用于存储语法解析过程和结果。

优点：

（1）扩展性强，当需要增加新的文法时，主要工作在解释器的增强上，原来代码修改较少；

（2）易于实现简单文法，大部分复杂解析通过解释器进行解析，开发代码书写显得较为简单。

缺点：

（1）复杂文法较难维护；

（2）随着文法复杂度提升，解释器会形成类膨胀。

3.6　AOP 模式

AOP，是 Aspect Oriented Programming 的缩写，译为面向切面编程。通过预编译方式和运行期间动态代理实现程序功能的统一维护的一种技术。面向对象编程（OOP）引入封装、继承和多态性等概念来建立一种对象层次结构，用以模拟公共行为的一个集合。当我们需要为分散的对象引入公共行为的时候，OOP 则显得无能为力。也就是说，OOP 允许定义从上到下的关系，但并不适合定义从左到右的关系，例如日志功能。日志代码往往水平地散布在所有对象层次中，而与它所散布到的对象的核心功能毫无关系。对于其他类型的代码，如安全性、异常处理和透明的持续性也是如此。这种散布在各处的无关的代码被称为横切（Cross-Cutting）代码，在 OOP 设计中，它导致了大量代码的重复，从而不利于各个模块的复用。

而 AOP 技术则恰恰相反，它利用一种称为"横切"的技术。剖解开封装的对象内部，并将那些影响了多个类的公共行为封装到一个可重用模块，并将其名为"Aspect"，即方面。所谓"方面"，简单地说，就是将那些与业务无关，却为业务模块所共同调用的逻辑或责任封装起来，便于减少系统的重复代码，降低模块间的耦合度，并有利于未来的可操作性和可维护性。AOP 代表的是一个横向的关系，如果说"对象"是一个空心的圆柱体，其中封装的是对象的属性和行为，那么面向切面编程的方法，就仿佛一把利刃，将这些空心圆柱体剖开，以获得其内部的消息。然后它又以巧夺天工的妙手将这些剖开的切面复原，不留痕迹。

想象下面的场景，开发中在多个模块间有某段重复的代码，我们通常是怎么处理的？显然，没有人会靠"复制粘贴"吧！在传统的面向过程编程中，我们也会将这段代码抽象成一个方法，然后在需要的地方分别调用这个方法，当这段代码需要修改时，我们只需要改变这个方法就可以了。然而需求总是变化的，有一天，新增了一个需求，需要多处做修改，我们需要再抽象出一个方法，然后再在需要的地方分别调用这个方法，又或者我们不需要这个方法了，还是得删除掉每一处调用该方法的地方。实际上，涉及多个地方具有相同的修改的问题都可以通过 AOP 来解决。AOP 包含以下术语。

（1）Advice 通知。

AOP 的主要作用就是在不侵入原有程序的基础上实现对原有功能的增强，而增强的方式就是添加通知，这是额外增强一个方法。按照不同的方式通知又分为前置、后置、环绕、异常、返回。

（2）JointPoint 连接点。

在上述通知的描述中我们知道，AOP 增强就是为原有方法在不侵入的情况下额外添加了一个新的功能，而新功能和原有方法之间是如何联系到一起的呢？这里就需要引入连接点的概念了。

（3）Pointcut 切入点。

在上述连接点的叙述中，我们知道了 AOP 是如何实现原有功能增强的，但是通过连接点，增强方法是如何增强原有方法的呢？这里就需要切入点来实现对原有方法的切入。

（4）Aspect 切面。

切面是一个类，由通知和切点组成，是 AOP 代码的实现中的主要部分。而通知则包括切点和连接点，因此，切面包含了 AOP 中所有元素。

AOP 通知包含前置通知（Before）、后置通知（After）、返回通知（AfterReturning）、异常通知（AfterThrowing）、环绕通知（Around）五种类型，具体描述如表 3.1 所示。

表 3.1　AOP 通知类型和含义

通知类型	含义
Before	通知方法会在目标方法调用之前执行
After	通知方法会在目标方法返回或异常后调用

续表

通知类型	含义
AfterReturning	通知方法会在目标方法返回后调用
AfterThrowing	通知方法会在目标方法抛出异常后调用
Around	通知方法会将目标方法封装起来，在目标方法执行前后两次调用

3.7 IoC 模式

一个系统的设计过程中，降低各模块之间的相互依赖，达到高内聚低耦合，是判断设计好坏的标准。所以 Robert Martin 大师提出了面向对象设计原则——依赖倒置原则，包含以下两个准则：

（1）上层模块不应该依赖于下层模块，它们共同依赖于一个抽象；

（2）抽象不能依赖于具象，具象依赖于抽象。

这其实就是要求系统设计中面向接口编程思想的一种表达，而 IoC 模式则把这种思想进一步贯彻和实现。

控制反转（Inversion of Control，IoC）是一个重要的面向对象编程的法则，用来削减计算机程序的耦合问题。控制反转还有一个名字叫作依赖注入（Dependency Injection，DI）。所谓的控制反转与依赖注入是对同一概念不同角度的理解。当模块 A 需要模块 B 的协助时，在传统的程序设计过程中，通常由模块 A 来创建模块 B 的实例。控制反转则意味着原来应该由模块 A 主动实例化对象，改由 IoC 容器去实现，控制权由原来的 A 模块变为了容器，从而达到了 A 模块与 B 模块之间的解耦；依赖注入则是对于模块 A 来讲，它需要依赖于 IoC 容器创建它需要的对象，并注入到自身当中。

在 IoC 模式下，控制权的反转的目的是要达到模块间的解耦，模块之间是感受不到对方存在的，对象的创建、生命周期的管理全都由 IoC 容器来管理，上层模块调用底层模块时，需要依靠 IoC 容器创建并注入。

以一个人（调用者实例）需要一把斧子（被调用者实例）为例：

原始社会里，几乎没有社会分工。需要斧子的人（调用者）只能自己去磨一把斧子（被调用者）。对应的情形为：应用程序里的调用者自己创建被调用者。

进入工业社会，工厂出现。斧子不再由普通人完成，而在工厂里被生产出来，此时需要斧子的人（调用者）找到工厂，购买斧子，无须关心斧子的制造过程。对应的是简单工厂设计模式。

　　进入"按需分配"社会，需要斧子的人不需要找到工厂，坐在家里发出一个简单指令：需要斧子。斧子就自然出现在他面前。对应 IoC 模式的依赖注入。

　　第一种情况下，调用者实例创建被调用的实例，必然要求被调用的实例类出现在调用者的代码里。无法实现二者之间的松耦合。

　　第二种情况下，调用者无须关心被调用者具体实现过程，只需要找到符合某种标准（接口）的实例，即可使用。此时调用的代码面向接口编程，可以让调用者和被调用者解耦，这也是工厂模式大量使用的原因。但调用者需要自己定位工厂，调用者与特定工厂耦合在一起。

　　第三种情况下，调用者无须自己定位工厂，程序运行到需要被调用者时，系统自动提供被调用者实例。事实上，调用者和被调用者都处于 IoC 容器的管理下，二者之间的依赖关系由 IoC 容器提供。把工厂和对象生成这两者独立分隔开来，提高了代码的灵活性和可维护性。

　　IoC 模式优点：

　　通过配置来定义对象的生成，所以当我们需要换一个接口实现时将会变得很简单（一般这样的对象都是实现于某种接口的），只要修改配置就可以了，这样我们甚至可以实现对象的热插拔（有点像 USB 接口和 SCSI 硬盘了）。

　　IoC 模式缺点：

　　（1）把生成一个对象的步骤变复杂了（相对于直接 new 来说，但操作上还是很简单的），对于不习惯这种方式的人，可能会觉得别扭和不直观。

　　（2）因为对象生成时使用反射机制，在效率上有些损耗。

　　IoC 优缺点都很明显，但相对于 IoC 提高的维护性和灵活性来说，缺点显得微不足道。当然，在性能要求极其苛刻的环境下另当别论。

3.8　MVC 模式

　　MVC 全称是 Model-View-Controller（模型-视图-控制器），是一种设计模式，这种模式用于应用程序的分层开发。MVC 把应用程序分成了 3 个核心模块，这 3 个模块被称为业务层、视图层和控制层。它们三者在应用程序中的主要作用如下。

　　（1）业务层：负责实现应用程序的业务逻辑，封装有各种对数据的处理方法。业务层不关心它会如何被视图层显示或被控制器调用，它只接收数据并处理，然后返回一个结果。

　　（2）视图层：负责应用程序对用户的显示，视图层从用户那里获取输入数据并通过控制层传给业务层处理，然后再通过控制层获取业务层返回的结果并显示给用户。

（3）控制层：负责控制应用程序的流程，控制层接收从视图层传过来的数据，然后选择业务层中的某个业务来处理，接收业务层返回的结果并选择视图层中的某个视图来显示结果。

MVC 三大元素关系如图 3.1 所示。

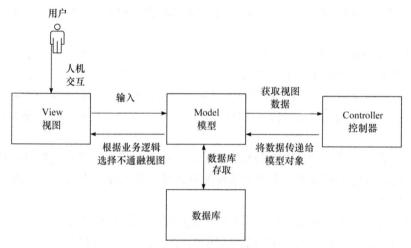

图 3.1 MVC 模式元素关系图

MVC 的优点如下。

（1）低耦合性。

视图层和业务层分离，这样就允许更改视图层代码而不用重新编译模型和控制器代码；同样，一个应用的业务流程或者业务规则的改变只需要改动 MVC 的模型层即可，因为模型与控制器和视图相分离，所以很容易改变应用程序的数据层和业务规则。

（2）高重用性和可适用性。

MVC 模式允许使用各种不同样式的视图来访问同一个服务器端的代码，因为多个视图能共享一个模型，它包括任何 Web 浏览器或者无线浏览器（wap）；比如，用户无论是通过电脑还是手机来订购某样产品，虽然订购的方式不一样，但处理订购产品的方式是一样的，由于模型返回的数据没有进行格式化，所以同样的构件能被不同的界面使用。

（3）多层并行开发。

MVC 使开发和维护用户接口的技术含量降低。使用 MVC 模式使开发时间得到相当大的缩减，它使后端开发程序员集中精力于业务逻辑，前端开发程序员集中精力于表现形式上。

（4）可维护性高。

分离视图层和业务逻辑层也使得 Web 应用更易于维护和修改。

（5）有利于软件工程化管理。

由于不同的层各司其职，每一层不同的应用具有某些相同的特征，有利于通过工程化、工具化管理程序代码。

MVC 的缺点如下。

（1）完全理解 MVC 比较复杂：完全理解并掌握 MVC 并不是一个很容易的过程。

（2）调试困难：因为模型和视图要严格分离，这样也给调试应用程序带来了一定的困难，每个构件在使用之前都需要经过彻底的测试。

（3）不适合中小规模的应用程序：在一个中小型的应用程序中，强制地使用 MVC 进行开发，往往会花费大量时间，使开发变得繁琐，反而不能体现 MVC 的优势。

（4）增加系统结构和实现的复杂性：对于简单的界面，严格遵循 MVC，使模型、视图与控制器分离，会增加结构的复杂性，并可能产生过多的更新操作，降低运行效率。

（5）视图与控制器之间过于紧密的连接降低了视图对模型数据的访问：视图与控制器是相互分离，但却是联系紧密的部件，视图没有控制器的存在，其应用是很有限的，反之亦然，这样就妨碍了它们的独立重用。

3.9　MVVM 模式

MVVM 将"视图模型数据双向绑定"的思想作为核心，在 View 和 Model 之间没有联系，通过 ViewModel 进行交互，而且 Model 和 ViewModel 之间的交互是双向的，因此视图的数据的变化会同时修改数据源，而数据源数据的变化也会立即反映到 View 上，即 ViewModel 是一个 View 信息的存储结构，ViewModel 和 View 上的信息是一一映射关系。MVVM 结构如图 3.2 所示。

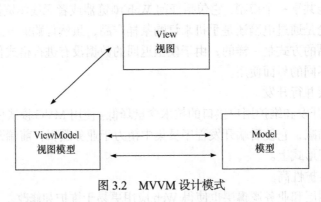

图 3.2　MVVM 设计模式

MVVM 模式能够帮用户把用户程序的业务与展现逻辑从用户界面干净地分离开。保持程序逻辑与界面分离能够帮助解决很多开发以及设计问题，能够使用户的程序更容易地测试、维护与升级。它也能很大程度地增加代码重用性，让开发者与界面设计者更容易地相互合作。使用 MVVM 有以下几点好处：

（1）低耦合。View 可以独立于 Model 变化和修改，一个 ViewModel 可以绑定到不同的 View 上，当 View 变化的时候 Model 可以不变，当 Model 变化的时候 View 也可以不变。

（2）可重用性。可以把一些视图的逻辑放在 ViewModel 里面，让很多 View 重用这段视图逻辑。

（3）独立开发。开发人员可以专注于业务逻辑和数据的开发（ViewModel）。设计人员可以专注于视图（View）的设计。

（4）可测试性。可以针对 ViewModel 来对视图（View）进行测试。

使用 MVVM 模式，程序的 UI 和业务逻辑将被分离至三个类中：

（1）视图，封装 UI 与 UI 逻辑；

（2）视图模型，封装展示逻辑与状态；

（3）模型，封装程序的业务逻辑以及数据。

MVVM 模式是展示-模型模式的变种，它优化了一些 WPF 的核心特性，例如数据绑定、数据模板、命令以及行为。在 MVVM 模式中，视图通过数据绑定以及命令行与视图模型交互，并改变事件通知。视图模型查询、观察并协调模型更新、转换、校验以及聚合数据，从而在视图显示。图 3.3 展示了 MVVM 元素之间的交互。

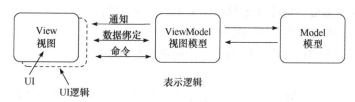

图 3.3　MVVM 元素交互

（1）视图类。

视图的责任便是定义用户在屏幕上能看到的一切的结构以及外观。理想的视图背后的代码只包含调用 InitializeComponent 方法的构造函数。视图通常扮演以下关键角色：

（a）视图是可视化元素，例如窗口、页面、用户控件或者数据模板；

（b）视图定义了包含在视图里的控件与可视化层以及样式；

（c）视图通过 DataContext 属性应用视图模型；

（d）绑定了控件与数据的属性以及命令被视图模型暴露出来；

（e）视图可以定制化视图与视图模型间数据绑定行为；

（f）视图定义以及处理 UI 可视化行为，例如动画。

（2）视图模型类。

视图模型在 MVVM 模式中为视图封装了展示逻辑，它并不是直接引用视图或者任何其他关于视图特定的实现或者类型。视图模型实现了属性以及命令，使得视图进行数据绑定，并通过改变事件通知来提醒视图状态已经改变了。视图模型提供的属性和命令定义了提供给 UI 的功能。而视图定义了如何渲染。

视图模型负责协调视图与任何需要的模型类的交互。视图模型与视图类有着一对多的关系。视图模型可以选择直接将模型类暴露给视图，因此视图的控件能够直接进行数据绑定。视图模型可以转换或者操纵模型数据，所以能够很容易被视图使用。

视图模型会定义能被展现在 UI 上并被用户调用的命令或者行为。一个通用的例子就是当视图模型需要提交命令时会允许用户提交数据到网络服务或者数据库，视图可以选择用一个按钮来展示，然后用户能够单击该按钮提交数据。典型地，当命令编程不可用时，它相关的 UI 展示也变得不可用。视图模型通常扮演下面这些关键角色：

（a）视图模型是非可视化类，它封装了展现逻辑；

（b）视图模型是可以独立于视图与模型调试的；

（c）视图模型不直接引用视图；

（d）视图模型实现了视图用来数据绑定的属性与命令；

（e）视图模型通过改变提醒事件通知视图状态的改变；

（f）视图模型协调视图与模型的交互；

（g）视图模型可以定义视图展现给用户的逻辑状态。

（3）模型类。

Model 在 MVVM 模式中封装了业务逻辑以及数据，业务逻辑的定义像所有检索和程序数据管理相关的程序逻辑一样，用来确保所有的数据持久与有效的业务规则被应用。最大化代码重用，模型不能包含任何特定的情况、特定的用户任务以及程序逻辑。

典型的模型为客户端域模型，模型也可能包含支持数据访问与缓存的代码，即使有一个分离的数据库或者服务被使用。模型通常扮演如下的关键角色：

（a）模型类是不可视类，它封装了程序数据；

（b）模型类不直接应用视图或视图模型类；

（c）模型类不依赖于视图和视图模型如何实现；

（d）模型类通过接口提供属性与集合更改事件；

（e）模型类通过特定方法提供数据验证与错误报告，模型类与封装了数据访问的服务一起使用；

（f）模型类具有对数据直接访问的权利，例如对数据库的访问，模型不关心会被如何显示或是如何操作，模型也不能包含任何用户使用的与界面相关的逻辑。

模型在实际开发中根据实际情况可以进行细分。

第4章 Noomi 设计

4.1 概　　述

随着 Web 技术的不断发展，前端的重要性越来越凸显。未来，前后端一体化开发将成为主流趋势，也就是前端和后端开发人员将一起协作完成整个应用程序的开发。Node.js 作为一种异步输入/输出(I/O)和事件驱动编程的语言，在后端领域具有很高的普及度，而其支持 JavaScript 语言使得前后端一体化开发更加容易实现。基于 Node.js，前端开发人员可以使用 JavaScript 语言构建服务端应用程序。为此，针对航天再入跨流域空气动力学模型驱动的自动化软件代码生成技术与气动数据管理需求[27-37,39-73]，团队自主研发了 Noomi，作为一个基于 Node.js 的企业级服务端框架，基于 Typescript 开发，支持路由、过滤器、IoC、AOP、事务及嵌套、安全框架、缓存。Noomi 全面支持 Typescript，采用模块化编程方式对框架进行构建。框架包括三个核心模块：请求管理模块、路由模块、安全模块。请求管理模块负责对客户端发送过来的请求进行管理，包括功能属性配置、延迟调度请求、处理请求等。路由模块负责对路由方法进行管理，包括添加路由方法、执行路由方法、管理路由方法结果类型等。安全模块负责对用户的身份和权限进行验证，包括对用户、组、权限、资源、用户与组关系、组与权限关系、权限与资源关系这七张表的管理，通过这七张表的信息对用户登录的状态进行验证。

为了框架开发便捷迅速，框架设计了 5 个工具模块，包括 IoC、AOP、Util 类、缓存和线程安全。IoC 负责类实例的加载及依赖注入，大大降低了代码之间的耦合程度，使得开发效率有效提升。AOP 通过预编译方式和运行期间动态代理，将不同功能代码编织在一起，实现程序功能的统一维护。Util 类则封装了框架一些通用的方法，如字符串转正则表达式、获取路径和对象的深拷贝等，大大降低了代码量。缓存提供了两种存储方式：本地缓存和 Redis 服务器缓存。其意义在于为上层的支撑模块，如会话管理模块、静态资源管理模块等，提供服务。线程安全主要就是管理线程池，为事务管理模块提供服务，保证了线程安全性。

为了支撑框架 3 大核心模块实现，框架设计了 9 个支撑模块，包括参数处理模块、过滤模块、模型驱动模块、会话管理模块、静态资源管理模块、后置处理模块、数据库管理模块、事务管理模块和日志管理模块。其中过滤模块、静态资源管理模块、后置处理模块则是主要为了实现请求管理模块而设计，而路由模块则是请求管理模块的基础。首先过滤模块会为请求管理模块过滤掉那些不安全的请求，静态资源管理模块和路由模块则是对请求进行响应处理，后置路由负责对响应结果进行处理。参数处理模块和模型驱动模块主要是为了服务路由模块，参数处理模块对 HTTP 请求(Request)与响应(Response)报文进行封装,其中 Request 的参数会在模型驱动模块中进行一次数据校验处理，最后将请求的 URL 作为路由，参数作为 Model 交于路由模块进行管理。会话管理模块、数据库管理模块、事务管理模块和日志管理模块主要是为了服务安全模块，开发者通过数据库管理模块找到数据库表中的对应信息，实现对用户身份的识别和用户权限的认证。会话管理模块实现了对用户进行追踪和状态的保存；事务管理模块保证了开发人员对数据库操作时不会对数据库造成脏读、脏写、不可重复读和丢失更新等问题，保证了数据的安全；日志管理模块使开发人员能够通过日志记录快速定位并查找系统错误，从而保证了系统的安全性。

其架构图如图 4.1 所示。

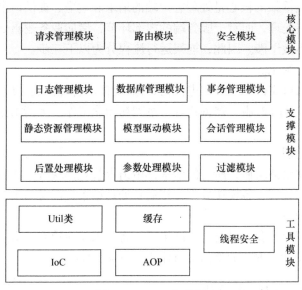

图 4.1 Noomi 架构图

4.2 Web 服务器设计

4.2.1 框架结构设计

框架采用模块化的开发方式，所有模块与其内部运行过程由框架统一封装和管理，各模块间拥有独立的功能界限和运行流程。因此，本书使用了以请求管理模块为中心的框架结构，通过请求管理模块对各功能模块进行调用，完成请求的处理与响应。框架的总体结构设计如图 4.2 所示。

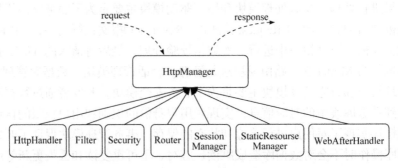

图 4.2 Web 框架总体结构

4.2.2 框架运行流程设计

Web 服务端框架的核心是处理客户端的请求和响应，提供请求转发并委托到业务层和数据层处理，而对于服务端的内部环节，诸如业务逻辑处理、数据库动态资源获取等不做干涉。因此，框架运行流程分为以下三步。

（1）框架初始化。

框架通过入口文件 noomi.ts 进行初始化，由请求管理模块完成配置文件解析、功能模块加载、HTTP 服务器创建等一系列初始化工作，为请求处理与响应做提前准备。

（2）请求处理。

在客户端发出请求后，所有的请求都由请求管理模块统一接收，再由其分配到其他模块进行处理，各模块处理完毕后将处理结果返回至请求管理模块。

（3）请求响应。

在请求管理模块获得最终处理结果后，将结果响应给客户端。

基于以上设计，框架的整体运行流程如图 4.3 所示。

4.2.2.1 请求管理模块设计

请求管理模块作为框架运行的入口模块，主要任务是完成功能模块的加载以及请求的调度与处理。其中，在框架初始化时基于功能属性配置方案完成模块自定义加载，在框架运行时基于延迟调度方案完成请求的调度，同时执行请求的处理流程。

（1）功能属性配置方案。

Web 服务端框架通常为每个功能提供了多种可配置属性，允许开发者根据自身项目的需要对具体的功能属性进行配置，从而满足不同场景下的开发需求。现

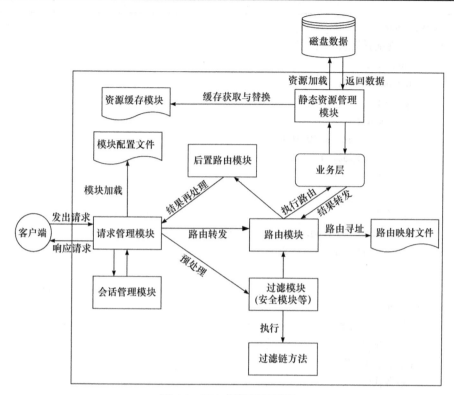

图 4.3　Web 框架运行流程

有 Node.js 的 Web 服务端框架如 Hapi、Nest 等都是将功能属性的配置信息定义在业务代码段中，在进行业务代码编写时需要定义大量功能属性。这种配置方式使功能模块的属性信息与业务代码中的函数和类等相混杂，一方面，造成代码可读性降低；另一方面，当开发者对某个功能的属性进行修改时，需要同时修改项目中使用了该功能的业务代码段，给代码的可维护性带来困难。

　　针对上述问题，本框架采用配置文件对各功能属性进行配置。在配置文件的编写格式上，传统服务端框架通常采用 XML 的文件格式。但 XML 的文件格式较为复杂，使用 JavaScript 进行读取和解析时较为困难。随着 JavaScript 的发展，ECMAScript（European Computer Manufacturers Association Script）制定了一种轻量级的数据交换格式 JSON，具有格式简单、易于读写、JavaScript 能够快速解析的特点。对于 Node.js 来说，使用 JSON 格式能够提高代码的可读性，并且解决了XML 难以解析的问题。因此本文采用 JSON 作为配置文件的编写格式。

　　以路由转发功能为例，Hapi 框架采用将功能属性的配置信息定义在业务代码段中的实现方式，如下所示。

```
server.route（{
    //属性配置信息
    path: '/test/',
    method: 'POST',
    options:{
        cache:{
            expiresIn: 30*1000,
            paivacy: 'private'
        }
    },
    //业务代码
    handler:function（request，h）{
        return 'this is route test';
    }
}）
server.route（{
    //属性配置信息
    path: '/hapi/',
    method: "GET",
    //业务代码
    handler:function（request，h）{
        return 'testHapi';
    }
}）；
```

本书框架将功能属性以 JSON 格式定义在配置文件中的实现方式如下所示。

```
"cache_option":{                        //静态资源缓存配置
        "save_type":0,                  //存储类型 0 memory，1 redis，
        "max_size":20000000,            //缓存最大字节数，save_type 为 0 时有效
        "max_single_size":0,            //单个缓存文件最大 size,0 表示不限制
        "redis":"default",              //redis client 名，与 redis 配置保持一致，默认 default
        "expires":0,                    //页面缓存 expires 属性
        "max_age":1800,
    }
```

路由功能实现如下所示。

```
@Router（）
class RouteTest extends BaseRoute{
    // 路径
    @Route（'test'）
    //业务功能
    handleone（）{
        return 'this is route test';
    }
    // 路径
    @Route（'/hapi'）
    //业务功能
    handletwo（）{
        return 'testHapi';
    }
}
```

通过对比可以看出，将功能属性的配置信息编写在配置文件中的方式实现了配置信息与业务代码的分离，使业务代码的逻辑更加简洁和清晰，提高了代码的可读性。与此同时，在需要对相关功能属性进行修改时只需要修改对应的配置文件即可，无须对现有代码进行修改，提高了代码的可维护性与服务端开发效率。

在此基础上，框架基于配置文件完成模块的自定义加载，提供了配置文件的格式以及每个功能模块的多种可配置属性，使开发者能够按照自身开发需求在配置文件中添加功能模块的属性。在框架初始化过程中，通过解析配置文件完成模块的自定义加载。其中，配置文件的可配置属性如表 4.1 所示。

表 4.1　Noomi 配置文件属性表

属性名	描述
language	语言，'zh'/'en'
app_name	应用名，若存在多个应用共享 redis 则需设置
cluster	设置集群，若设为 true 则必须配置 redis
instance	交由实例工厂管理的实例类的 js 文件路径
web	web 相关配置
database	数据库相关配置
redis	redis 相关配置

属性名	描述
security	安全模块相关配置
launchhook	钩子函数相关配置

　　在完成配置文件的定义后，通过对配置文件进行解析来实现模块的加载。各配置属性的具体配置项在后续对应模块中均有详解，web 配置文件中的可配置属性如表 4.2 所示，其对应的子配置 web_config 如表 4.3 所示，cors 配置如表 4.4 所示，error_page 配置如表 4.5 所示，https 配置如表 4.6 所示。

表 4.2　web 配置属性表

属性名	描述
web_config	详细配置项见表 4.3
session	HTTP session 配置，详细配置项见会话管理模块
error_page	异常页配置
https	HTTPS 配置，不需要则删除此项

表 4.3　web_config 配置属性表

属性名	描述
upload_tmp_dir	上传文件临时目录
upload_max_size	上传文件最大大小
welcome	欢迎页面
static_path	静态资源路径，支持通配符*
cors	跨域配置
cache	是否开始缓存，默认 false
cache_option	缓存配置，详细配置项见静态资源管理模块

表 4.4　cors 配置属性表

属性名	描述
domain	跨域域名，支持通配符*
allow_headers	自定义 headers，如 "x-token"
access_max_age	预检结果缓存时间（秒）

表 4.5 error_page 配置属性表

属性名	描述
code	异常码
location	异常页相对路径

表 4.6 https 配置属性表

属性名	描述
only_https	是否只采用 HTTPS，默认 false
key_file	私钥文件路径
cert_file	证书文件路径

框架定义 noomi.ts 为框架运行的入口文件，启动框架时执行该文件的初始化方法。该初始化方法通过读取配置文件信息，按照预定义的方法对其进行解析，根据模块、对象、属性的顺序生成解析结构树。请求管理模块通过调用各个模块的初始化方法，将属性值填充到对应模块属性和对象属性中，当所有属性值填充完毕后，完成整个模块加载过程。

在完成模块加载后，首先进行服务器的创建，接着根据配置文件完成服务器端口的初始化，最后完成框架的初始化。请求管理模块提供给开发者可配置属性如表 4.7 所示。

表 4.7 请求管理模块可配置属性

属性名	描述
port	HTTP 协议服务器端口号（默认端口号 3000）
sslPort	HTTPS 协议服务器端口号（默认端口号 4000）
configPath	配置文件存储路径（默认路径为/config）

（2）延迟调度方案。

对于 Web 应用来说，请求不能被正常响应时，页面通常会出现 404 Not Found 的情况，这会对用户体验造成一定的影响。而现有 Node.js 的 Web 服务端框架在请求调度上通常采用即来即服务的方式，即服务端在接收到请求后会立即对请求进行处理，请求处理完毕后将结果响应给客户端，随后立即开始下一轮的请求处理。在高并发的场景下，服务端会收到大量请求的访问。当服务器的处理能力到达上限时，请求会被直接丢弃，从而造成请求错误率上升。

　　针对这一问题，本书采用缓存队列实现高并发场景下的延迟调度方案。其中，缓存队列的执行流程如图 4.4 所示。将并发请求存入缓存队列进行存储，等到服务器负载压力较小时再从队列中取出请求进行处理。这种方式能在一定程度上减轻服务器的压力，避免某个瞬间服务器处理能力达到上限而造成请求丢弃。

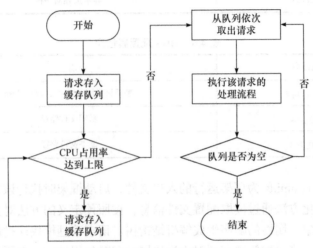

图 4.4　缓存队列执行流程

　　本书基于缓存队列实现的延迟调度流程如图 4.5 所示。CPU 作为服务器运算和控制的核心部件，能在一定程度上反映服务器的负载情况。将请求存入缓存队列的同时，通过对 CPU 占用率进行监控来判断当前服务器的负载情况。当 CPU 占用率过高时，表明当前请求数量较多，服务器的负载压力较大。此时，框架会将新的请求存入缓存队列中而不进行处理，直到 CPU 的占用率低于预设值时，框架才会从缓存队列中依次取出请求，执行每个请求对应的处理流程。框架通过缓存队列和对 CPU 的监控，减少高并发场景下请求的丢弃，降低请求错误率。

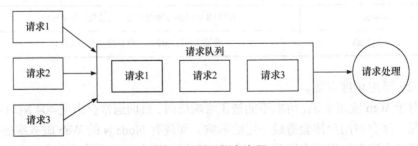

图 4.5　延迟调度流程

　　框架通过请求调度器完成对请求的调度。调度器会设置延迟标志 canHandle，当 CPU 的占用率达到预设上限值时（默认预设上限值为 75%），调度器开启延迟标志，进入延迟调度流程：框架会暂停请求的处理，在这个过程中将尚未处理的请求存储在缓存队列 resQueue 中进行排队。等待延迟结束后，对队列中的请求进行轮询处理，直到队列中的请求全部处理完毕。

请求调度器的可操作方法及可配置属性分别如表 4.8 和表 4.9 所示，其中 load 属性为 CPU 占用率，canHandle 属性为延迟标志。

表 4.8 请求调度器可操作方法

方法名	描述	参数	返回值
add	加入请求队列	req：HttpRequest 对象	无
setCanHandle	设置延迟标志	canHandle：延迟标志	无
handle	处理请求队列	无	无
handleOne	处理单个请求	req：HttpRequest 对象	请求处理结果

表 4.9 请求调度器可配置属性

属性名	描述
expire	请求的过期时间（默认 1000 毫秒）
load	CPU 占用率（默认 75%）
resQueue	请求存储队列
canHandle	延迟标志

（3）请求处理。

根据框架运行流程的设计，请求管理模块在接收请求后将请求分派到各个模块进行执行，最后将执行结果返回给客户端。整个请求处理过程共分为两部分：一部分是处理过程，另一部分是响应过程。其中处理过程的具体设计如下：

（a）请求管理模块调用参数处理模块对请求参数进行解析，获取到请求的路径后返回给请求管理模块。

（b）请求管理模块将请求的路径传入过滤模块，由过滤模块来判断是否对该路径下的请求进行预处理。如果执行预处理，则在过滤模块内部执行预处理，随后将预处理完毕后的请求返回给请求管理模块。

（c）若需要执行路由模块，请求管理模块将预处理后的请求传入路由模块，由路由模块来判断是否对该请求进行路由转发。如果执行路由转发，则在路由模块内部执行路由转发，随后将转发得到的结果返回给请求管理模块。

（d）如果不需要执行路由模块，请求管理模块将请求传入静态资源管理模块中，由静态资源模块内部执行静态资源加载，随后将资源加载后得到的结果返回给请求管理模块。

（e）请求管理模块将请求和得到的数据传入后置处理模块，由后置处理模块判断是否对该路径进行后置处理。如果执行后置处理，则在后置模块内部执行，随后将后置处理后的结果返回给请求管理模块。

此时，请求管理模块已经获取到 Web 请求的结果，完成了请求的处理过程，接着开始执行响应过程。响应过程的具体设计如下：

（a）请求管理模块调用会话管理模块，由会话管理模块对请求的会话信息进行处理，随后将处理完毕后的请求返回给请求管理模块。

（b）请求管理模块调用参数处理模块，由参数处理模块将请求结果封装为可响应对象，最后由请求管理模块将可响应对象返回给客户端。

基于上述描述，框架的请求处理流程如图 4.6 所示。

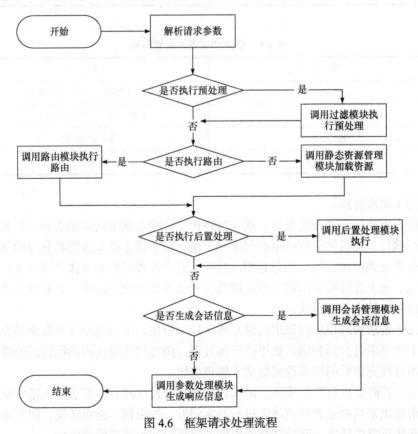

图 4.6　框架请求处理流程

4.2.2.2　参数处理模块设计

参数处理模块的任务是对 HTTP 请求（Request）报文与响应（Response）报文进行参数提取与设置。Node.js 内部提供的 IncomingMessage 对象和 ServerResponse 对象分别用于对 Requese 和 Response 的部分参数进行提取与设置。因此，本书基于 Node.js 的原生 IncomingMessage 对象和 ServerResponse 对象进行方法的封装和扩展，提供更加多样化与便捷的参数处理方法，用于对请求与响应的各部分报文进行提取与设置。其中，基于 ServerResponse 对象封装及扩展的 10 种方法如表 4.10 所示，基于 IncomingMessage 对象封装及扩展的 10 种方法如表 4.11 所示。

表 4.10　ServerResponse 对象的封装及扩展方法

方法名	描述	参数	返回值
setHeader	设置头信息	key：消息头名称；value：值	无
setCorsHead	设置跨域头信息	无	无
setContentType	设置消息类型	type：类型	无
setContentLength	设置消息长度	length：长度	无
writeToClient	响应请求结果	config：回写配置项	无
writeFileToClient	响应文件数据	config：回写配置项	无
redirect	重定向	page：目标页面	无
doHead	处理 head 请求	无	无
doTrace	处理 trace 请求	无	无
doOptions	处理 options 请求方法	无	无

表 4.11　IncomingMessage 对象的封装及扩展方法

方法名	描述	参数	返回值
getHeader	提取头信息	key：消息头名称	消息值
getMethod	提取请求方式	无	请求方式
getUrl	提取路径	无	请求路径
getSocket	提取本地/远程地址	无	socket 对象

续表

方法名	描述	参数	返回值
setParameter	设置参数	name：名称； value：值	无
getParameter	获取参数	name：参数名	值
getAllParameter	获取所有参数	无	参数对象
initQueryString	将请求中的参数保存到 参数值对象中	无	无
postHandle	提取 Post 方式的请求数据	无	参数值对象
handleContentType	处理请求头	contentTypeString：请求头 信息	请求头对象

4.2.2.3　过滤模块设计

过滤模块的任务是完成请求的预处理。框架从请求预处理执行的完整性和有序性以及灵活性考虑，设计了过滤器绑定过程和请求预处理的执行过程。

（1）过滤器绑定。

在实际开发过程中，过滤器的应用场景包括但不限于完成请求的数据过滤、权限拦截、信息收集等任务。为了保证过滤器的正确执行，从执行的完整性和执行的有序性两个方面来设计过滤器绑定过程。

一个请求往往需要执行多个过滤器，为了保证过滤器执行的完整性，框架在过滤器可配置属性中加入过滤器对应的实例名和方法名，以及请求路径的正则表达式。通过请求路径的正则表达式匹配，快速查找该请求所对应的所有过滤器，将正则表达式匹配到的所有过滤器绑定到与请求相对应的过滤链，以此保证过滤器执行的完整性。

在一些开发场景中，会出现一个预处理的执行需要获得前一个预处理的执行结果，例如一个请求需要先进行会话预处理，再根据会话的处理结果执行权限预处理。因此在框架设计上需要考虑过滤器的执行有序性，框架在过滤器的可属性配置中加入优先级（order）属性，通过对优先级数值排序来操作过滤器的执行顺序。

而开发人员有时可能需要对不同的请求进行不同的预处理，或对多个请求执行同样的预处理过程。为了解决这种情况，引入一个 FilterFactory 类来对过滤器信息进行管理。结合开发语言特性，可采用 @WebFilter 注解对过滤器进行注册，一个过滤器对应一个实例的指定方法，再将该实例加入实例工厂后，框架将过滤器信息存入到 HashMap 中，为了效率更高，将正则表达式作为键名。

基于以上设计，框架提供过滤器可操作方法如表 4.12 所示。

表 4.12　过滤器方法

方法名	描述	参数	返回值
registFilter	注册过滤器	cfg：过滤器配置项	无
handleInstanceFilter	处理实例过滤器	instanceName：实例名；className：类名	无
getFilterChain	获取过滤器链	url：请求路径	过滤器数组
doChain	执行过滤器链	url：请求路径；req：HttpRequest 对象；res：HttpResponse 对象	是否有中断，有中断返回 False，执行完毕返回 True

@WebFilter 注解用于方法，表示注册过滤器，配置可以为空，为空时则默认对所有请求进行预处理，优先级（order）默认为最低，支持配置正则表达式和 order。

（2）请求预处理执行。

在过滤模块执行过程中，将一个预处理请求定义为一个过滤器，将一个请求对应的所有过滤器定义为该请求的一条过滤链。考虑到过滤方法执行的灵活性，即一条过滤链在执行过程中可以根据当前过滤器的执行结果随意中断或继续执行，框架通过设置标识符（True 或 False）的方式来达到动态处理的效果。当请求获得对应过滤链后，开启过滤链上每个过滤器的执行。每个过滤器执行完毕后会得到执行结果，根据执行结果设置标识符判断是否开启下一个过滤器执行。过滤链的执行流程如图 4.7 所示，当一个请求对应三个过滤器时，在实际执行过程中，只有当前过滤器的执行标识符为 True 时才继续下一个过滤器执行，否则退出整个执行流程。因此该请求最终可能出现 3 种预处理结果，分别为 Result1、Result2 和 Result3。

4.2.2.4　路由模块设计

路由，即将 Web 服务端的路由方法以 RESTful 方式暴露给客户端（浏览器），当客户端发起 HTTP 请求时，Web 服务器根据用户访问的 URL 提供对应的服务的过程。可以理解为一种关于 URL 和路由方法之间的映射关系。

如果把客户端与服务端 HTTP 交互的整个过程比作网上购物的话，那么消费者所下的订单可以理解为服务端中的路由。商家对应服务端，商家根据订单信息把对应的实体商品通过快递的方式交到消费者手里，也就是服务端根据路由提供的信息完成整个服务的过程。路由作为 Web 服务器和浏览器之间交互的桥梁，在整个交互的过程中起着相当重要的作用。

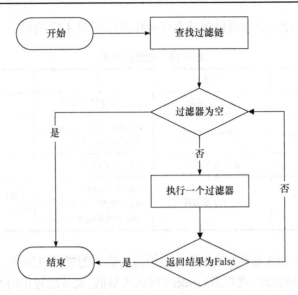

图 4.7   过滤链执行流程

　　路由方法的实现依赖于具体的类，因而引入路由器（Router）的概念，一个路由器对应一个实例工厂中的实例，另一个路由器包含一个或多个路由方法（Route）。框架采用哈希表（Hashmap）存储路由节点，以请求路径为键，以路由器对象为值，命名为 routerMap，并交由 RouteFactory 进行管理。

　　Noomi 路由相关的类/接口定义和注解定义分别如表 4.13 和表 4.14 所示。

表 4.13　Noomi 路由相关类/接口

类/接口	备注
RouteFactory	路由工厂
BaseRoute	基础路由类
IRouteClassCfg	路由注册接口
IRouteCfg	路由配置接口
IRouteResult	路由结果接口
IRoute	路由对象接口

表 4.14　Noomi 路由相关注解

注解名	备注
@Router	路由类注解，用于类
@Route	路由方法注解，用于方法

续表

注解名	备注
@DataModel	模型注解，用于类；为路由类绑定模型类
@NullCheck	空属性校验，用于装饰方法

　　Noomi 提供了路由基础类 BaseRoute，BaseRoute 将与路由相关的信息进行了封装，以满足基础的开发场景。BaseRoute 类提供给用户的属性如表 4.15 所示。

表 4.15　BaseRoute 类的属性

属性名	描述
model	数据对象
request	当前请求对象
response	当前响应对象

　　Noomi 建议所有包含路由信息的类均继承于 BaseRoute 类。BaseRoute 类依赖于模型驱动模块，在路由类中使用 DataModel 注解绑定该类所对应的数据模型类，使用 NullCheck 注解装饰方法，表示当前路由方法需要对数据模型类中的哪些属性进行空校验，其配置项为字符串数组。根据上述配置，将 HTTP 请求通过模型驱动模块处理后得到的数据封装到 BaseRoute 类的 model 属性中，提供给用户。

　　加入路由工厂的路由信息可以通过@Route 进行注册，配置项可以是字符串，表示当前装饰的方法对应的路由路径，也可以是对象，配置项如表 4.16 所示。

表 4.16　Route 注解配置项

属性名	描述
path	路由路径，命名空间，name + path 为 URL
results	路由返回结果

　　路由返回结果的配置可以为空，也可以是对象，路由返回结果配置项如表 4.17 所示。

表 4.17　路由返回结果配置项

属性名	描述
type	路由结果类型
value	当返回值与 value 一致时，执行该结果

续表

属性名	描述
url	路由返回的目标 URL
params	需传递的参数数组

针对常见的重定向转发、多重转发、数据转发、文件流转发和空转发的场景，共设计了 5 种路由结果类型（redirect、chain、JSON、stream 和 none）来进行相应处理。以路径为 A 的请求为例，路由器 R1 为该请求的映射路由，转发方式的设计如下所述。

当转发方式为 redirect 时，执行路由器 R1 完毕，路径 A 跳转到路径 B；当转发方式为 chain 时，依次执行多个路由器，执行完毕后由最后一个路由器 R 的结果类型决定路径 A 是否跳转；当转发方式为 JSON 时，执行路由器 R1 完毕，将数据转化为 JSON 格式响应到路径 A，路径 A 不跳转；当转发方式为 stream 时，执行路由器 R1 完毕，获得文件绝对地址，以文件流的形式获取文件数据响应到路径 A，路径 A 不跳转；当转发方式为 none 时，路径 A 无任何改变。具体转发流程如图 4.8 所示。

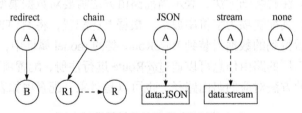

图 4.8　5 种路由结果类型的转发方式

路由结果类型的详细说明如表 4.18 所示。

表 4.18　路由结果类型说明

路由结果类型	描述
redirect	重定向
chain	执行路由链，浏览器地址不会变
stream	文件流，主要用于文件下载
none	空返回类型
JSON	JSON 数据，默认类型

加入路由工厂的路由类通过@Router 进行定义，表示当前类为路由类，配

置项可以为空，表示当前类含有路由信息，配置项可以为对象，配置项如表 4.19
所示。

表 4.19　表 Router 注解配置项

属性名	描述
namespace	命名空间，name + path 为真实路径
path	通配符表达式，将当前类下满足该表达式的方法添加到路由信息。URL = namespace + 方法名

路由类基本定义方式如下所示。

```
@Router（{
    namespace:'/user',
    path:'*'}）
class UserAction extends BaseRoute{
    userName:string;
    type:number;
    @Route（{
        path:'/getinfo',
        results:[{
            "value":1,
            "type":"redirect",
            "url":"/user/showinfo",
            "params":["userName"]},
            {value:2,
            "type":"chain",
            "url":"/user/last",
            "params":["type"]}]}）
    getinfo（）{
        return this.model.num;}
    showinfo（）{
        return { result:'showinfo'}}
    last（）{
        return { result:'last'}}
}
```

（1）路由管理。

路由信息通过 RouteFactory 类进行管理，一个应用只有一个路由工厂，所有
可使用的方法和属性均为静态（static）

RouteFactory 属性定义如表 4.20 所示。

表 4.20　RouteFactory 属性定义

属性名	描述
registRouteMap	保存注册路由的 map，定义为 private
routeMap	记录所有路由对象

RouteFactory 可操作的方法如表 4.21 所示。

表 4.21　RouteFatory 可操作的方法

方法名	描述	参数	返回值
registRoute	注册路由	{className：类名； namespace：命名空间； path：路由路径； clazz：类原型； method：方法名； results：路由返回结果}	无
handleInstanceRoute	处理实例路由，把注册路由添加到路由对象中	{instanceName：实例名； className：类名}	无
addRoute	添加路由	{path：路径； className：类名； method：方法名； results：路由处理集合}	无
getRoute	根据路径获取路由对象	path：url 路径	路由对象
handleRoute	处理路由对象，执行路由方法	{route：路由对象； req：request 对象； res：response 对象； params：调用参数}	数字或字符串或静态资源缓存对象
handleResult	处理路由结果	{route：路由对象； data：路由方法返回值}	数字或静态资源缓存对象
handleOneResult	处理一个路由结果	{route：路由对象； result：路由返回结果； data：路由方法返回值}	数字或静态资源缓存对象

（2）路由添加。

所有的路由信息都需要添加到 RouteFactory 进行管理，先使用 @Route 注解将当前方法对应的路由信息注册到 RouteFactory，并临时保存。随后，使用 @Router 注解声明类是路由类，此时 Noomi 会根据 @Router 中的配置，将该类下所有的路由信息注册到 RouteFactory，在类添加到实例工厂后，交由实例工厂处理，并将所有路由信息生成路由对象保存在 RouteFactory 中，删除路由注册的临时信息。

路由添加流程如图 4.9 所示。

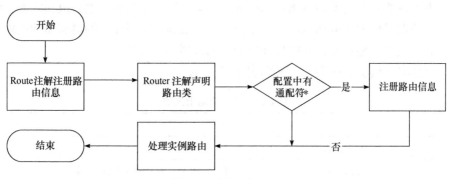

图 4.9　路由添加流程

（3）路由处理。

路由模块根据 routeMap 中请求路径和路由器的映射关系进行路由寻址，获取请求对应的路由器。先执行参数处理模块获取参数，再经过模型驱动模块对参数进行处理，随后执行路由器，并根据路由结果类型（IRouteResult）触发不同的路由转发方法。根据上述设计，路由处理流程如图 4.10 所示。

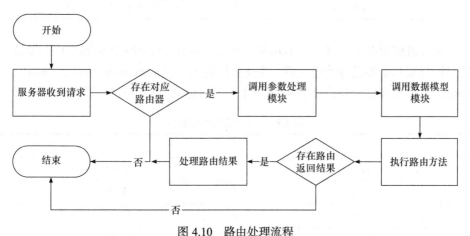

图 4.10　路由处理流程

4.2.2.5　模型驱动模块设计

模型驱动模块的任务是对 HTTP 请求中的参数进行类型转换和数据校验。

在一些业务场景下，后端开发人员可能需要对从 HTTP 请求中获取到的参数类型进行转换、判断数据合法性，以保证数据类型的准确性而不会影响后续的业务功能。这是一个相对繁琐且比较常见的过程。而对数据的使用通常在路由层和业务层，数据首先经过路由层后再传入业务层，因而我们只需在传入路由之前对数据进行数据校验和类型转换即可完成这一需求。

由于框架的路由类均继承自 BaseRoute 类，因而只需要在 BaseRoute 类上绑定一个数据模型类 BaseModel，在路由方法执行前调用封装好的模型驱动模块完成数据校验和类型转换，并将处理后的结果传回路由模块。

模型驱动模块相关类的定义如表 4.22 所示。

表 4.22　模型驱动相关类

类	备注
BaseModel	基础模型类
Validator	框架模型验证器

模型驱动相关注解如表 4.23 所示。

表 4.23　模型驱动相关注解

注解名	备注
@DataType	类型转换，装饰属性
@Validator	需要执行的验证器，装饰属性

所有数据模型类需继承于 BaseModel 类，在类中使用注解声明属性需要转换的目标类型和需要进行的校验器。支持转换的类型包括 number、string、boolean、array。框架定义的校验器如表 4.24 所示，同时也支持自定义校验器。

表 4.24　框架定义的校验器

校验器名	备注
nullable	不允许为空
min	最小值
max	最大值
between	值区间校验
minLength	最小长度校验
maxLength	最大长度校验
betweenLength	长度区间校验

续表

校验器名	备注
email	邮件合法校验
url	url 合法校验
mobile	手机号码校验
idno	身份证合法校验
date	日期校验
datetime	日期格式校验
time	时间格式校验
in	给定数组校验

通常情况下，各个业务功能对需要进行空校验的属性不尽相同，因此需要在 BaseRoute 中使用一个 HashMap 保存每个方法需要进行空校验的属性名，随后把这个数组传入到模型驱动模块。模型驱动模块是按需配置，故模型实例采用时需新建、用完销毁的方式。模型驱动模块执行流程图如图 4.11 所示。

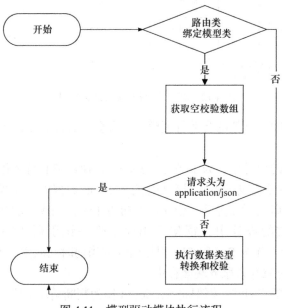

图 4.11　模型驱动模块执行流程

4.2.2.6　会话管理模块设计

在客户端与服务端交互过程中会建立连接，而连接过程是通过 HTTP（Hyper

Text Transfer Protocol）协议实现的，由于 HTTP 请求是无状态的，HTTP 没有一个内建机制来维护两个事物之间的状态。所以同一个用户请求同一个页面两次的时候，HTTP 会把这两次请求隔离开，会当成两次独立的请求。如果用户执行了登录操作，再次请求页面时 HTTP 不会认为该用户已经登录过，因此不会保存用户的登录状态，所以不能在不同的页面之间做用户的跟踪和状态的保存。因此服务器需要对历史请求的访问信息进行记录。框架通过会话管理功能模块来解决请求的无状态性，会话管理模块的任务是会话的管理、识别以及跟踪。

会话识别共分为两次请求过程。第一次请求时，服务器生成该请求的 Session 信息，响应时返回一个独有的标识保存在客户端 Cookie 中，该标识通常为 SessionId。在第二次请求时，服务器对请求中携带的 Cookie 进行解析，获取到 SessionId 后与服务器保存的 Session 信息进行匹配，如果 SessionId 相同则说明发送该请求的用户已经访问过服务器，可以对其开放后续权限。客户端-服务端的会话识别过程如图 4.12 所示。

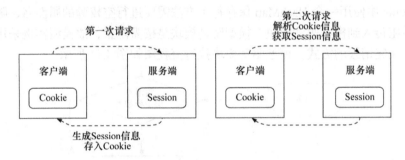

图 4.12　客户端-服务端会话识别过程

在这个过程中，框架的会话管理模块包含会话管理、会话生成以及会话跟踪三个任务。

在会话管理的设计中，为了满足 Session 快速获取和持久化的需求，框架为服务端 Session 对象提供了服务器本地缓存和 Redis 数据库缓存两种可配置的存储方式，当框架开启会话配置后，会在框架初始化时，完成会话存储空间的开辟。

在会话生成的设计中，框架采用通用唯一识别码（Universally Unique Identifier，UUID）作为 SessionId，根据访问的当前时间戳生成 Session 的过期时间，将 Session 对象存入服务端缓存中。

在会话跟踪的设计中，框架将 SessionId 作为判断请求的唯一标识，在请求结果响应给客户端之前，将 SessionId 写入请求响应头的 Cookie 中。

基于上述设计，Session 对象的可配置属性以及会话管理模块的可操作方法分别如表 4.25 和表 4.26 所示。

表 4.25　Session 对象的可配置属性

属性名	描述
name	全局 Session 名称（默认为 NSESSIONID）
timeout	Session 过期时间
save_type	存储类型
max_size	服务端缓存最大空间
redis	Redis 名称

表 4.26　会话管理模块的可操作方法

方法名	描述	参数	返回值
getSession	获取/更新服务端 Session	req：HttpRequest 对象	Session 对象
getSessionId	获取 Cookie 携带 SessionId	req：HttpRequest 对象	SessionId
delSession	删除 Session	SessionId	无
genSessionId	生成 SessionId	无	SessionId

4.2.2.7　静态资源管理模块设计

当第一次访问一个网址时，服务器会返回所有资源，但是当我们第二次访问时是没有必要让浏览器给我们再次返回所有资源的，例如服务器中 HTML、CSS、JavaScript、图片和文本等静态资源。我们可以不去访问服务器而是直接从本地缓存中读取第一次访问时存下来的对应副本，所以我们就需要对这些服务器中的静态资源进行管理。

静态资源管理模块主要完成对服务器中静态资源的管理和加载的任务。框架结合双缓存策略完成静态资源的加载，同时使用 LRU 缓存替换算法完成缓存资源的替换。

双缓存方案在静态资源加载过程采用缓存可以用来提高静态资源加载效率，但是现有 Node.js 的 Web 服务端框架使用的缓存策略较为单一，通常只采用客户端缓存（Client Cache）来对静态资源加载过程进行优化。

针对上述问题，本书提出通过服务端与客户端缓存相结合的双缓存方案来完成静态资源加载。在此过程中，通过服务端缓存（Server Cache）来减少文件 I/O 次数，通过客户端缓存来减少资源请求次数，以此提高静态资源的加载效率。双缓存的执行过程如图 4.13 所示。

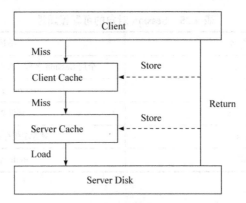

图 4.13 双缓存执行过程

在静态资源加载过程中，会进行两次缓存，具体描述如下：

（1）第一次缓存。

第一次缓存的存储位置为服务端。将指定的磁盘（Disk）目录下的静态资源加载到服务端缓存中。在客户端发出请求后，能从服务端缓存快速获取静态资源，从而减少文件的 I/O 操作。

（2）第二次缓存。

第二次缓存的存储位置为客户端。通过设置 HTTP 请求头中 Cache-Control 的多项参数来决定客户端的缓存策略，将静态资源存放到客户端缓存。在验证静态资源的有效性后，可以直接从客户端缓存获取静态资源，从而减少客户端向服务端的请求次数。可通过 web_config 的 cache_option 进行 Cache-Control 的配置，可配置属性如表 4.27。

表 4.27 cache_option 可配置属性

属性名	描述
save_type	服务器缓存类型
max_size	缓存最大尺寸
max_single_size	单个文件最大尺寸
redis	Redis 名
expires	页面缓存 expires 属性（秒）
max_age	Cache-Control 中的 max_age 属性（秒）
public	Cache-Control 中的 public 属性
private	Cache-Control 中的 private 属性
no_cache	Cache-Control 中的 no_cache 属性

续表

属性名	描述
no_store	Cache-Control 中的 no_store 属性
must_revalidation	Cache-Control 中的 must_revalidation 属性
proxy_revalidation	Cache-Control 中的 proxy_revalidation 属性

在静态资源加载过程中，为了使静态资源能够统一管理，框架在初始化时会完成静态资源路径的加载以及静态资源缓存空间的开辟。在框架运行期间，通过静态资源管理器完成静态资源的加载。

在整个加载资源过程中，根据服务端返回给客户端的状态码的不同，静态资源加载过程可以划分为以下三种情况：

（1）当客户端缓存资源被判断为有效时，服务端返回状态码 304，客户端收到状态码后，会直接从客户端加载数据。

（2）当客户端缓存资源无效或不存在时，静态资源管理器从服务端加载缓存资源，并完成服务端到客户端的双缓存存储过程，服务端会返回状态码 200 和资源数据。从服务端加载静态资源的流程如图 4.14 所示。其中，对文件进行压缩处理是由于部分大文件在加载过程中速度较慢，文件压缩后可以加快文件的传输速度。

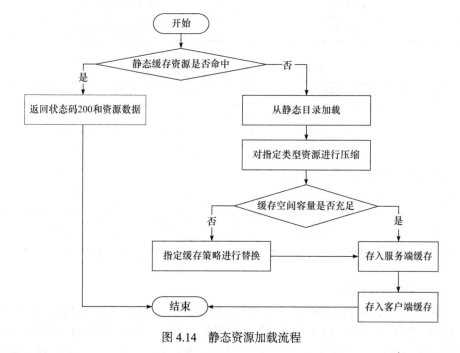

图 4.14　静态资源加载流程

（3）当服务端资源不存在时，静态资源管理器加载资源失败，服务端返回状态码 404。

考虑到在某些业务场景中（例如对数据的实时性要求较高的场景）不需要使用缓存，因此开发者可以通过静态资源模块的 useCache 属性进行缓存的开启和关闭，当 useCache 为 true 时表示开启。

根据上述设计，静态资源管理器提供的可配置属性和可操作方法分别如表 4.28 和表 4.29 所示。

表 4.28　静态资源管理器可配置属性

属性名	描述
etag	请求变量的实体值，作为资源唯一标识
lastModified	资源修改最新时间
mimeType	资源类型
dataSize	资源大小
zipSize	压缩后资源大小
zipType	压缩类型
useCache	是否开启客户端缓存
saveType	资源存储地址类型
staticPath	可访问的资源路径

表 4.29　静态资源管理器可操作方法

方法名	描述	参数	返回值
load	加载资源	req：HttpRequest 对象；res：HttpResponse 对象；path：文件路径；zip：是否压缩	HTTP 状态码或缓存资源数据
addPath	添加可访问的资源路径	paths：待添加目录或目录数组	无
checkNeedZip	根据 mime 检查是否需要压缩	mimeType：资源类型	true/false（true 表示压缩）
readFile	读取/压缩资源	path：资源绝对路径；zip：是否压缩	资源数据

（4）缓存替换策略。

在静态资源缓存的过程中，由于服务器缓存空间有限，因此在缓存空间达到上限时，需要对缓存空间中已有资源进行替换。所以，缓存替换功能决定着将哪些资源进行保留、哪些资源进行替换。通过合理有效的替换方式，能将最常被访问的资源保留在缓存中，从而提高获取缓存资源的命中率。

除了使用 Redis 用作资源缓存，框架还提供给那些不使用 Redis 的开发者本地缓存，其中使用的缓存替换算法为 LRU 算法。Noomi LRU 缓存替换算法的核心思想在于根据每个缓存对象的最近使用次数和使用情况计算出它的 LRU 值，LRU 值计算公式为 right = sum（1−（now−useTime）/now）+timeout?5:0，然后在所有对象中随机抽取 m 个（最大不超过缓存对象数量），删除其中 LRU 值最小的 n 个。LRU 计算公式参数描述和 LRU 缓存替换算法流程分别如表 4.30 和图 4.15 所示。

表 4.30　LRU 计算公式参数描述

参数名	描述
right	缓存对象 LRU 权重值
sum	求和
now	当前时间
useTime	该缓存对象的每一次使用时间
timeout	缓存对象超时时间

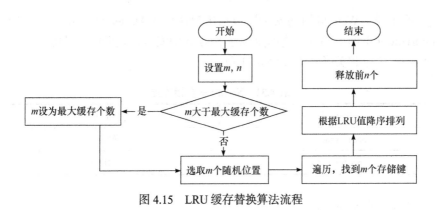

图 4.15　LRU 缓存替换算法流程

4.2.2.8　后置处理模块设计

后置处理模块的任务是完成请求的后置处理，其整体设计思路与过滤模块类似，主要设计了后置处理器绑定过程和后置处理的执行过程。请求管理模块会把当前获取到的数据传入后置处理器，后置处理模块把每次后置处理器的结果传到下个后置处理器。直到执行完后置处理链。

@WebHandler 注解用于方法，表示注册后置处理器，配置可以为空，则默认对所有请求进行后置处理，优先级（order）默认为最低，支持配置正则表达式和 order。

后置处理链执行流程如图 4.16 所示。

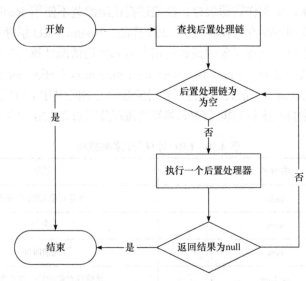

图 4.16   后置处理链执行流程

4.2.2.9   安全模块设计

一般来说，Web 应用的安全性包括用户认证（Authentication）和用户授权（Authorization）两个部分，这两点也是 Noomi 中安全模块的核心功能。

Noomi 安全相关类定义如表 4.31 所示。

表 4.31   Noomi 安全相关类

类/接口	备注
SecurityFactory	安全工厂
SecurityFilter	安全过滤器

（1）安全配置定义。

Noomi 中使用安全模块需要配置文件来进行配置，主要是以此来告知 Noomi 合法用户的相关信息以及需要进行鉴权的相关资源。

相关配置项参数如表 4.32 和表 4.33 所示。

表 4.32   安全配置参数表

配置项	描述
sava_type	服务器缓存类型，0 表示使用内存，1 表示使用 redis
max_size	鉴权数据缓存空间大小

续表

配置项	描述
redis	redis client 名
expressions	安全过滤器拦截的请求路径，默认为 /*，拦截所有请求
dboption	安全模块数据库相关配置，详细配置见表 4.33
auth_fail_url	鉴权失败页面路径
login_url	登录页面

表 4.33 dboption 配置参数表

配置项	描述
product	数据库产品，若与 database 中配置相同可不填
conn_cfg	数据库连接配置，若与 database 中配置相同可不填
tables	鉴权相关数据表名，与默认值相同可不填，详细见表 4.34
columns	鉴权相关字段名，与默认值相同可不填，详细见表 4.35

Noomi 安全模块需要 7 张数据表 t_resource（资源）、t_authority（权限）、t_user（用户）、t_group（组）、t_groupuser（组用户关系）、t_group_authority（组权限关系）、t_resource_authority（资源权限关系）。因为在应用启动时，需要将资源权限信息和组权限信息加载到缓存，所以若组权限关系表名、资源表名、资源权限表名和资源 id 字段名、权限 id 字段名、资源 url 字段名、组 id 字段名与默认值不同，则需要手动配置。详细说明见表 4.34 和表 4.35。

表 4.34 tables 配置参数表

配置项	描述
groupAuthority	组权限表名，默认值"t_group_authority"
resource	资源表名，默认值"t_resource"
resourceAuthority	资源权限表名，默认值"t_resource_authority"

表 4.35 columns 配置参数表

配置项	描述
resourceId	资源 id 字段名，默认值"resource_id"
authorityId	权限 id 字段名，默认值"authority_id"

配置项	描述
resourceUrl	资源 url 字段名，默认值 "url"
groupId	组 id 字段名，默认值 "group_id"

（2）安全对象管理。

安全对象管理通过 SecurityFactory 类进行配置信息初始化、用户资源权限信息在缓存中的增、删、改以及鉴权操作，SecurityFactory 全局唯一，所有可使用的属性和方法均为静态（static）。

SecurityFactory 属性定义如表 4.36 所示。

表 4.36　SecurityFactory 属性表

属性名	描述
dbOptions	数据库配置对象
authType	认证类型，0 表示 session，1 表示 token
saveType	缓存类型，0 表示使用内存，1 表示使用 redis
redis	redis client 名，saveType 为 1 时有效，默认值 "default"
maxSize	鉴权数据缓存空间大小，saveType 为 0 时有效
cache	缓存对象
securityPages	安全相关页面 map
groups	组信息 map
userkey	缓存时用户 key 前缀，值为 "USER"
groupkey	缓存时组 key 前缀，值为 "GROUP"
reskey	缓存时资源 key 前缀，值为 "RESOURCE"
userid	用户对应的 session 键，值为 "NSECURITY_USERID"
preLogin	认证前 url 在 Session 中的名字，值为 "NSECURITY_PRELOGIN"
redisUserKey	用户信息在 Cache 中的 key，值为 "NOOMI_SECURITY_USERS"
redisResourceKey	资源信息在 Cache 中的 key，值为 "NOOMI_SECURITY_RESOURCES"
redisGroupKey	组信息在 Cache 中的 key，值为 "NOOMI_SECURITY_GROUPS"

SecurityFactory 方法定义如表 4.37 所示。

表 4.37 SecurityFactory 方法表

方法名	描述	参数	返回值
init	初始化安全配置信息	config：配置项	无
addUserGroup	添加用户组信息到缓存	userId：用户 id； groupId：组 id	无
addUserGroups	添加用户对应的多个组信息到缓存	userId：用户 id； groups：组 id 数组； request：请求对象	无
addGroupAuthority	添加组权限信息到缓存	groupId：组 id； authId：权限 id	无
updGroupAuths	更新缓存中的组权限信息	groupId：组 id； authIds：权限 id 数组	无
addResourceAuth	添加资源权限到缓存	url：资源 url； authId：权限 id	无
updResourceAuths	更新缓存中的资源权限信息	url：资源 url； authIds：权限 id 数组	无
deleteUser	缓存删除用户	userId：用户 id； request：请求对象	无
deleteUserGroup	缓存删除用户组信息	userId：用户； groupId：组 id	无
deleteGroup	缓存删除组信息	groupId：组 id	无
deleteGroupAuthority	缓存删除组权限信息	groupId：组 id； authId：权限 id	无
deleteResource	缓存删除资源信息	url：资源 url	无
deleteResourceAuthority	缓存删除资源权限信息	url：资源 url； authId：权限 id	无
deleteAuthority	缓存删除权限信息	authId：权限 id	无
check	访问鉴权	url：资源 url； session：session 对象	返回 0/1/2， 0 表示鉴权通过， 1 表示未登录， 2 表示无权限
getSecurityPage	获取安全模块相关页面	name：安全配置中的配置项名	对应页面的 url
getPreLoginInfo	获取登录前访问页面	request：请求对象	登录前访问页面的 url
setPreLoginInfo	设置认证前页面	session：session 对象； request：请求对象	无

（3）安全初始化。

安全模块初始化时主要进行的工作包括：将配置文件中的相关配置信息初始

化到安全工厂、将安全过滤器 SecurityFilter 添加到示例工厂和过滤器工厂以及获取组、权限、资源信息并添加到缓存。

安全模块的初始化流程如图 4.17 所示。

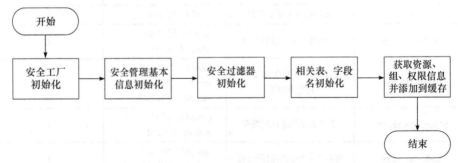

图 4.17   安全模块初始化流程

（4）鉴权。

对于符合配置文件中"expressions"配置项表达式的请求路径，请求到来时，会首先被安全过滤器 SecurityFilter（在所有过滤器中安全过滤器优先级为 1）拦截。具体的鉴权过程是在 SecurityFactory 的 check 方法中完成的，该方法需要 url 路径和 session 对象两个参数。在 check 方法中首先获取当前请求资源所对应的权限，再获取当前请求用户所拥有的权限，最后根据用户状态的不同，返回 0 表示鉴权通过，1 表示用户未登录，2 表示当前用户无权限访问该资源。安全过滤器根据返回值的不同，而进行不同处理，若鉴权通过则直接放行，若未登录则保存登录前访问页面并跳转到登录页面，若无权限则跳转到鉴权失败页面。

鉴权流程如图 4.18 所示。

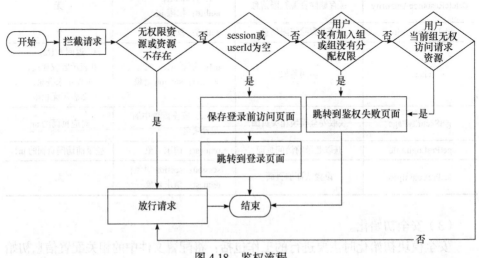

图 4.18   鉴权流程

4.3 IoC 设计

IoC（Inversion of Control，控制反转），也叫 DI（Dependency Injection，依赖注入），对象在被创建的时候，由一个调控系统内所有对象的外界实体将其所依赖的对象的引用传递给它。也可以说，依赖被注入到对象中。

Noomi IoC 相关类/接口定义和注解定义分别如表 4.38 和表 4.39 所示。

表 4.38　Noomi IoC 相关类/接口

类/接口	备注
InstanceFactory	实例工厂
IInstance	实例接口
IInject	注入接口

表 4.39　Noomi IoC 相关注解

注解名	备注
@Instance	实例注解，用于类
@Inject	注入注解，用于属性

4.3.1　实体类定义

加入实例工厂的类通过 @Instance 进行定义，装饰器参数是对象，但非必需，配置项如表 4.40 所示。

表 4.40　Instance 注解配置项

属性名	描述
singleton	单例，默认 true
params	初始化参数对象

Noomi 同时提供其他几种注解可以顺带把类加入到实例工厂，分别是 @Router（路由）、@Transaction（事务）、@WebFilter（Web 请求前置过滤器）、@WebHandler（Web 请求后置处理器），不同注解默认实例参数如表 4.41 所示。

表 4.41　注解默认参数

注解名	实例名	默认实例名	默认单例
@Instance	无	类名	单例
@Router	无	_route_类名	非单例
@Transaction	无	类名	单例
@WebFilter	无	类名	单例
@WebHandler	无	类名	单例

4.3.2　实例管理

所有需要加入实例工厂的类通过 InstanceFactory 进行管理，InstanceFactory 属性定义如表 4.42 所示。

表 4.42　InstanceFactory 属性表

属性名	描述
Factory	实例工厂 map，用于管理所有实例

InstanceFactory 方法定义如表 4.43 所示。

表 4.43　InstanceFactory 方法表

方法名	描述	参数	返回值
addInstance	添加实例	clazz：需加入实例工厂的类； cfg：{singleton：单例； params：初始化参数}	无
inject	注入	targetClass：目标类； propName：属性名； injectClass：注入类	无
getInstance	获取实例	clazz：实例类； param：参数数组	实例对象
exec	通过代理方式执行实例方法	instance：实例对象或实例类； methodName：方法名； params：参数	实例方法返回值

4.3.3　类添加过程

所有需要通过实例工厂管理的类，都需要使用@Instance 、@Router 、

@Transaction、@WebFilter、@WebHandler 进行注解，在类模块加载时，相应的注解会把类放入实例工厂进行管理。

添加到实例工厂的执行流程如图 4.19 所示。

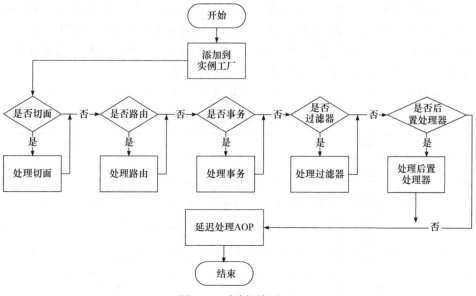

图 4.19 实例添加流程

4.3.4 实例化流程

类管理只是把类加入到实例工厂，当需要实例时，需要从工厂获取实例，实例分为两类，单例模式和非单例模式。针对单例模式，只实例化一次并存储在实例工厂中，相应的依赖属性也只是注入一次；非单例模式，每次都需要实例化一个新对象。单例模式通过 @Instance 的 singleton 参数进行设置。

实例化流程如图 4.20 所示。

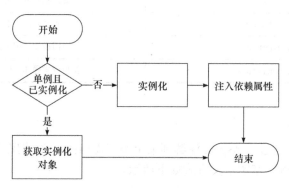

图 4.20 实例化流程

4.4 AOP 设计

AOP 是面向切面编程，把与业务无关的代码独立出来（定义切面），织入到需要的地方（切点）并按切点执行情况执行不同的通知（Advice）。使用 AOP 后，我们只需要专注于业务逻辑本身的代码开发，而不去想其他的事情，例如日志、事务、安全等，而这些也正是 AOP 的常见应用场景。

Noomi AOP 相关类/接口定义和注解定义分别如表 4.44 和表 4.45 所示。

表 4.44 Noomi AOP 相关类/接口

类/接口	备注
AopFactory	Aop 工厂类
AopProxy	Aop 代理类
AopPointcut	切点类
IAopAdvice	通知接口
IAopAspect	切面接口
IAopPointcut	切点接口

表 4.45 Noomi AOP 相关注解

注解名	备注
@Aspect	切面注解，用于类
@Pointcut	切点注解，用于属性
@Before	前置通知注解，用于方法
@After	后置通知注解，用于方法
@Around	环置通知，用于方法
@AfterReturn	返回通知，用于方法
@AfterThrow	抛出异常通知，用于方法

4.4.1 切面定义

Noomi AOP 通过 @Aspect 注解到某个类实现切面定义，切面定义至少包含一个 @Pointcut 注解，基本定义方式如下所示。

```
@Aspect（ ）
class TestAdvice{
    @Pointcut（["DataImpl.*"]）
    testPointcut;
    @Before（"testPointcut"）
    before（ ）{
        // do something
    }
    @After（"testPointcut"）
    after（ ）{
        // do something
    }
    @Around（"testPointcut"）
    around（ ）{
        // do something
    }
    @AfterThrow（"testPointcut"）
    afterThrow（ ）{
        // do something
    }
    @AfterReturn（"testPointcut"）
    afterReturn（args）{
        // do something
    }
}
```

相关定义参数如表 4.46 所示。

表 4.46　注解参数说明

注解名	参数说明
@Aspect	无
@Pointcut	被织入的类表达式数组，支持通配符 "*"，如 "DataClass.*" 表示 DataClass 类下的所有方法，"DataClass.get*" 表示 DataClass 类下的所有以 get 开头的方法
@Before	参数为切点属性名，切点方法参数由 Noomi 默认提供，为对象 {clazz: 切点类； methodName: 方法名； params: 参数数组}
@After	同@Before
@Around	同@Before
@AfterReturn	同@Before
@AfterThrow	同@Before

4.4.2　切面管理

切面通过 AopFactory 类进行管理，一个应用只有一个 AopFactory，所有可使用方法和属性皆为静态（static）。

AopFactory 属性定义如表 4.47 所示。

表 4.47　AopFactory 属性表

属性名	描述
Pointcuts	切点 map，用于维护所有切点
reg;stAspectMap	注册切面 map，通知数组和表达式数组

AopFactory 方法定义如表 4.48 所示。

表 4.48　AopFactory 方法表

方法名	描述	参数	返回值
addAspect	处理切面	clazz：切面类	无
registPointcut	注册切点	{clazz：切面类； id：切点 id； expressions：切点覆盖的方法数组 （支持通配符）}	无
registAdvice	注册通知	{pointcutId：切点 id； clazz：切面类； method：切面方法名； type：通知类型（before,after,after-return, after-throw,around）}	无
getRegistPointcut	获取注册的 pointcut 配置	clazz：切面类； pointcutId：切点 id； create：是否为当前切面新建配置	{advices： Array < IAopAdvice >, expressions：Array<string>}
addExpression	为切点添加表达式	pointcutId：切点名； expression：表达式串或数组	无
proxyAll	为所有 aop 匹配的方法设置代理	无	无
proxyOne	为某个类设置代理	clazz：某实例类	无
getAdvices	获取某个类中某方法的通知数组	clazz：某实例类； methodName：方法名	{hasTransaction：是否有事务, before：前置通知数组, after：后置通知数组, throw：异常通知数组, return：返回通知数组}

4.4.3 设置代理流程

框架为方法设置代理时，将 @ Pointcut 装饰的属性名作为切点 id 进行切点注册，将 @ Before 等装饰的方法作为通知方法进行通知注册，将 @Aspect 装饰的类作为切面类进行加入实例工厂、加入切点集等处理。最后，遍历实例工厂，对符合切点表达式的所有实例方法添加对应切面中的通知方法。

为实例方法设置代理的执行流程如图 4.21 所示。

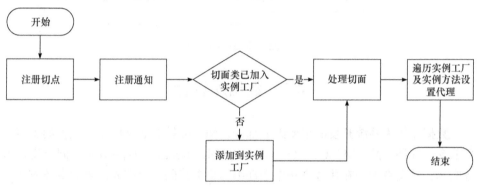

图 4.21 设置代理流程图

4.4.4 通知方法参数

如果触发了某类通知，会传递代理方法的相关参数给通知方法，通过 arguments[0] 可以获得参数组成的对象，该对象中属性及描述如表 4.49 所示。

表 4.49 通知方法参数表

属性名	描述
clazz	代理方法所属类
methodName	代理方法名
params	传入代理方法的实参组成的数组
returnValue	代理方法返回值，仅在 afterReturn 返回通知中能拿到
throwValue	异常值，值仅在 afterThrow 异常通知中能拿到

4.4.5 通知执行流程

对于执行异步或非异步的代理方法，二者的区别只在于非异步方法中会增加对于方法返回结果是 Promise 的处理。其通知的执行流程均为环绕通知→前置通知→代理方法→返回通知→异常通知（若代理方法或返回通知方法执行抛错）→

后置通知→环绕通知。

通知执行流程如图 4.22 所示。

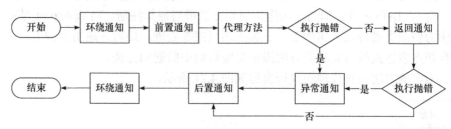

图 4.22　通知执行流程图

4.5　数据库设计

数据库作为系统开发的重要组成部分，Noomi 针对数据库做了完善的支持，目前支持 5 种产品：MySQL、Oracle、MSSQL、Relaen、TypeORM。同时支持事务嵌套，开发者无须在业务方法中手动编写事务代码，只需要注解为事务方法，即可把事务交给 Noomi 进行统一处理。

Noomi 数据库管理相关类/接口定义和注解定义分别如表 4.50 和表 4.51 所示。

表 4.50　Noomi 数据库管理相关类/接口

类/接口	备注
DBManager	数据库管理器
IConnectionManager	数据库连接管理器接口，具体数据库产品有对应的接口实现类
TransactionManager	事务管理器
NoomiTransaction	事务类，具体数据库产品有对应的事务子类
TransactionAdvice	事务通知类
TransactionProxy	事务方法代理类

表 4.51　Noomi 数据库管理相关注解

注解名	备注
@Transactioner	事务类装饰器，用于类
@Transaction	事务方法装饰器，用于方法

4.5.1 数据库配置定义

Noomi 中需要使用配置文件来配置数据库连接管理器（Connection Manager）和事务管理器（Transaction Manager），以便 Noomi 对数据库连接和事务进行统一管理。除 Noomi 目前支持的 MySQL、Oracle、MSSQL、Relaen、TypeORM 数据库或 Orm 产品外，用户还可以根据使用数据库产品的不同，自定义 Connection Manager 和 Transaction Manager，将两个管理器加入实例工厂（InstanceFactory）即可。

相关配置项参数如表 4.52 所示。

表 4.52　数据库配置参数表

配置项	描述
product	数据库产品名，默认 "mysql"
connection_manager	数据库连接器名，默认 "noomi_connection_manager"
use_pool	是否使用连接池，默认 false
options	不同数据库产品可参考 npm 中对应配置
transaction	事务初始化配置，默认不开启事务

4.5.2 数据库管理初始化流程

数据库管理初始化时，首先使用数据库配置文件的信息在数据库管理器初始化方法中，进行数据库基本信息、具体数据库产品的连接管理器实例以及事务管理器实例的初始化，并将数据库连接管理器加入实例工厂进行管理；继而在事务管理器的初始化方法中，将事务通知类中切点、通知以及切面类注册到 AOP 工厂，进行具体数据库产品的事务类实例初始化，并将事务类和事务通知类加入实例工厂进行管理。

数据库管理初始化流程如图 4.23 所示。

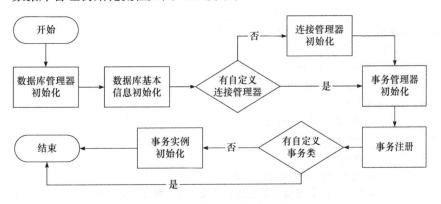

图 4.23　数据库管理初始化流程

4.5.3　数据库管理

数据库管理通过 DBMananger 类进行数据库信息初始化、数据库连接以及事务的管理，DBMananger 全局唯一，所有可使用的属性和方法均为静态（static）。DBMananger 属性定义如表 4.53 所示。

表 4.53　DBMananger 属性表

属性名	描述
connectionManagerName	连接管理器类名
product	数据库产品名

DBMananger 方法定义如表 4.54 所示。

表 4.54　DBMananger 方法表

方法名	描述	参数	返回值
init	初始化相关配置、数据库连接以及事务	Cfg：配置项，参考上面数据库配置	无
getConnectionManager	获取数据库连接管理器实例	无	数据库连接管理器实例

4.6　事 务 设 计

事务可通过 @Transactioner 注解到业务类或 @Transaction 注解到业务方法，实现业务方法的事务包裹，基本定义方式如下所示。

```
@Transactioner（['addUser',' addUserWithId ']）
export class UserService{
    async addUser（）{…}
    async addUserWithId（）{…}
@Transaction（）
    async addTwoUser（id:string,
        name:string,
        age:string,
        mobile:string）:Promise<any>{
        //如果传入的主键 id 在数据表中已经存在，则会回滚事务
        await this.addUser（name,age,mobile）;
```

```
                  await this.addUserWithId（id,name,age,mobile）;
        }
    }
```

相关定义参数如表 4.55 所示。

表 4.55   注解参数说明

注解名	参数说明
@ Transactioner	方法表达式数组，支持通配符"*"，如"addUser"表示 addUser 方法添加事务，"add*"表示所有以 add 开头的方法添加事务
@ Transaction	无

4.6.1   事务管理

事务通过 TransactionManager 类进行管理，TransactionManager 全局唯一，所有可使用的属性和方法均为静态（static）。

TransactionManager 属性定义如表 4.56 所示。

表 4.56   TransactionManager 属性表

属性名	描述
transactionMap	事务 Map，用于维护事务
transactionMdl	事务类名
pointcutId	切点 Id，值为"_NOOMI_TX_POINTCUT"
aspectName	切面名，值为"_NOOMI_TX_ASPECT"
isolationLevel	隔离级，用于 TypeORM
transactionOption	事务配置项

TransactionManager 方法定义如表 4.57 所示。

表 4.57   TransactionManager 方法表

方法名	描述	参数	返回值
init	初始化事务类	cfg：配置项，包括 isolation_level 和 product	无
addTransaction	添加事务	clazz：类；methodName：业务方法名数组	无

方法名	描述	参数	返回值
get	获取事务实例	newOne：如果不存在是否新建	事务实例对象
del	删除事务	tr：事务类	无
getConnection	获取连接	Id：当前事务 Id	数据库连接
releaseConnection	释放连接	tr：事务类	无
initAdvice	初始化事务通知	无	无

4.6.2 事务执行流程

事务执行与 AOP 通知执行相似，事务通知类中共有三个方法，其中前置通知方法主要工作是获取连接和开启（begin）事务，返回通知方法主要工作是提交（commit）事务和释放连接，异常通知方法主要工作是回滚（rollback）事务和释放连接。

事务执行流程如图 4.24 所示。

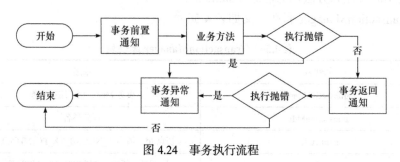

图 4.24 事务执行流程

4.7 缓 存 设 计

这里的缓存主要针对服务器的缓存。即将程序或系统经常要使用的对象保存在缓存中，以便在使用时可以快速调用，同时也可以避免加载数据或者创建重复的实例，以达到减少系统开销，提高系统效率的目的。缓存主要应用于缓存静态数据和对 Session 进行存储的场景。

考虑这样一个场景，当浏览器向服务端请求静态资源时，服务器需要去找到该静态资源，并读取文件内容后对其进行压缩，再通过流的形式向浏览器发送。在整个过程中，读取文件的过程所花费的时间开销较大。若静态资源被大量用户同时请求，则每次服务器都需要去读取文件。当文件较大时，服务器处理每个请求所花费的时间增加，从而会降低服务器的响应速度。如果此时采用缓存静态资源的方式，即将该文件信息存入到缓存中。面对同样的场景，此时服务器只需要从缓存中找到静态资源的信息，直接以文件流的方式发送给浏览器，就可以完成此次交互，从而大大提高了服务器的响应速度。因而缓存对系统的开发是必要的。

框架设计 NCache 类来实现缓存的功能。缓存的方式主要分为两种，即 Redis 和内存的方式。

Redis 方式是对 Redis 的原生 API 进行封装，对需要缓存的数据进行存储。由于基于 Redis，因此对 Redis 缓存的数据上限并未限制，全权由 Redis 服务器自身配置决定。

内存的方式，主要使用一个 Map 将需要缓存的数据形成缓存项并保存。由框架完成对缓存项的保存、缓存空间管理、缓存过期判定。

4.7.1　缓存类定义

结合 Redis 的语法特性，框架将两种缓存方式统一设计为 NCache 类，将两种方式的接口统一。

Noomi 缓存相关的类和接口的定义如表 4.58 所示。

表 4.58　Noomi 缓存相关的类和接口的定义

类/接口	备注
ICacheItem	缓存元素类型
ICacheCfg	缓存配置项
NCache	缓存类
MemoryItem	内存存储项类
MemoryCache	内存缓存类

NCache 类可操作的方法如表 4.59 所示。

表 4.59　NCache 类可操作的方法

方法名	描述	参数	返回值
set	添加值到缓存	Item：缓存元素类型；Timeout：超时时间	无
get	获取值	Key：键名；subKey：子键名；changeExpire：是否更新时间	对应缓存值

续表

方法名	描述	参数	返回值
getMap	获取 Map	Key：键名；changeExpire：是否更新时间	对应的缓存 Map
del	删除键	Key：键名；subKey：子键	无
getKeys	获取键数组	Key：键名	键名数组
has	是否拥有键	Key：键名	true/false

结合 Redis 的语法特性，将缓存具体信息分为字符串和对象两种类型。Redis 方式缓存项（ICacheItem）设计如表 4.60 所示。其中用 subKey 来初步标识缓存信息为字符串和对象，若缓存项中不存在 subKey 且 value 值不为对象，则表示缓存中该 key 对应的值是 string 类型，在 Redis 服务器中采用字符串方式存储，否则采用哈希的方式存储。为了更好地统一缓存类的接口，参考 Redis 方式，在 Redis 缓存项的基础上对内存方式的缓存项进行扩展，扩展包括创建时间（createTime）、过期时间（expire）、使用记录（useRcds）、LRU 值、存储空间（size）。

表 4.60　Redis 方式缓存项设计表

属性	说明
key	键
subKey	子键
value	键对应值
timeout	超时时间

4.7.2　缓存添加过程

使用缓存需先新建一个缓存实例，即提供配置信息对缓存对象进行初始化，以初始化缓存的类型和具体的配置信息。向缓存中添加数据时，首先清空缓存项中空信息，再判断缓存的类型。若为 Redis 方式，则根据配置的 Redis 名从 RedisFactory 中获取 Redis 实例，并根据缓存项配置写入数据。若为内存方式，则先计算该缓存项需要的字节大小（size），随后判断当前缓存空间是否充足，不足则清理空间。空间清理完成后，向缓存中写入缓存项，更新缓存剩余空间，更新缓存项最近五次的使用记录，根据使用记录更新其 LRU 值。

4.7.3 缓存清理过程

Redis 缓存方式基于用户的 Redis 服务器配置,因而缓存项的清理、缓存项超时清除的过程交由 Redis 服务器处理。框架在缓存项中提供一个 timeout 的配置项,并根据用户的配置,把配置项信息传递给 Redis 服务器,从而完成对缓存项进行管理。

对于内存方式,每一个缓存项都有一个 LRU 值和一个表示其数据大小的字节数 size,LRU 值是基于 LRU 算法得到的,即最近最少使用算法,LRU 值越小越先被清除。而 size 是框架对数据进行缓存时,通过计算数据所占的字节数得到的。框架只记录缓存项最近五次的使用记录,在每次读取缓存项时都会更新使用记录,并根据使用记录更新其 LRU 值。

在每次向缓存中写入数据时,需要先计算当前数据所占的空间(字节数)。比较数据需要的空间和缓存剩余空间,若缓存剩余空间不足,优先删除过期的缓存项,再次判断剩余空间是否充足,空间不足则从缓存中随机取出指定个数的缓存项,再根据 LRU 值进行排序,并删除 LRU 最小部分缓存项,直到缓存剩余空间充足。然后,计算需要缓存的数据所占的字节数,更新当前缓存的剩余容量,并将该对象添加到缓存中。

内存方式缓存清理流程图如图 4.25 所示。

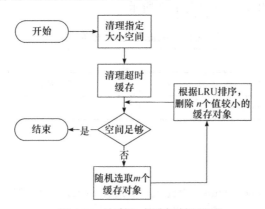

图 4.25 内存方式缓存清理流程

当从缓存中取出缓存项时,框架会检测缓存项的过期戳(expire),若 expire 小于当前服务器的时间戳,则表示该缓存项已经过期,清理缓存项并返回空缓存项。否则表示当前缓存项依然有效,更新缓存项过期时间、更新最近五次该缓存项的使用记录并重新计算其 LRU 值。

4.8　日 志 设 计

框架提供的日志（Logger）主要是针对框架中的方法，通过日志模块记录其执行时间、传入参数、执行结果。启用日志需进行配置，可配置 debug 类型和 file 类型，file 类型支持用户自定义配置。日志模块是基于 Log4js 实现的，因而自定义配置须满足 Log4js 的要求。

Noomi Logger 相关类/接口定义如表 4.61 所示。

表 4.61　Noomi Logger 相关类/接口

类/接口	备注
ILog	Log 配置项
ILogger	Logger 配置项
LoggerFactory	日志工厂
NoomiLog	日志通知

Noomi Logger 相关注解如表 4.62 所示。

表 4.62　Noomi Logger 相关注解

注解	备注
@Log	单个日志注解，用于方法
@Logger	多个日志注解，用于类

4.8.1　日志管理

日志管理由 LoggerFactory 类完成。LoggerFactory 全局唯一，所有属性方法均为静态。LoggerFactory 属性定义如表 4.63 所示。

表 4.63　LoggerFactory 属性定义

属性名	描述
registLoggerMap	日志注册信息 Map
LoggerAspect	对应切面类名
LoggerPointcut	对应切点名

LoggerFactory 提供的方法如表 4.64 所示。

表 4.64 LoggerFactory 方法定义

方法名	描述
init	初始化
parseFile	解析日志配置文件
initAdvice	初始化通知
registLog	注册单个日志信息
registLogger	注册多个日志信息
handInstanceLogger	处理实例日志

4.8.2 日志添加流程

日志模块的实现基于 Aop 模块，日志初始化时在 Aop 模块中注册日志对应的切面信息、切点信息、通知信息，并保存日志对应的切点名。在日志注册后处理实例日志时，将日志信息转为对应的切点信息，根据切点名，交由 Aop 模块完成日志的添加过程。

日志信息可以使用 @Log 注解装饰方法添加，表示将当前方法添加到日志工厂，无配置参数。也可以使用 @Logger 注解装饰类，配置项为字符串，框架会将此字符串转为正则表达式，将该类下满足正则匹配的方法添加到日志工厂。日志添加流程如图 4.26 所示。

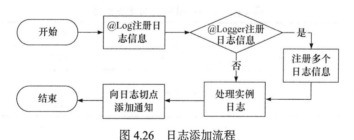

图 4.26 日志添加流程

4.8.3 日志执行过程

日志的执行基于 Aop 模块，日志的实现类为 NoomiLog，为其设置一个私有静态属性 Log4js 用于保存 Log4js 实例，以保证全局唯一。初始化时向 Aop 模块注册了 before、afterReturn、afterThrow 通知，由 Aop 模块对注册了日志信息的方法进行代理。在执行日志通知时，根据 log4js 的配置获取 log4js 实例，并根据用户配置信息完成日志功能。

日志的执行过程如图 4.27 所示。

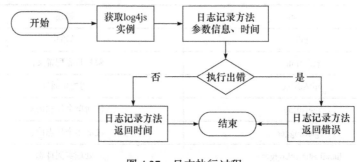

图 4.27　日志执行过程

4.9　LaunchHook 设计

框架的初始化执行过程向用户提供了一个接口，该接口称为钩子函数（LaunchHook）。钩子函数的执行在框架各模块初始化之后、开启服务器之前。钩子函数具体的实现依赖于实例工厂，用户向实例工厂中添加执行实例，再修改框架的配置文件，完成钩子函数相关配置。框架在初始化时会根据配置信息执行钩子函数对应的实例方法。

钩子函数的相关操作交由 LaunchHookManager 进行管理，LaunchHook 的相关配置如表 4.65 所示。

表 4.65　LaunchHook 可配置属性

配置项	描述
className	实例类名
method	方法名
param	参数

第 5 章　Relaen 设计

5.1　概　　述

　　对象关系映射（Object Relational Mapping，ORM）模式是一种为了解决面向对象与关系型数据库（如 MySQL）存在的阻抗不匹配现象的技术。ORM 通过使用描述对象和数据库之间映射的元数据，在业务逻辑层和数据库层之间充当了桥梁的作用，将程序中的对象自动持久化到关系数据库中[15-18，27-73]。为此，团队自主研发了基于 Node.js 环境的 ORM 框架：Relaen。该框架的主旨是提供高效简洁的对象关系映射方式，简化软件项目开发。框架整体基于实体模型，实现开发对象与数据库关系型映射，并支持 TypeScript 和 JavaScript 开发使用。Relaen 支持 Active Record 和 Data Mapper 两种模式，为开发者提供灵活的选择，以编写高质量的、松耦合的、可扩展的、可维护的应用程序。Relaen 参考了很多优秀的 ORM 框架的设计与实现，如 Hibernate、Sequelize 和 TypeORM 等，支持链式创建查询、原生 SQL、类查询、一级缓存、事务和锁等功能，并封装提供简便的开发方式，帮助开发者简化数据库访问操作，提高开发效率。目前，框架支持 MySQL、Oracle Microsoft SQL Server、PostgreSQL、MariaDB 和 SQLite，共 6 款主流关系型数据库。其中，对象关系映射是该框架最为核心的工作。面向对象开发是目前企业级应用开发中最为主流的开发方法，而关系数据库是企业级应用环境中永久存放数据的主要数据存储系统。面向对象是从软件工程基本原则（如耦合、聚合和封装）的基础上发展起来的，而关系数据库则是从数学理论发展而来的，两套理论存在显著的区别，针对数据的描述方式之间的不同，业界称之为对象和关系模型之间的"阻抗不匹配"现象。为了解决这个不匹配的现象，对象关系映射技术应运而生。

　　简单地说，ORM 框架技术就是将数据从一种形式转换到另外一种形式。

　　现如今的应用系统设计中，四层架构作为主流系统架构模式之一，贯穿了整个设计流程。四层架构就是为了符合"高内聚、低耦合"思想，把各个功能模块划分为表示层、业务层、持久层和数据库层四层架构，各层之间通过对象模型的实体（Model）作为数据库传递的载体进行访问，不同的对象模型的实体类对应数据库中不同数据表，实体类的属性与数据表的字段名一致。

　　持久层主要实现数据的增加、删除、修改、查询等操作，将操作结果反馈到业务层；并且数据访问层以解决对象和关系这两大领域之间存在的问题为目标，为对象程序设计与关系型数据库之间提供一个成功的映射解决方案。持久层对数据访问逻辑进行了抽象处理，业务层通过持久层提供的数据访问接口来访问底层数据库中的数据。这不仅将应用开发人员从底层操作中解放出来，而且业务逻辑也更加清晰，同时由于业务逻辑与数据库访问分离开来，开发人员的分工可以更加细化。

ORM 框架即为持久层的实现，以协助开发人员简化软件系统与底层数据库之间的交互，避免在程序代码中嵌入大量的 SQL 语句，提高系统的开发效率，还能够大大降低业务层和数据库层的耦合度，提高系统可维护性和重用性。并且随着大型数据应用程序和云计算技术的流行，软件系统的数据管理和数据分析更加依赖底层的数据库，而随着软件系统复杂性的逐渐增加，开发人员开始尝试运用技术来管理源代码和数据库管理系统的一致性，ORM 框架便是开发人员用来帮助他们管理数据的最流行的技术之一。

具体来说，ORM 框架允许软件开发人员只需专注于业务逻辑代码而不需关注程序软件与底层关系型数据库的具体交互，这样就减少了软件开发人员的学习成本以及程序软件的开发周期。ORM 框架降低了数据持久化功能开发的工作量，提高了软件开发和维护的效率，有效地解决了对象和关系模型之间的"阻抗不匹配"的问题。

5.2　框架结构设计

采用模块化开发方式，各模块之间有清晰的功能边界。通过设计实现实体类 Entity、查询构造器 Query、解释器 Translator、执行器 Executor 等核心模块，事务、缓存、锁机制等功能模块，连接管理、数据库驱动等底层模块来构建框架。框架总体结构如图 5.1 所示。

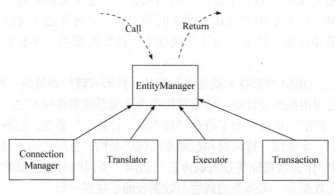

图 5.1　框架总体结构

5.3   框架运行流程设计

ORM 框架的核心就是根据实体类与数据库表的映射关系，基于业务层对实体的操作，将对象持久化到数据库中。因此，框架运行流程分为以下三步：

（1）框架初始化。

框架通过配置文件进行初始化，完成配置文件解析、功能模块加载等一系列操作，为后续对实体的操作做准备。

（2）解析操作。

框架对调用的实体操作进行分析处理，获取对应数据库的连接，将查询操作和非查询操作根据实体模型的映射配置生成对应的 SQL 语句。

（3）持久化到数据库。

框架根据生成的 SQL 语句，访问底层数据库并执行。在查询操作时，待底层数据库执行完毕后，会将返回的数据集逆向转化生成实体对象，返回到业务层。在非查询操作时，会将对数据库的持久化操作更新到数据库中，并将执行结果返回到业务层。

框架运行流程设计如图 5.2 所示。

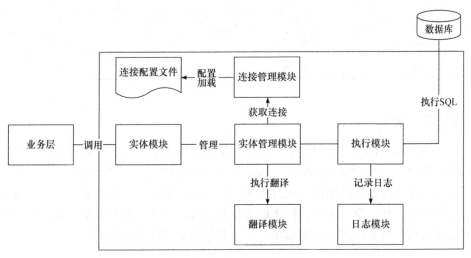

图 5.2   框架运行流程设计

5.4   连接与执行设计

对数据库的操作都是基于数据库连接而执行的，为了屏蔽 MySQL、Oracle

Database 12c+、Microsoft SQL Server 2012+、PostgreSQL 10+、MariaDB 和 SQLite 等关系数据库的使用差异，Relaen 设计并实现了 BaseProvider 类，抽象出了一个对于不同数据库产品提供支持的类，模块完成底层关系型数据库的驱动接入，包括连接创建和关闭以及封装执行 SQL 语句时不同数据库驱动的差异，封装实现统一的框架调用方法。数据库的最重要的支持包括连接（创建和关闭）和 SQL 执行。

Relaen 提供了一个 ConnectionManager 连接管理模块，在 Provider 提供的连接支持的基础上进行了连接池等的逻辑扩展。类似地，Relaen 抽象出了数据库执行器，在 Provider 提供的执行基础上进行了查询缓存等的逻辑扩展。

5.4.1　连接

Relaen 为了封装不同数据库驱动中的变化，在 ConnectionManager 中抽象出了 getDbConnection、closeDbConnection、createDbPool、endDbPool 等方法，依次提供获取连接、关闭连接、创建连接池、关闭连接池等功能。Relaen 中 Provider 抽象的方法如表 5.1 所示。

表 5.1　连接管理模块可操作方法

方法名	描述	参数	返回值
getDbConnection	获取连接	无	数据库连接
closeDbConnection	关闭连接	数据库连接对象	无
createDbPool	创建连接池	无	连接池
endDbPool	关闭连接池	无	无

5.4.2　连接配置

考虑到保证框架具有较高的移植性，从而不用考虑底层数据库的替换问题，Relaen 提供一些简化的通用配置。Relaen 的连接配置方式主要为两种：第一种为配置 JSON 文件，在框架初始化时传递配置文件的路径，框架自动读取文件路径进行初始化工作；第二种为直接在框架初始化时，传递配置的对象参数，框架对对象参数进行分析处理，并初始化。连接对象的配置属性如表 5.2 所示。

表 5.2　连接对象的配置属性

属性名	描述
dialect	数据库产品名
entities	实体文件含路径名
cache	是否开启框架一级缓存

续表

属性名	描述
debug	是否开启 debug
fileLog	是否开启文件日志
fullTableOperation	是否开启全表更新与删除功能

对于具体的数据库地址、端口、账号、密码等也通过配置项进行配置。配置项如表 5.3 所示。

表 5.3　数据库配置项

属性名	描述
host	数据库网址或 IP
port	数据库端口号
username	数据库用户名
password	数据库用户密码
database	连接数据库名
pool	连接池配置

5.4.3　连接管理

连接的管理是通过 ConnectionManager 连接管理器实现的。

不同的数据库支持初始化是在 Relaen 初始化阶段进行的。在初始化阶段，Relaen 通过 ProviderFactory 加载各数据库的支持，由于抽象了不同数据库提供支持的类 BaseProvider，并给各数据库产品提供的支持进行了封装，所以后面的连接管理器初始化中，连接管理器可以方便地使用反射来给静态成员变量 provider 进行初始化赋值。Relaen 在数据库版本中考虑到使用中的数据库驱动器（数据库产品提供的服务）在业务层面上不变，将其设置为静态变量以供不同的连接复用。

对数据库的操作都是基于数据库连接而执行的，Relaen 支持单连接和连接池两种数据库连接方式。框架主要提供显式创建和隐式创建两种方式来获取连接对象。直接使用框架 getConnection（）方法获取数据库连接是显式创建连接，这也需要手动显式调用 Connection.close（）方法进行关闭。使用 getEntityManager（）和实体类方法会隐式创建数据库连接，关闭 EntityManager 和执行完毕实体类方法都会自动隐式关闭创建的数据库连接。使用继承了 BaseEntity 的实体中的查询方法时隐式地调用了 getConnection（）和 Connection.close（）方法，可以避免简单的数据库操作也需要写这些模板代码。

　　单连接方式是每次需要对数据库进行操作时，而申请、创建、获取、释放连接。连接的申请、创建、获取、释放较为耗时，为了避免大量单次的申请创建连接，Relaen 设计实现了连接池管理，一次性创建连接数，进行管理、分配，重复利用现有的数据库连接，减少重新创建和释放，从而提高连接效率。

　　对于连接池，通过 ConnectionManager 连接管理器中 connectionMap 来存储管理每次创建的 Connection 数据库连接，并且需要保证一个异步方法中只能有一个数据库连接对象。所以在每次新创建连接时都需要通过 RelaenThreadLocal 线程存储判断当前 threadId，如果不存在连接对象，则创建新的连接对象并返回；如果存在连接对象，则增加连接对象的创建数，而不创建新的连接对象，以此保证连接创建的嵌套使用正常。而在关闭连接对象时，对连接对象的创建数进行递减，创建数递减为零时，将其置空释放真实连接对象资源；强制关闭时跳过检查连接对象的创建数直接清理连接。

5.4.4　执行管理

5.4.4.1　SqlExecutor

　　Relaen 中高层拼接好的 SQL 执行是通过 SQL 执行器 SqlExecutor 进行的。SqlExecutor 相对于单纯的执行进行了逻辑扩展，包括查询的缓存、日志记录的打印、提示保存和占位符的处理等。

　　SqlExecutor 中可调用的方法包括 exec，用于执行实际的 SQL 语句。SqlExecutor 可调用的方法如表 5.4 所示。

表 5.4　SQL 执行器可操作方法

方法名	描述	参数	返回值
exec	执行实际的 SQL 语句	em：实体； sql：待执行 sql； params：参数数组； start：开始记录行； limit：最大记录行	执行结果

　　执行的流程如下：在尝试查询缓存未命中后，执行器处理语句的占位符，然后执行器打印出拼接好的执行语句，调用数据库提供驱动尝试进行执行，若尝试失败则抛出错误供上层方法处理，并打印错误，打印的方式（控制台输出或写文件）由初始化时的配置文件决定；若尝试成功则输出成功信息，并返回结果。

　　考虑到对一个查询频繁调用的情况，Relaen 在 SqlExecutor 中设计使用了缓存机制（Cache）。Relaen 将查询语句与参数组合作为缓存 key，对于查询情况（幂等情况）的时候，若存在该缓存 key 则直接取结果返回，提升效率；若不存在该缓存 key 则添加到相应的实体管理类 EntityManager 的 Cache 中。在增、删、改的数据更改场景下（非幂等情况），则清除对应实体管理类的缓存，以保证查询的正确性。SQL 执行流程如图 5.3 所示。

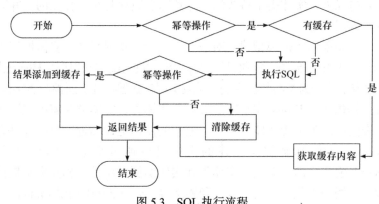

图 5.3　SQL 执行流程

5.4.4.2　BaseProvider 中的 exec 方法

SqlExecutor 执行的方法最终是由 BaseProvider 中的 exec 方法提供支持。由于各个数据库中提供的数据库支持不同，调用执行 SQL 的方法可能不同，Relaen 中抽象地提供不同数据库支持的是 BaseProvider 类，在 BaseProvider 中设计并抽象出了 exec 方法，对不同的数据库产品，根据其数据库的支持重写了该方法，使其在上层的逻辑中屏蔽了该差异（如 SqlExecutor 中的缓存逻辑）。不同于执行器中的 exec 方法，抽象出来的数据库驱动接口类中的 exec 方法，专注于提供基本的执行 SQL 语句的功能，缓存、日志等的功能交由上层实现。数据驱动接口 BaseProvider 中的 exec 方法如表 5.5 所示。

表 5.5　BaseProvider 中的 exec 方法

方法名	描述	参数	返回值
exec	执行 SQL 语句	connection：数据库连接； sql：SQL 语句； params：参数	结果（集）

5.5　实 体 设 计

实体（Entity），在 ORM 框架中通常是映射元数据，是概念性的数据密集类，主要目的是存储数据并提供对这些数据的访问。也可以简单定义实体为一个映射到数据库表的类，是对象和关系数据库之间的一种映射关系。

5.5.1 实体类

大部分情况下，实体类是持久的，这意味着数据是长久存在的，并需要存储于文件或者数据库中。

Relaen 主要采用实体模型建立对象关系之间的映射联系，实体模型主要基于 TypeScript 语法中的对象类，并通过注解开发模式进行配置映射属性构成框架实体。实体映射内容主要分为类与数据库表、对象实例与数据行和类属性与表字段三部分。

Relaen 提供了 @Entity 注解来定义一个实体类，实体类注解中配置实体映射的数据库表信息。为了使实体持久化，框架的使用更加贴近对象的开发方式，提供 BaseEntity 实体基础类。创建的实体可以通过继承实体基础类来实现 ActiveRecord 模式，即可对当前实体类和实体实例对象进行相关框架提供的便捷持久化操作，例如查找、新增、修改和删除等。@Entity 中提供 tblname、schema 参数。@Entity 中的参数如表 5.6 所示。

表 5.6 @Entity 注解配置项

属性名	描述
tblname	表名
schema	数据库名

5.5.2 实体列

Relaen 实体中的属性，通过 @Column 注解映射数据库表中的字段。其中包括数据类型、约束等信息。实体列注解将表字段映射到实体属性中，通过实体列注解配置参数将表字段的类型和约束等数据信息映射到实体属性类型中。@Column 注解配置如表 5.7 所示。

表 5.7 @Column 注解配置项

属性名	描述
name	字段名
refName	外键字段名
type	数据类型
nullable	是否可空

续表

属性名	描述
length	字符串长度
identity	是否自增，MSSQL
version	乐观锁数据版本
select	实体类查询不显示字段

Relaen 提供 @Id 注解来使实体属性对应数据库表中的主键。每一个实体都必须要有一个主键，Relaen 只支持单个主键。@ Id 注解参数如表 5.8 所示。

表 5.8 @Id 注解参数

参数名	描述
generator	主键生成策略
table	主键来源表
columnName	主键字段名
valueName	主键值字段名
keyName	主键对应记录项名
seqName	对应 sequence 生成策略名
generator	主键生成策略

Relaen 提供 @JoinColumn 标注实体关系中对应的具体列属性，映射数据库外键关系。@JoinColumn 注解参数如表 5.9 所示。

表 5.9 @JoinColumn 注解参数

参数名	说明
name	字段名
refName	外键字段名
nullable	是否可空

5.5.3 实体管理

5.5.3.1 实体工厂 EntityFactory

实体工厂 EntityFactory 管理所有的实体类信息，实体类通过 @Entity 注解添加到实体工厂进行集中管理。实体类中的注解通过调用 EntityFactory 中的方法将实体的信息集中保存并存放，包括主键信息、版本信息、实体关系（一对一、一对多、多对一等）、实体字段等。实体工厂 EntityFactory 可操作的方法如表 5.10 所示。

表 5.10   EntityFactory 方法表

方法名	描述	参数	返回值
addEntityConfig	添加实体类	entity：实体类； tblName：表名； schema：数据库名	无
addPKey	添加主键	entityName：实体类名； propName：实体字段名； cfg：主键配置对象	无
addVersion	设置版本号字段名	entityName：实体类名； propName：版本号字段属性名	无
addColumn	添加实体字段	entityName：实体类名； colName：实体字段名； cfg：实体字段配置	无
addRelation	添加实体关系	entityName：实体名； colName：属性名； rel：关系对象	无
getEntityConfig	获取实体 class 是否存在，否则新建	entity：实体类	实体工厂中的实体配置对象
addEntities	从文件添加实体到工厂	path：文件路径； dataSource：数据源	无

实体工厂中的管理的实体配置对象由 EntityConfig 定义，包含了实体中的配置信息。实体配置对象的方法如表 5.11 所示。实体类配置项如表 5.12 所示。

表 5.11   实体配置对象 EntityConfig 方法表

方法名	描述	参数	返回值
setTableName	设置表名	tableName：表名	无
setSchemaName	设置模式名	schemaName：模式名	无
setEntityClass	设置实体类	entityCls：实体类	无
setId	设置主键对象	Cfg：主键配置	无
getId	获取 Id 对象	无	主键字段对象
getIdName	获取 Id 字段名	无	Id 字段名

续表

方法名	描述	参数	返回值
getColumn	获取字段对象	propName：实体属性名	属性对应字段对象
getTableName	获取对应表名	withSchema：是否返回模式	表名
getSchemaName	获取模式名	无	模式名
hasRelation	属性名是否对应关系字段	propName：属性名	真/假
hasColumn	属性名是否是字段	propName：属性名	真/假
getRelation	获取关系字段对象	propName：实体属性名	实体属性对应关系对象
addColumn	添加列	colName：属性名； cfg：列配置	无
addRelation	添加关系	colName：属性名； cfg：关系配置	无

表 5.12　实体类配置项

字段名	描述
entity	实体类
table	表名
schema	数据库名
id	主键
columns	字段集合，键为对象属性名（非表字段名）
relations	关系集合，键为对象属性名（非表字段名）

5.5.3.2　实体管理器 EntityManager

在 Relaen 中，为了更好地屏蔽查询语句的构造、执行以及连接的创建关闭的底层方法调用，使业务代码更加专注于逻辑，设计并实现了实体管理器 EntityManager 类，对于数据库的访问是显式或隐式地从实体管理器 EntityManager 开始的。

实体管理器封装了业务代码中最常用的四种操作（CRUD）：create（增加）、read（读取）、update（修改）、delete（删除），并根据实际使用情况对上述操作进行了扩展、合并。通过判定是否是新对象，合并了增加和修改为 save 方法；对查找、删除提供了参数对象，使其拥有 SQL 中的 where 条件限定，并提供了创建原生查询的方法。

实体管理器中可操作的方法如表 5.13 所示。

表 5.13   EntityManager 方法表

方法名	描述	参数	返回值
save	保存新对象，如果不是新对象则执行更新	entity：实体； ignoreUndefinedValue：忽略未定义值； lockMod：乐观锁	保存后的实体
delete	删除实体	entity：待删除实体或 Id； classNam：实体类名	被删除实体
find	通过 Id 查找实体	entityClassName: entity: class: 名； Id：entity id 值	entity
findOne	根据条件查找一个对象	entityClassName：实体类名参数对象； order：排序对象	实体
findMany	根据条件查找多个对象	entityClassName：实体类名； params：参数对象； start：开始记录行； limit：获取记录数； order：排序对象	实体集
getSelectFields	获取选择字段集	orm：实体配置； isField：是否返回数据库字段字符串，否则返回属性名	字段集
getCount	获取记录数	entityClassName：实体类名； params：参数对象	记录数
deleteMany	删除多个	entityClassName：实体类名； params：条件参数	是否成功
createQuery	创建查询对象	entityClassName：实体类名	查询对象
createNativeQuery	创建原生 SQL 查询	sql：SQL 语句； entityClassName：实体类名	创建原生 SQL 查询
close	关闭实体管理	force：是否强制关闭	无
addToCache	加入 Cache	key：缓存 key； value：结果集	无
getFromCache	从 Cache 中获取	key：缓存 key	缓存结果
clearCache	清除缓存	无	无
genKey	生成主键	entity：实体	主键值

5.5.3.3 实体基类 BaseEntity

Relaen 进一步封装了实体管理器 EntityManager 类。BaseEntity 实现了 IEnity 接口中的 save、delete 方法，并封装了一些实体管理类中的方法。通过调用 BaseEntity 中的查询、删除、保存等类方法，避免了大量获取实体管理、关闭实体的模板代码。

业务代码中的实体继承了实体基类后，便可以自动地扩展使用基类中的这些增加、删除、查询、修改代码，避免了简单的操作仍然需要使用创建实体管理器、关闭实体管理器的模板代码。BaseEntity 中的可用方法如表 5.14 所示。

表 5.14 BaseEntity 中的可用方法

方法名	描述	参数	返回值
save	保存实体	ignoreUndefinedValue：忽略 undefined 值；lockMode：锁模式	保存后的实体
delete	删除实体	id：实体主键	删除的实体
find	根据 id 查询单个实体	id：实体主键	查询实体
findOne	根据条件查询单个实体	params：参数对象	实体
findMany	根据条件查找多个对象	params：参数对象；start：开始记录行；limit：获取记录数；order：排序规则	实体集
getCount	获取记录数	params：参数对象	记录数
delete	删除对象	id：实体 id 值	删除的实体
deleteMany	删除对象	params：参数对象	删除成功返回 true
compare	对比	obj：简化后的实体值对象	是否相同
clone	浅拷贝	无	拷贝对象

5.6 关 系 设 计

实体之间的联系通常是指不同实体型的实体集之间的联系，通常称两个实体参与的联系为二元联系。在实体关系建模中，常用 E-R 图或 UML 来建立描述现实世界的概念模型。为了方便对建模中关系的描述，Relaen 提供了一系列的关系注解给实体使用。

5.6.1　关系注解

二元关系是最常用的关系，而二元联系中可以分为以下四种：一对一联系、多对一联系、一对多联系、多对多联系。

在一对一关系中，数据库表中的一个记录仅关联另一个表中的一个记录；在多对一关系中，表中的多个或一个记录关联另一个表中的一个记录；在一对多关系中，表中的一个记录可以关联另一个表中的一个或多个记录；在多对多关系中，一个表中的多个记录与另一个表中的多个记录相关联时即产生多对多关系。

Relaen 提供的 @OneToOne、@ManyToOne、@OneToMany 依次对应前面三种联系。多对多联系需要使用数据库中的联合主键，Relaen 不支持使用联合主键，但在 Relaen 中可以通过一对多和多对一注解替代。

多对多关系的设计中，关系数据库系统通常不允许在两个表之间实施直接的多对多关系，常见的方法是新建立一个两边关系的表格，该表格使用两个表的 id 作为联合主键，并附带相关信息。Relaen 设计中，将这两个表 id 作为两个新的列，并在描述该双边关系的表格中使用新的 id。使用多对一、一对多注解 @ManyToOne、@OneToMany 将该表记录的双边关系中的表 id 和原表 id 联系起来，这样完成了对联合主键替代的使用。

Relaen 二元关系中相关注解如表 5.15 所示。

表 5.15　关系相关注解

注解名	备注
@OneToOne	一对一关系
@ManyToOne	多对一关系
@OneToMany	一对多关系

注解的二元关系中外键更新、删除等策略通过注解中的 cfg 参数定义，实体关系的配置如表 5.16 所示。

表 5.16　IEntityRelation 实体关系配置

属性名	备注
entity	被依赖的实体类名
type	关系类型
onDelete	外键删除策略
onUpdate	外键更新策略
mappedBy	被引用时对应子表属性

为了提高代码的可读性和代码的可维护性，确保变量合法，Relaen 设计使用了关系的枚举类型 ERelationType，其中规定了可使用关系的类型，如表 5.17 所示。

表 5.17 ERelationType 关系类型定义

属性名	备注
OneToOne	一对一关系
OneToMany	一对多关系
ManyToOne	多对一关系

5.6.2 关系管理流程

添加的关系注解通过实体工厂类 EntityFactory 进行关系的记录和维护。在实体加载时，相应的注解会将关系信息提交给实体工厂类 EntityFactory 维护和使用，其中包括了关系的类型和关系中对应的属性名。

Relaen 在实体关系中涉及关系实体的加载，常见 ORM 使用懒加载属性配置，Relaen 使用实体代理获取关系实体来替代配置懒加载属性。在业务代码中的实体加载时，涉及一对一、一对多、多对一的情况，在实体中使用 get 方法获取，而实体代理类提供这些 get 方法的支持。

实体代理类中将关联关系分为引用外键和被引用两种情况处理。多对一和一对一、多对多中的引用一方对应引用情况，该情况下通过查询该表中该条数据引用对应表中的对应 Id 项并返回；一对多和一对一、多对多中的被引用一方对应被引用的情况，该情况下通过查询被引用表中含有引用表 Id 的一系列项返回相应结果。

实体代理类通过抽象出 get 方法，避免了在业务代码中的实体类中写大量的连接打开、关闭等的模板代码。在这些涉及关系的实体获取对应列时才会访问数据库，实现了懒加载。实体代理类的可用方法如表 5.18 所示。

表 5.18 实体代理类的可用方法

方法名	描述	参数	返回值
get	获取实体关联对象值	entity：实体； propName：关联属性名	实体关联对象

5.7 查 询 设 计

数据查询是框架的核心模块，主要任务是完成 SQL 语句的构造。框架从灵活性以及便捷性考虑，设计了 Query 查询构造器以及 Native Query 原生查询构造器，采用链式操作构造查询条件，提供灵活方便的构造方法。

5.7.1　Query SQL 构造器

在实际开发过程中，Query SQL 构造器需要满足一些基本的查询 SQL 任务，并包括排序、获取唯一值、分组等条件功能。为了保证 Query 查询构造器的构造以及执行，从功能的完整性设计 Query 查询构造器过程。

框架设计 Query 在实例化时，需要 EntityManager（实体管理器）和 entityClassName（实体类名）可选参数来实例 Query 对象。如果实体类名存在，首先会用来判断当前数据源里是否有该实体，如果不存在则会抛出一个错误。每一个 Query 对象的操作都需要一个 Translator（解释器），根据解释器来获取 execSql（执行的 SQL）。Query 执行的流程如图 5.4 所示。

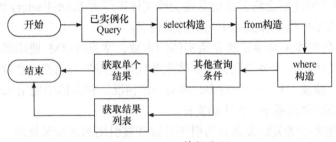

图 5.4　Query 执行流程

在实际执行过程中，Query 对象通过链式调用一系列基本的方法如 select、from、where 来构造的 SQL。除此之外，还可以构造 SQL 的其他方法，如 orderBy 用于当传入多个关键字及其升序/降序的值时，对结果数据进行排序。这些方法都是通过根据该 Query 对象中的 Translator 解释器来实现的。

在一些应用场景中，当数据量较大的时候，通常我们的网页或应用不会加载、渲染全部的数据，原因是数据过长，有大量的数据用户不会及时感知到，加载、渲染是极其耗费时间的；同时过多的数据组织在屏幕上也是繁杂不合理的。想象一下读一本书的时候，人们不会把所有的字打印在一张巨大的纸上阅读，而是会打印在多张纸上（分页），需要阅读哪一页的时候才翻到那儿。随着数据库中存储的数据增多，满足用户查询条件的数据也随之增加，此时查询出来的数据就需要进行分页处理。

因此框架对获取数据设计了两种方法，通过 Query 对象中 getResult 方法获取单一查询结果，或者通过 getResultList 获取多查询结果集，同时可以选择对其分页处理。在 Query 调用执行方法 getResult 和 getResultList 执行 SQL 时，通过调用

SqlExecutor 中的方法来执行。

所有的查询都需要通过 Query 来构造，基于以上设计，Query 对象可操作方法如表 5.19 所示。

表 5.19 Query 查询构造可操作方法

方法名	描述	参数	返回值
select	构造查询字段集	fields：查询字段或数组	Query 对象
from	添加查询表集	tables：实体类名或实体类名数组	Query 对象
where	添加 where 条件	params：where 条件	Query 对象
orderBy	添加排序对象	params：order 排序条件	Query 对象
distinct	去除重复值	无	Query 对象
groupBy	添加分组条件	params：分组条件	Query 对象
having	添加 having 条件	params：having 条件	Query 对象
setLock	设置查询锁模式	lockMode：锁类型	Query 对象
getResult	获取单个查询结果	notEntity：是否返回实体	实体、对象
getResultList	获取查询结果集	start：开始索引；limit：记录数；notEntity：是否返回实体	实体或者对象数组
setParameter	设置查询参数值	index：占位符下标；value：占位符值	无
setParameters	设置多个参数值，从下标 0 开始	valueArr：值数组	无
delete	构造删除	无	Query 对象

5.7.2 NativeQuery 构造器

SQL 语法本身庞杂，各种数据库原生具有多样的功能。ORM 框架并不能涵盖所有的查询特性。在一些开发中需要比较复杂的 SQL，难以通过 Query 查询构造器构造 SQL，此时使用原生 SQL 语句反而更加简单方便。因此框架设计上考虑到查询构造的灵活性，框架提供了 Native Query 原生查询构造器。

每一个原生 SQL 查询操作需要一个 NativeQuery 对象，框架设计将原生 SQL 语句作为参数来实例化 NativeQuery 对象。通过 EntityManager（实体管理器）中 createNativeQuery 方法，创建对象 NativeQuery 时，其中第一个参数为 SQL 语句，第二个参数为实体类名（可选），传入该实体类名参数时，会将查询结果转换为实体对象。通过该对象提供的 getResult 方法获取单一数据或者 getResultList 方法获取多查询结果集。基于以上设计，NativeQuery 相关方法如表 5.20 所示。

表 5.20 NativeQuery 查询构造可操作方法

方法名	描述	参数	返回值
getResult	通过原生 SQL 获取单个结果	无	单个结果或单个属性值
getResultList	通过原生 SQL 获取多个结果	start：开始索引；limit：记录数	结果列表
genOne	根据查询结果生成单个数据对象	result：原生查询结果	实体对象
setParameter	设置查询参数值	index：占位符下标；value：占位符值	无
setParameters	设置多个参数值，从下标 0 开始	valueArr：值数组	无

5.7.3 缓存设计

在一些应用场景中，与数据库的一次会话，可能会反复执行完全相同的查询语句，如果不采取一定的措施，那么每一次查询都会查询一次数据库，这样会造成很大的资源浪费，并且还会影响一定的查询效率。

针对上述问题，框架设计提供一级缓存 Cache，减少对数据库的访问次数，并提高查询效率。因此框架设计在一次异步方法（async）内（从最外层首次创建 EntityManager 开始）创建一级缓存 Cache，将查询语句和参数作为缓存 key，通过该缓存 key 获取缓存结果。框架通过配置来控制该缓存的开始和关闭，当 Cache 为 false 时表示关闭，缓存默认开启。

在实际执行过程中，如果在一次会话中，第一次查询时会将查询语句作为缓存 key 和查询结果存入缓存中，如果在一次查询之后还有第二次相同的查询，此时查询就会从缓存中获取，而不是在数据库中查询，减少了对数据库的访问次数。一级缓存存在数据库数据修改而缓存中的数据未修改，即是数据脏读的问题，因此框架执行避免数据脏读的策略是在每一次执行增、删、改的同时也清空该一级缓存，避免拿到脏数据，保证了查询的正确性。

5.8 Translator 设计

Translator 解释器是框架的核心模块，主要任务是将基于实体的一系列操作转换为对应的 SQL 语句，包括 CRUD 操作和锁等。不同数据库的 SQL 存在方言性，框架抽象出解释器 Translator,以封装实现框架统一的调用方法。在框架初始化时,将所有框架支持的不同数据库对应的 Translator 交由解释器工厂(TranslatorFactory)来管理,通过 TranslatorFactory 来屏蔽不同数据库的差异性。

Translator 解释器的主要工作包含处理字段名、条件以及生成规范的 SQL 语句等。在每一次通过框架使用非原生操作时,Translator 即被实例化。每一次 Translator 的实例化需要 entityName(实体名)作为初始化参数。每一个 Translator 都需要一个 mainEntityName(主实体名)以及 mainEntityCfg(主实体配置)。mainEntityName 就是该 entityName。而 mainEntityCfg 是通过实体工厂的 getEntityConfig 方法以及参数主实体名来获取的,该实体配置包含实体主键、外键、字段集合等数据,解释器将根据该配置生成对应的 SQL。

在查询操作时,Translator 会根据 Query 对象中方法的调用,基于实体之间的关系生成对应查询的 SQL 语句。在非查询操作时,Translator 会根据实体对象生成对应的非查询 SQL 语句,包括增、删、改的 SQL 语句。Translator 中抽象出了 getSequence、insertReturn、handleStartAndLimit、lock、unlock 等方法,以此提供获取新增返回主键字段 SQL 语句、获取实体 sequence、处理起始记录索引和记录数、获取加锁 SQL 语句、获取释放锁 SQL 语句等功能,根据数据库特性有不同实现方法。

对于 CRUD 操作,Translator 有以下四种实现流程。

5.8.1 Select 语句

SQL Select 语句语法一般如:SELECT 列名称 FROM 表名称。因此框架在设计 Translator 处理 Select 语句时,首先会判断当前查询是否存在主表,如果不存在,则需要设置主表。将表的字段根据实体之间的关系属性处理成别名,传值给 Translator 的 selectedFields(查询字段)用于后续拼接语句中的列名称。其他查询条件如 where、group by、having 等同样传值给 Translator 中的其他属性用于拼接条件字段。解释器同样处理了连接查询如左连接(left join),用于主表和 join 表的连接查询。解释器最后根据 SQL 语法将所有字段、表名称以及查询条件拼接成语法规范的 SQL,并且为搜索条件参数设置占位符,避免 SQL 注入。最后将 SQL 与参数返回用于后续查找。Select 解释流程如图 5.5 所示。

5.8.2 Delete 语句

SQL Delete 语句语法一般如:DELETE FROM 表名称 WHERE 列名称 = 值。框架设计通过实体或者主键 id 进行删除或者通过 query 链式删除。

(1)实体或者主键 id 删除。

根据实体或者 id 删除时,在解释器中的 toDelete 方法中,首先会判断参数是实体还是主键 id。如果参数是实体,则根据实体来获取实体配置对象中对应的表

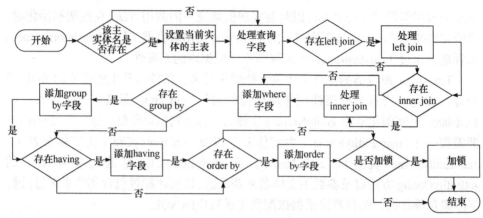

图 5.5 Select 解释流程

名和主键值；如果参数是主键 id，则根据当前 Translator 的实体配置来获取对应的表名，而该参数就是主键 id 的值。在获取主键字段名后，根据 SQL 语法将表名、主键字段名拼写成规范的 SQL，并且为主键值设置占位符。最后将 SQL 与参数返回用于删除。实体删除解释流程如图 5.6 所示。

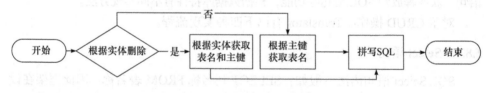

图 5.6 实体删除解释流程

（2）query 链式删除。

当通过 query 对象链式删除时，首先会判断 where 条件字段是否存在以及框架已经开启允许全表操作，如果 where 条件字段不存在或者不允许全表操作，则抛异常。如果 where 条件字段存在以及框架开启了允许全表操作，则会根据方法参数判断是否需要处理主表的别名，然后处理主表和 join 表的字段别名，最后根据表名称、where 条件等来拼写执行删除的 SQL，并且为条件属性值设置占位符。链式删除解释流程如图 5.7 所示。

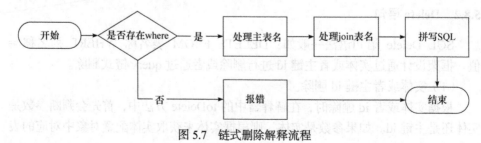

图 5.7 链式删除解释流程

5.8.3 Update 语句

SQL Update 语句语法一般如：UPDATE 表名称 SET 列名称 = 新值 WHERE 列名称 = 某值。当通过实体获取 Update 语句时，首先会根据实体获取表名称，根据遍历实体字段属性集合，获取主键字段名以及值和其他字段，如果对应的字段名不存在，则用属性名。如果字段值为空且设置了不忽略空值或字段已添加，则不修改。如果开启了乐观锁，则添加版本 Version，通过 Version 来实现加锁。最后根据表名称、修改的字段名、主键字段名拼写成 SQL，并且为属性值设置占位符。Update 语句解释流程如图 5.8 所示。

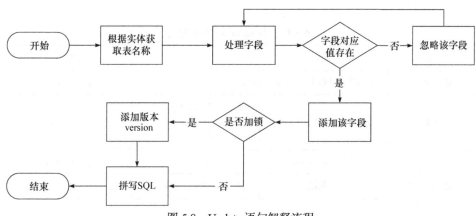

图 5.8 Update 语句解释流程

5.8.4 Insert 语句

SQL Insert 语句语法一般如：INSERT INTO table_name（列 1，列 2，⋯）VALUES（值 1，值 2，⋯）。当通过实体获取 Insert 语句时，首先会根据实体获取表名称，根据遍历实体字段属性集合。如果字段值为空或字段已存在，则不添加。对不同的数据库，可能在增加时存在附加串，因此还需要对不同数据库的附加串进行处理。最后根据上述字段拼接规范的 Insert 语句，并且为字段的属性值设置占位符。Insert 语句解释流程如图 5.9 所示。

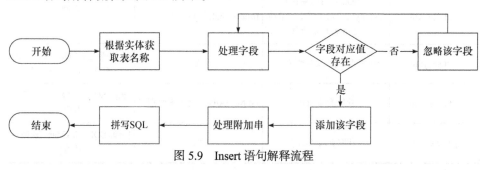

图 5.9 Insert 语句解释流程

基于上述设计 Translator 相关类定义和相关方法分别如表 5.21 和表 5.22 所示。

表 5.21   Translator 相关类定义

类	备注
TranslatorFactory	解释器工厂
Translator	解释器
PlaceholderFactory	占位符工厂

表 5.22   Translator 相关方法

方法名	描述	参数	返回值
entityToInsert	根据实体获取 Insert SQL	entity：实体	[sql,values]
entityToUpdate	根据实体获取 Update SQL	entity：待更新 entity；ignoreUndefinedValue：忽略 undefined 值	[sql,values]
entityToDelete	根据实体获取 Delete SQL	entity：实体	[sql,values]
handleModifer	处理前置修饰符	Modifier：前置修饰符	无
handleSelectFields	处理 select 字段集合	arr：字段集合；entityName：实体类名	无
handleFrom	处理重复 entityName	arr：实体类名数组	无
handleWhere	处理 where 条件	Params：参数对象	无
handleGroup	处理 group by	params：object	无
handleHaving	处理 having 条件	params：参数对象 Q	无
handleOrder	处理 order 条件	params：object；entityName：可选实体名	无
getIdentityId	从 SQL 执行结果获取 identityid 仅对主键生成策略是 identity 的有效	result：SQL 执行结果	主键
getQuerySql	产生查询 SQL 或者删除 SQL	无	[查询或删除 SQL，linkMap，查询或删除参数值]
getDeleteSql	获取删除 SQL	notNeedAlias：是否需要别名	[删除 SQL，linkMap，删除参数值]
getSelectSql	获取查询 SQL	无	[查询 SQL，linkMap，查询参数值]

Translator（解释器）的管理是通过 TranslatorFactory 解释器工厂实现的。为了管理（Translator），TranslatorFactory 的相关方法如表 5.23 所示。

表 5.23 TranslatorFactory 相关方法

方法名	描述	参数	返回值
add	添加事务类到工厂中	name：Translator 类名；translatorClass：Translator 类	无
get	从工厂中获取事务类	Args：解释器初始化参数，通常为实体类名	Translator

框架为了屏蔽数据库产品对应的占位符配置的差异，设计了 PlaceholderFactory（占位符工厂）。框架在初始化时，根据不同数据库来初始化对应的占位符。PlaceholderFactory 的相关方法如表 5.24 所示。

表 5.24 PlaceholderFactory 相关方法

方法名	描述	参数	返回值
add	添加 Placeholder	dialect：数据库产品名；Placeholder：占位符；startIndex：开始索引号	无
get	获取占位符	index：占位符索引	占位符+索引号

5.9 事 务 设 计

5.9.1 事务设计方法

数据库的事务（Transaction）是一种机制、一个操作序列，包含了一组数据库操作命令。事务把所有的命令作为一个整体一起向系统提交或撤销操作请求，即这一组数据库命令要么都执行，要么都不执行，因此事务是一个不可分割的工作逻辑单元。事务包含 4 个基本特性，即原子性（Atomicity）、一致性（Consistency）、隔离性（Isolation）和持久性（Durability），这 4 个特性通常简称为 ACID。

（1）原子性。

事务是一个完整的操作。事务的各元素是不可分的（原子的）。事务中的所有元素必须作为一个整体提交或回滚，如果事务中的任何元素失败，则整个事务将失败。

（2）一致性。

当事务完成时，数据必须处于一致状态。也就是说，在事务开始之前，数据库中存储的数据处于一致状态。在正在进行的事务中，数据可能处于不一致的状态，如数据可能有部分被修改。然而，当事务成功完成时，数据必须再次回到已知的一致状态。通过事务对数据所做的修改不能损坏数据，或者说事务不能使数据存储处于不稳定的状态。

（3）隔离性。

对数据进行修改的所有并发事务是彼此隔离的，这表明事务必须是独立的，它不应以任何方式依赖或影响其他事务。修改数据的事务可以在另一个使用相同数据的事务开始之前访问这些数据，或者在另一个使用相同数据的事务结束之后访问这些数据。

（4）持久性。

事务的持久性指不管系统是否发生了故障，事务处理的结果都是永久的。一个事务成功完成之后，它对数据库所作的改变是永久性的，即使系统出现故障也是如此。也就是说，一旦事务被提交，事务对数据所做的任何变动都会被永久地保留在数据库中。

事务的 ACID 特性保证了一个事务或者成功提交，或者失败回滚，二者必居其一。因此，事务的修改具有可恢复性。即当事务失败时，它对数据的修改都会恢复到该事务执行前的状态。因此框架根据 ACID 特性来设计 Transaction。

框架基于数据库连接设计，对数据库原生事务进行封装，实现了不同的数据库事务类。这些事务类对数据库原生的事务操作进行了封装，继承 Transaction（事务类）并对其事务操作方法实现了重载，统一了接口的调用。通过一系列方法来完成数据库事务的开始、提交以及回滚操作。

在框架初始化时，会初始化各数据库不同的事务类，添加到 TransactionFactory（事务工厂）中。框架设计通过连接对象 Connection 中的方法根据数据库产品名来创建事务对象。在实例化 Transaction 时，每一个 Transaction 都需要一个 Connection（连接对象）和一个 threadId（线程 ID），并且事务对象将根据该 threadId 添加到 TransactionManager（事务管理器）中管理，在事务回滚以及提交时会将该事务对象从事务管理器中移除。

在实际执行过程中，通过连接对象 Connection 来创建事务对象，根据事务对象中的方法，如 begin、commit 和 rollback 方法，来实现对数据库中事务的开始、提交、回滚的操作。

基于上述设计，Transaction 相关类定义和可操作方法分别如表 5.25 和表 5.26 所示。

表 5.25 Transaction 相关类定义

类	备注
TransactionFactory	事务工厂
Transaction	事务类
TransactionManager	事务管理器

表 5.26 Transaction 可操作方法

方法名	描述	参数	返回值
begin	事务开始	无	无
commit	事务提交	无	无
rollback	事务回滚	无	无
setIsolationLevel	设置当前事务隔离级	isolationLevel：事务隔离级别	无

所有实例化的 Transaction（事务）都需要通过 TransactionManager 进行管理，在每次回滚以及提交时，移除该事务。基于上述设计，TransactionManager 可操作方法如表 5.27 所示。

表 5.27 TransactionManager 可操作方法

方法名	描述	参数	返回值
add	添加 Transaction 类	type：数据库类型；transactionClass：Transaction 类	无
get	获取 Transaction 类	type：数据库类型	事务实例
remove	删除事务	threadId：线程 Id，默认为当前 thread id	无

对于不同数据库的不同 Transaction 事务类需要通过 TransactionFactory（事务工厂）管理。基于上述设计，TransactionFactory 可操作方法如表 5.28 所示。

表 5.28 TransactionFactory 可操作方法

方法名	描述	参数	返回值
add	添加 Transaction 类	type：数据库类型；transactionClass：Transaction 类	无
get	获取 Transaction 类	type：数据库类型	无

5.9.2　事务隔离级

事务隔离指的是，数据库通过某种机制，在并行的多个事务之间进行分割，使每个事务在其执行过程中保持独立。在一些开发场景中，如果使用并行的数据库事务，操作过程中可能会出现以下 3 种不确定的情况。

（1）脏读（Dirty Reads）：一个事务读取了另一个并行事务未提交的数据；

（2）不可重复读取（Non-repeatable Reads）：一个事务只能读到另一个已经提交的事务修改过的数据，并且其他事务每对该数据进行一次修改并提交后，该事务都能查询得到最新值。

（3）幻读（Phantom Reads）：一个事务先根据某些条件查询出一些记录，之后另一个事务又向表中插入了符合这些条件的记录，原先的事务再次按照该条件查询时，能把另一个事务插入的记录也读出来。

为了避免以上 3 种情况的出现，框架根据标准 SQL 规范中定义的如下 4 个事务隔离等级进行设计：

（1）读未提交（Read Uncommitted）：最低等级的事务隔离，它仅仅保证了读取过程中不会读取到非法数据。

（2）读已提交（Read Committed）：此级别的事务隔离保证了一个事务不会读到另一个事务已修改但未提交的数据，避免了"脏读"。

（3）可重复读（Repeatable Read）：此级别事务不能更新已经由另一个事务读取但未提交的数据，避免了"脏读"和"不可重复读"。

（4）串行化（Serializable）：最高等级的事务隔离，提供最严格的隔离机制。所以事务都处于一个执行队列，依次串行执行，避免以上 3 种情况。

事务隔离级别基于事务，因此，框架通过设计 Transaction 事务对象的 setIsolationLevel 方法来设置当前创建事务对象的隔离级，框架事务隔离级别默认为选择数据库类型本身隔离级别（一般为读已提交事务隔离）。设置事务隔离级别可使用参数如表 5.29 所示。

表 5.29　事务隔离级别可使用参数

参数名	描述
SERIALIZABLE	串行化，最高等级事务隔离
READUNCOMMITTED	读已提交
READCOMMITTED	读未提交
REPEATABLEREAD	可重复读

5.10　锁　机　制

在一般的业务逻辑的实现过程中，需要保证并发情况下数据的准确性，以确保某一数据在操作过程中不再被其他操作影响。为了保证数据访问的排他性，框架结合悲观锁（Pessimistic Locking）和乐观锁（Optimistic Locking）来实现加锁机制。

5.10.1　悲观锁

悲观锁指的是对数据被外界修改保持保守态度，因此在整个数据处理过程中，将数据置于锁定状态，并且只有数据库层锁机制才能保证数据访问的排他性。

因此框架依靠数据库提供的锁机制，也就是数据库行锁机制（for update）来设计悲观锁。框架通过 Query 对象中的 setLock 方法，根据参数 lockMode（锁类型）构建 for update 子句来对数据加锁。加锁后，在本次事务提交之前，外界无法修改这些数据，事务提交时才会释放事务过程中的锁。lockMode 支持的锁类型如表 5.30 所示。

表 5.30　锁类型

参数名	描述
OPTIMISTIC	乐观锁
PESSIMISTIC_READ	共享锁
PESSIMISTIC_WRITE	排他锁

5.10.2　乐观锁

相对悲观锁而言，乐观锁机制采取了更加宽松的加锁机制。悲观锁大多数情况下依靠数据库的锁机制，以操作最大程度的独占性。但随之而来的就是数据库性能的大量开销，特别是对长事务而言，这样的开销往往无法承受。

而框架的乐观锁不需要借助数据库的锁机制而是基于数据库版本（Version）记录机制实现的，即为数据增加版本标识。框架通过对实体类中对应数据版本字段添加@Version 配置来开启乐观锁，读取出数据时，将版本号一同读出，之后在每次更新时，对该版本号加 1。此时，将提交数据的版本数据与数据库表对应记录的当前版本信息进行比对，如果提交的数据版本号大于数据库表当前版本号，则予以更新，否则提示该数据是过期数据。

需要注意的是，乐观锁机制往往基于系统中的数据存储逻辑，因此也具备一定的局限性。如有些例子，由于乐观锁机制是在我们的系统中实现，来自外部系统的用户余额更新操作不受系统控制，因此可能会造成非法数据被更新到数据库中。乐观锁执行流程如图 5.10 所示。

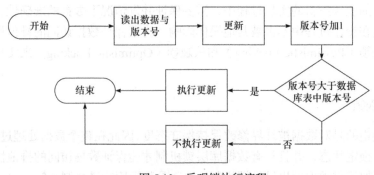

图 5.10　乐观锁执行流程

5.11　日　志

日志是记录系统运行过程中各种重要信息的文件，在系统运行过程中创建并记录。日志的作用是记录系统的运行过程及异常信息，为快速定位系统运行中出现的问题及开发过程中的程序调试问题提供详细信息。

日记模块的主要任务有调试日志以及记录日记文件。因此框架采用主流开源日志项目 Log4js 记录框架执行日志，并提供默认两种日志模式。第一种为 debug 调试日志模式，主要是将执行的 SQL 语句打印到项目运行的控制台，方便开发者编程调试。第二种为 fileLog 文件日志模式，主要是将框架执行的 SQL 语句打印到指定的存储文件中，记录框架运行的操作历史，方便项目上线后寻找问题和恢复出错数据。当 SQL 执行错误时，也需要提醒错误信息。

基于上述设计，框架设计 Logger（日志类）模块进行日志管理，在框架初始化时，会根据 debug 和 fileLog 的值完成日志管理器的初始化。日记中相关方法和提供的日志可配置属性分别如表 5.31 和表 5.32 所示。

表 5.31　Logger 类相关方法

方法名	描述	参数	返回值
init	初始化日志管理器	debug：是否开启 debug 模式； fileLog：是否开启文件日志	无
log	写日志到控制台	sql：SQL 语句； params：SQL 语句参数	无
error	写错误消息	err：SQL 执行错误	无

表 5.32　日志可配置属性

属性名	描述
debug	调试日志模式（true 或 false）
fileLog	文件日志模式（true 或 false）

第6章 Nodom 框架

6.1 概　　述

框架是整个或部分系统的可重用设计，表现为一组抽象构件及构件实例间交互的方法，是一种可被应用开发者定制的应用骨架，MVVM 架构[74]模式是在经典的 MVC 模式[75]上发展起来的一种架构模式，这种模式主要用于构建基于事件驱动的 UI 平台，对于前端开发领域中数据与界面相混合的情况特别适用。为此，团队自主研发的一款前端 MVVM 模式框架 Nodom，采用 TypeScript 开发，基于数据驱动渲染、内置路由，提供数据管理功能，支持模块化、组件化开发。在不使用第三方工具的情况下可独立开发完整的单页应用。

Nodom 框架支持渐进式开发，框架内部会将传入的容器作为框架处理的入口。以模块为单位进行应用构建，一个应用由单个或多个模块组成。定义模块时，为提升模块重用性，通过 template 方法返回字符串形式（建议使用模板字符串）的模板代码，作为模块的视图描述。通过 data 方法返回模块所需的数据对象，框架再对其做响应式处理，对于响应式处理后的数据对象，框架称其为 model 对象，并存储在模块实例中。

框架整体架构包括核心模块、支撑模块。核心模块包括：

（1）Model 模块：负责响应式数据管理；

（2）Module 模块：负责模块相关操作；

（3）Render 模块：负责模块渲染；

（4）Compiler 模块：负责编译，将模块的模板代码编译成虚拟 dom 树。

为了加强模块之间的联系，框架在模块之间提供 props 来传递数据。除根模块外，每个模块在进行模板代码解析、执行模块实例的 template 方法时，会将父模块通过 dom 节点传递的属性以对象的方式注入，也就是说，子模块可以在自己的 template 函数内，依据传入的 props 动态创建模板。借助模板字符串的加持，可以使用包含特定语法（${expression}）的占位符，很大程度地拓展了模板代码的灵活度。在占位符内可以插入 JavaScript 表达式。

框架数据传递为单向数据流，props 可以实现父模块向子模块的数据传递，但这是被动的传递方式，如果需要将其保存至子模块内的代理数据对象，可以在传递的属性名前，加上 $ 前缀，框架会将其传入子模块的根 model 内，实现响应式监听。注意：以 $ 前缀开头的 props 属性，如果对应的是一个对象，该对象将被两个（或多个）模块的 model 引用，对象内数据的改变会造成两个（或多个）模块的渲染。

为了增强 dom 节点的表现能力，框架根据实际业务开发中的需求，实现了 14 种指令。指令以 "x-" 开头，以设置元素属性（attribute）的形式来使用。指令具有优先级，按照数字从小到大，数字越小，优先级越高。优先级高的指令优先执行。

框架在编译过程中减少了对 AST 整体结构遍历的次数，高效完成模板编译。在渲染过程中采用 diff 算法来实现增量渲染时的性能优化，diff 算法用于对比虚拟 dom 来实现变化侦测，然后更新有差异的 dom 节点，最终达到以减少操作真实 dom 更新视图的目的。框架使用多种优化手段对传统 diff 算法进行综合优化，包括：同层对比策略、子节点更新策略、静态节点检测。框架创新性地将对节点的更新操作进行抽象化处理，使框架内部可动态地更改节点操作集，大幅度地提升了渲染性能。值得一提的是框架独创数据隔离机制，将节点对应的响应式依赖对象划分至最细粒度。在框架处理流程中，根据节点的依赖层次，给其绑定最细粒度的数据。数据间相互隔离，减少重复渲染以及错误渲染问题的发生，使渲染性能还有进一步优化空间。节点既有自身的数据独立性，又保持了和其他数据模型的联系。

接下来从设计角度对框架进行进一步阐述。

6.2 Module 模块设计

Module 模块是 Nodom 框架的核心部分，Nodom 框架以 Module 为基本单位进行应用构建，一个应用由单个或多个模块组成。

模块定义需要继承 Nodom 框架提供的模块基类 Module，基类 Module 中定义了两个可以由子类重载的方法：

（1）Template。

返回模板代码字符串，作为模块的视图描述，这可以提升模块重用性。

（2）Data。

继承于基类 Module 的子类中自定义的模块方法会经 Nodom 事件处理机制，将这些自定义模块方法绑定到使用这些方法的场景中去执行，使用这些事件的场景有表达式、指令、生命周期、钩子函数等。

模块实例创建流程图如图 6.1 所示。

图 6.1   模块实例创建流程图

模块实例从创建到卸载会经历一些特定的阶段,Nodom 模块中定义了一系列生命周期钩子函数,方便开发者在模块生命周期的各个阶段做特定的工作。每个钩子函数名字是由 Nodom 框架定义好了的,在钩子函数中可以执行开发者想在特定时刻执行的方法。所有生命周期钩子函数如表 6.1 所示。

表 6.1   生命周期钩子函数说明

方法名	描述	参数	this 指向
onBeforeRender	渲染前执行事件	Model:数据模型	当前模块实例
onBeforeFirstRender	首次渲染前执行事件	Model:数据模型	当前模块实例
onBeforeFirstRenderToHTML	首次渲染到 HTML 执行事件	Model:数据模型	当前模块实例
onFirstRender	执行首次渲染后事件	Model:数据模型	当前模块实例
onBeforeRenderToHTML	增量渲染到 HTML 前执行事件	Model:数据模型	当前模块实例
onRender	执行每次渲染后事件	Model:数据模型	当前模块实例
onMount	挂载到 HTML 树中执行事件	Model:数据模型	当前模块实例
onUnmount	从 HTML 树中解除挂载执行事件	Model:数据模型	当前模块实例

Module 模块工作的角色像是 Nodom 框架的引擎,Module 的属性会存储框架运行的核心信息,Nodom 运行开始后 Compiler 解析器会进行模板代码编译,编译生成的 Virtual Dom 会存入 originTree,解析的指令、表达式、事件等信息都会存储在虚拟 dom 相应的属性中。之后 Module 会调用 render 方法进行渲染,渲染的方式分为首次渲染和增量渲染,决定渲染方式的条件是判断 renderTree 是否存在,若不存在进行首次渲染,反之进行增量渲染。Module 属性说明如表 6.2 所示。

表 6.2   Module 属性说明

属性名	描述
id	模块 Id(全局唯一)
model	模型,代理过的 data
modules	子模块类集合
props	父模块通过 dom 节点传递的属性
originTree	Compiler 解析器编译后的 dom 树

续表

属性名	描述
renderTree	渲染树
parentId	父模块 Id
children	子模块 Id 数组
state	模块状态
container	放置模块的容器
preRenderOps	前置渲染序列
postRenderOps	后置渲染序列
objectManager	对象管理器
eventFactory	事件工厂
changedModelMap	更改 model 的 map 用于记录增量渲染时更改的 model
keyNodeMap	用于保存每个 key 对应的 HTML Node
keyElementMap	用户自定义 key-HTML Element 映射
keyVDomMap	key 虚拟 DOM Map
dontAddToRender	不允许加入渲染队列标志
srcDom	来源 dom，子模块对应 Dom
domKeyId	生成 dom 时的 keyId，每次编译置 0
oldTemplate	旧模板串
srcElement	源节点对应的 HTML Element

Module 可操作方法说明如表 6.3 所示。

表 6.3　Module 可操作方法说明

方法名	描述	参数	返回值
init	初始化	无	无
template	模板串方法	props：在模板容器 dom 中进行配置，从父模块传入	模板串
data	数据方法	无	model 数据
render	模型渲染	无	无
doFirstRender	执行首次渲染	root：根虚拟 dom	无
addChild	添加子模块	module：模块 id 或模块	无

方法名	描述	参数	返回值
active	激活模块	deep：是否深度 active	无
unactive	取消激活	deep：是否深度遍历； notFirstModule：不是第一个模块	无
getParent	获取父模块	无	父模块
doModuleEvent	执行模块事件	eventName：事件名	执行结果
getMethod	获取模块方法	name：方法名	方法
setContainer	设置渲染容器	el：容器	无
invokeMethod	调用方法	methodName：方法名	执行方法
addRenderOps	添加渲染方法	foo：方法函数； flag：标志，0：渲染前执行；1：渲染后执行； args：参数； once：是否只执行一次	无
doRenderOps	执行渲染方法	flag：标志，0：渲染前执行；1：渲染后执行	无
setProps	设置 props	props：属性值； dom：子模块对应节点	无
compile	编译	无	无
mergeProps	合并属性	dom：dom 节点； props：属性集合	是否改变
getNode	获取 Node	key：dom key	HTML Node
saveNode	储存 Node	key：dom key	HTML Node
getElement	获取用户 key 定义的 HTML	key：用户自定义 key	HTML element
saveElement	保存用户 key 定义的 HTML	key：用户自定义 key	HTML element
getVirtualDom	获取 key 对应的 virtual dom	key：vdom key	virtual dom
saveVirtualDom	保存 key 对应的 virtual dom	key：vdom key	virtual dom
removeNode	从 keyNodeMap 中移除	dom：虚拟 dom； deep：深度清理	无
clearDomCache	移除 dom cache	key：dom key； deep：深度清理	无
getOriginDom	从 origin tree 获取虚拟 dom 节点	key：dom key	无
getDomKeyId	获取 dom key id	无	key id

ModuleFactory 模块工厂是存储、提取以及销毁 Module 实例的地方。模块工厂中定义了两个 map：

（1）modules：用于存储模块实例对象；

（2）classes：用于存储模块类。

ModuleFactory 模块工厂中可操作方法 getInstance 获取用户定义模块的实例对象，其他可操作方法是对两个 map 的存储管理。ModuleFactory 属性说明如表 6.4 所示。

表 6.4　ModuleFactory 属性说明

属性名	描述
modules	存储模块实例对象
classes	存储模块类
mainModule	主模块

ModuleFactory 可操作方法如表 6.5 所示。

表 6.5　Module 可操作方法说明

方法名	描述	参数	返回值
add	添加模块实例到 modules	item：模块实例	无
get	从 modules 中获取模块实例	name：类、类名或实例 id	实例对象
hasClass	是否存在模块类	clazzName：模块类名	存在返回 true，否则返回 false
addClass	添加模块类	clazz：模块类；alias：注册别名	无
getInstance	获取模块实例	clazz：模块类或类名	返回生成的模块实例
remove	从工厂移除模块	id：模块 id	无
setMain	设置主模块	m：模块	无
getMain	获取主模块	无	返回主模块实例

6.3　Model 模块设计

Nodom 的设计基于数据驱动，当数据发生改变时会驱动虚拟 Dom 的渲染。而模型作为模块的数据提供者，绑定到模块的数据对象都由模型管理。在实际应用中，绝大部分地方都是直接操作模块绑定的数据对象，但在少数地方必须使用 Model 才能赋予数据增强的 Model 能力。

模型类的核心任务是为模块提供数据代理对象，从而对数据进行更好地操作和管理。在生成代理对象的过程中，首先通过入口文件 nodom.ts 进行一些初始化工作，涉及的模块包括调度器 Scheduler、渲染器 Renderer，主要完成渲染器启动渲染，即首先将渲染器添加到调度器的任务列表里，接着启动调度器并执行调度。此时，调度器会遍历整个任务列表，检查每个任务是否合法。对于合法任务，如果为它提供了新的 this 值，则该任务中使用此 this 值，如果没有提供则直接执行任务。然后就是创建代理。

第一步，创建好代理对象后需要为其添加 $watch、$get、$set 方法和 $key 属性，分别用于监视数据项的变化、获取属性值、设置属性值以及 model 的一个 key 值。每当数据代理对象发生改变时，都需要更新模型管理器 ModelManager，并对模型绑定的模块进行渲染。由于每个 model 都有对应的 modelkey，所以更新渲染时通过 modelkey 得到 model 绑定的所有模块的 id 数组 modules，然后遍历 modules 将对应模块添加到渲染列表中。如果 model 中有监听器，则还需更新监视对象或监视属性所对应的值。

第二步，将建立好的代理添加到 ModelMap。在模型管理器 ModelManager 中通过一个 map 对象来存放 model 的相关信息，每个键值对的样式为 {modelkey:{data:data,model:model,modules:[]}}，其中 modelkey 表示 model 的 key 值，data 是原始数据，model 为数据代理对象，modules 为该数据对象绑定的模块 id 数组。

第三步，将模型绑定到模块。这一步通过模型的 key 值找到 ModelMap 中对应的 Model 并取出其对应的值，如果该 Model 的 Modules 数组中已经存在当前模块的 id，则跳过绑定，否则将当前模块的 id 加入 Modules 数组。如果 model 中存在值类型为 "object" 的属性，那同时还需要进行子模型级联绑定到模块上。

第四步，重载数组删除元素的方法。如果数据对象是一个数组，那么需要重载删除元素的方法。包括：splice（删除指定位置的元素）、shift（删除第一个元素）、pop（删除最后一个元素）。

模型方法：

（1）$watch 方法。

该方法用于监视数据项，以便在数据项发生改变时能够及时完成相应动作。在监视数据项时，需要先获取该 Model 绑定的所有模块的 Id 数组 mids。如果监视的是数据项数组，则遍历该数组调用 watchOne（）函数分别处理每一个数据项，否则直接处理。

watchOne 函数用于单独处理一个数据项，处理时需要先判断传入的数据项中是否包含"."字符，即该数据项是否是一个对象的属性。如果是，则需要将该数据项对应的 Object 对象提取出来并将该数据项重新赋值为该属性名。然后通过一个对象 listener 来暂时存放 mids 数组和数据项变化时执行的函数。接着查看监听器中存不存在前面的 listener，不存在则添加进去。同时，如果数据项类型是 Object 且需要深度监视，则继续处理它的所有子属性。最后，返回一个用于撤销 watch 的函数。

（2）$get 方法。

该方法用于查看 Model 中某个属性的值。要查看 Model 中的子属性，第一步就是获取到该 Model，然后以同样的方式来判断所要查询的属性是否是层级字段，即是否包含"."字符。如果是，则根据"."字符将传入的属性名切片并保存在数组 arr 中。然后遍历 arr，逐层向内获取数据对象，直到获取到最里层的一个对象 obj 和最后的子属性名 key，那么所要查询的属性的值就是 obj[key]。

（3）$set 方法。

该方法用于设置某个子属性的值。由于一个 Model 可以绑定到多个模块，所以当 Model 中的数据改变时，需要同步处理它绑定的所有模块。首先从模型工厂得到当前 Model 绑定的所有模块的 Id 数组，然后同样需要判断需要设置的属性是否是层级字段，切片后遍历所有子属性名，如果 Model 中不存在当前属性，则创建一个新的 Model，并将此 Model 绑定到前面获取的所有模块上，同时将当前遍历的属性添加到此 Model 上。遍历结束后，可以得到最里面的子属性所对应的 Model，并设置该 Model 上此子属性的值即可。如果设置的新值类型是 Object 且需要绑定到新模块，则将该值作为一个 Model 绑定到新模块上。

Model 初始化流程如图 6.2 所示。

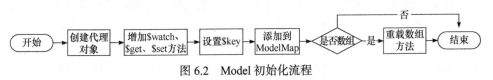

图 6.2　Model 初始化流程

模型类相关变量如表 6.6 所示。

表 6.6　模型类相关变量

变量名	类型	描述
$key	number	model 的 key
$watchers	any	存放监听器

监听器存储样式：{$this:[listener1,listener2,…],$keyName:[listener1,lilstener2,…]}，

第一个为对象监听器，第二个为属性监听器，均允许多个监听。

模型类相关方法如表 6.7 所示。

表 6.7　模型类相关方法

方法名	描述	参数	返回值
constructor	构造函数	data：数据； module：模块对象	proxy：模型代理对象
arrayOverload	重载数组删除元素方法	data：数据	无
$watch	观察某个数据项	key：数据项名； operate：数据项变化时执行的方法； deep：bool 值，表示是否深度观察	无
$get	查询子属性	key：子属性	属性对应的值
$set	设置属性值	key：子属性； value：属性值； module：需要绑定的新模块	无

模型工厂 ModelFactory 用来管理 Model，通过一个 modelMap 来存放 Model 的相关信息，包括每个 Model 对应的 key、原始数据、代理对象以及该数据对象绑定的所有模块的 Id 数组。模型工厂主要可以对 Model 进行以下操作。

（1）添加模型。

当为一个数据创建好代理对象之后，为了对其进行更好的管理则需要先将其添加到 modelMap 中。

（2）删除模型。

在某些时候需要删除一些不用的模型，而删除操作通常在模型类中调用。要删除一个模型，首先就要判断 modelMap 中是否保存有该模型，没有则不需要删除，判断操作通过 Model 的 key 值完成。当通过代理对象删除数据中某个值类型为 object 的属性时，需要同步将该属性所对应的子模型从 modelManager 中删除，然后更新该模型并对该模型所绑定的所有模块进行更新渲染。

（3）获取模型及数据对象。

要获取某个模型或者模型上的数据对象，前提是要确保 modelMap 中存有此模型，通过 Model 的 key 值得到该模型的相关信息对象即可。

（4）绑定 Model 到模块。

一个模型可以绑定一个或多个模块，绑定时首先会通过 Model 的 key 值查找 ModelMap 中是否包含当前模型，没有则无法绑定。如果有，则先将该模型已绑定的模块的 Id 数组 arr 以及需要绑定的模块 Id 取出来，然后查看 arr 中是否已经存在 Id，没有则将 Id 添加到 arr 中即完成绑定。当模型中存在某些属性值的类型为 Object 时，则会将这些属性对应的子模型同时绑定到当前模块上。绑定到多个模块的操作和绑定到一个模块的操作类似。

（5）将 Model 从模块解绑。

要解绑模型，首先 modelMap 中就需要有该模型的信息。解绑时同样是先通过 Model 的 key 值去查找模型，没有则返回。如果有，则判断该模型是否已经绑定模块，没有绑定则不能解绑。如果已绑定，则将当前模块的 Id 从当前模型已绑定的所有模块的 Id 数组中移除，同时还需要解绑当前模型下的所有子模型。

（6）获取 Model 绑定的模块 Id。

该操作用于获取 Model 绑定的所有模块的 Id 数组。通过 Model 的 key 值获取到 model 信息后可以直接得到。

（7）Model 更新驱动渲染。

因为 Nodom 是基于数据驱动的，所以数据改变会驱动页面的渲染。当一个数据模型的数据被修改后，可以通过获取模块 Id 的操作得到该 Model 所绑定的所有模块的 Id 数组，然后遍历这些 Id 将对应的 Module 加入渲染列表。如果 Model 中还存在监听器，则还需要将监听器中数据项修改时所执行的方法中的 this 改为对应的模块。

模型工厂类相关属性如表 6.8 所示。

表 6.8　模型工厂类相关属性

变量名	类型	描述
modelMap	Map<number,any>	存放模型的 map

map 中存储样式为 {modelKey:{data:data,model:model,modules:[]}，其中 modelkey 表示 Model 对应 key，data 为原始数据，model 为代理对象，modules 为该数据对象绑定的模块 id 数组。

模型工厂类相关方法如表 6.9 所示。

表 6.9　模型工厂类相关方法

方法名	描述	参数	返回值
addToMap	添加数据和代理对象到 modelMap	data：数据对象；model：模型	无
delFromMap	从 modelMap 删除对象	key：modelkey	无
getModel	获取 model	key：modelkey	model：模型
getData	获取数据对象	key：modelkey	data：数据对象

续表

方法名	描述	参数	返回值
bindToModule	绑定 Model 到 module	model：绑定的模型； module：绑定的模块	无
bindToModules	绑定 Model 到多个模块	model：绑定的模型； ids：要绑定的模块数组	无
unbindFromModule	从 module 解绑 model	model：绑定的模型； module：绑定的模块	无
getModuleIds	获取 model 绑定的 模块 id	model：绑定的模型	model 绑定的模块 id 数组
update	模型更新渲染	model：模型； key：发生更新的属性； oldValue：旧属性值； newValue：新属性值； force：是否强制渲染	无

6.4　Compile 解析器模块设计

Compiler 解析器作为 Nodom 框架运行的核心模块，它的主要任务是负责将 Nodom 框架模块中的模板代码解析成虚拟 Dom 树。Compiler 解析器是 Nodom 框架中虚拟 Dom 树实现的工具，它的工作步骤繁琐，不断地利用高阶函数来拆分模板代码的整体逻辑，拆分出来的信息会被存储在相应的位置，当模板代码被解析完毕后虚拟 Dom 树就构建完成了。

Compiler 模块属性说明如表 6.10 所示。

表 6.10　Compiler 模块属性

属性名	描述
module	编译模块

Compiler 模块方法说明如表 6.11 所示。

表 6.11　Compiler 解析器方法

方法名	描述	参数	返回值
compile	编译	elementStr：待编译的模板 字符串	compileTemplate（）方法的调用
compileTemplate	编译模板字符串	srcStr：模板字符串	有异常情况则返回异常处理，否 则不返回

续表

方法名	描述	参数	返回值
handleSlot	处理模块子节点为 slot 节点的节点	dom：虚拟 dom 节点	无
postHandleNode	后置处理,包括模块类元素、自定义元素	node：虚拟 dom 节点	无
preHandleText	预处理模板字符串保留字符,如 " "、<、>等	str：待处理的字符串	解析之后的字符串
genKey	产生虚拟 dom 节点唯一 key	无	虚拟 dom 节点 key

Compiler 解析器解析模板代码的核心方法是 compileTemplate,在该力法中 Compiler 解析器会调用各种钩子函数解析模板字符串。

compileTemplate 内部变量说明如表 6.12 所示。

表 6.12　compileTemplate 内部变量说明

属性名	描述
srcStr	正则表达式匹配注释后清理注释
regWhole	正则表达式匹配标签和属性
propReg	正则表达式匹配属性名
regSpace	正则表达式匹配不可见字符
domArr	存储虚拟 dom 节点的数组,初始化置为空数组
closedTag	已闭合的标签,与 domArr 对应,初始化置为空数组
txtStartIndex	文本开始 index,初始值设为 0
propName	属性名
isPreTag	判断标签是否是 pre 标签,初始值设为 false
templateCount	template 计数器,初始值设为 0
templateStartIndex	模板开始 index,初始值设为 0
tagName	记录当前匹配到的标签名
exprStartIndex	表达式开始 index,初始值设为 0
exprCount	表达式计数器,初始值设为 0
dom	当前 dom 节点
result	正则式匹配结果

compileTemplate 内部方法说明如表 6.13 所示。

表 6.13　compileTemplate 内部方法说明

方法名	描述	参数	返回值
finishTag	标签结束，处理虚拟 Dom 栈内 Dom 层级关系	ftag：结束标签	无
finishTagHead	标签头结束重置相关属性	无	无
handleProp	处理标签属性	value：属性值	无
handleExpr	处理表达式	无	无
handleText	处理文本字符串为文本节点	txt：文本字符串	无
setTxtDom	新建文本虚拟节点	txt：文本字符串	无

Compiler 编译流程如图 6.3 所示。

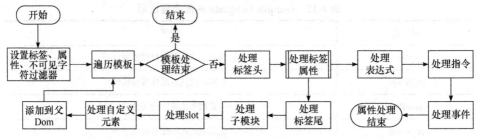

图 6.3　Compiler 编译流程

Compiler 模块的工作流程分为以下两步。

（1）正则表达式分解模板代码。

核心方法 compileTemplate（）中定义分解模板代码的正则表达式 regWhole，将模板代码分为 9 类规则进行匹配，这 9 类规则分别是：

（a）/'[\s\S]*?'/g：匹配单引号包裹的属性值。

（b）/"[\s\S]*?"/g：匹配双引号包裹的属性值。

（c）/`[\s\S]*?`/g：匹配模板字符串。

（d）/{{{*/g：匹配表达式语法的左双大括号 "{{"。

（e）/}*}}/g：匹配表达式语法的右双大括号 "}}"。

（f）/[\w$-]+（\s*=）?/g：匹配标签属性。

（g）/<\s*[a-zA-Z][a-zA-Z0-9-_]*/g：匹配 "<标签名"，此处标签名可以是 HTML 规则下的标签名，或者是 Nodom 框架自定义元素标签名，也可以是模块注册后的模块名。

（h）/\/?>/g：匹配 ">" 或者 "/>"。

（i）\<\/\s*[a-zA-Z][a-zA-Z0-9-_]*>\g：匹配 "</标签名>"，此处标签名可以是 HTML 规则下的标签名，或者是 Nodom 自定义的元素标签名，也可以是模块注册后的模块名。

模块代码的分解是用 regWhole 正则表达式不停地遍历来匹配模板代码字符串中符合上述 9 类规则的字符串，每当匹配成功时就会进行特定处理。

（2）解析字符串并构建虚拟 Dom 树。

一个虚拟 Dom 节点具有父节点和子节点，所以构建虚拟 Dom 树是有层级关系的。层级关系的实现需要维护一个栈，用栈来记录层级关系，这个层级关系也可以理解为虚拟 Dom 树的深度。

Compiler 模块解析模板代码的过程是循环的过程，简单来说就是用模板代码来循环，每轮循环都从模板字符串中截取一小段字符串，这一小段字符串可能是开始标签，也可能是结束标签等。然后根据截取到的字符串触发不同的解析钩子函数，构建出不同的节点。随后通过栈来得到当前正在构建的节点的父节点，然后将构建出的节点添加到父节点的 children 中。当遍历结束后，一个完整的带 Dom 层级关系的虚拟 Dom 树就构建完成。

在 compileTemplate 方法中会定义两个栈，分别是 domArr 用来存储虚拟 Dom 节点，以及维护虚拟 Dom 节点直接层级关系；closedTag 用来记录虚拟 Dom 节点标签是否闭合，与 domArr 对应。

截取的字符串的具体处理方式如下。

（a）截取的字符串符合 "<标签名" 的形式：表示标签头开始，会新建虚拟 Dom 实例对象，该对象会存储 tagName、key 以及初始化虚拟 Dom 节点的信息。然后将该虚拟 Dom 实例对象推入栈 domArr 中，并在另一个栈 closedTag 中对应位置记录标签开闭信息。

（b）截取的字符串符合 ">" 的形式：表示标签头结束，会调用 finishTagHead 方法去重置一些参数。

（c）截取的字符串符合属性的匹配规则：先判断当前虚拟 Dom 实例对象和实例对象内 tagName 是否存在，如果存在则分两种情况对属性进行处理。如果截取的字符串不是以 "=" 结尾，则该属性是无值属性，先用 propName 记录 "=" 前的字符串，再调用 handleProp 函数处理，在该函数中会判断属性类型将其分为三类处理：第一类该属性是指令，会在该虚拟 Dom 实例对象中添加指令；第二类该属性是事件，会在该虚拟 Dom 实例对象中添加事件；第三类该属性是普通属性，在虚拟 Dom 实例对象中调用 setProp 方法设置属性。否则只用 propName 记录 "=" 前的字符串。

（d）截取的字符串符合单引号、双引号或反引号包裹的属性值：先判断当前 propName 是否记录属性名，如果是则调用 handleProp 方法，并将截取的字符串作为参数传入该方法中。在 handleProp 方法中会先去除参数字符串包裹的单引号、双引号或者反引号，然后用 value 保留剩余的值。最后会判断属性类型将其分为三类处理：第一类该属性是指令，会在该虚拟 Dom 实例对象中添加指令；第二类该属性是事件，会在该虚拟 Dom 实例对象中添加事件；第三类该属性是普通属性，在虚拟 Dom 实例对象中调用 setProp 方法设置属性。否则只用 propName 记录"="前的字符串。

（e）截取的字符串是表达式的左双大括号"{{"：会先记录表达式的起始位置，再将表达式计数器加一。

（f）截取的字符串是表达式的右双大括号"}}"：先将表达式计数器减一，再调用 handleExpr 方法。在 handleExpr 方法中会先处理表达式前的文本字符串，然后新建表达式的实例对象。再根据当前虚拟 Dom 是标签节点还是文本节点进行不同处理。如果是标签节点，表示该表达式是属性值，将其存入相应属性的 value 中；如果是文本节点，则将当前文本节点的 textContent 与该表达式一起推入文本节点的 expressions 属性中。

（g）截取的字符串是"/>"：表示标签结束，调用 finishTag 方法设置标签闭合，并重置一些参数。

（h）截取的字符串是"</标签名>"：表示标签结束，将当前截取到的字符串作为参数传入 finishTag 方法。在该方法中如果有参数传入，先提取参数中的标签名记为 tag，然后会进行虚拟 Dom 层级操作，利用 domArr 栈和 closedTag 栈，遍历查找 tagName 属性值与 tag 值相等的虚拟 Dom，如果找到，则会将 domArr 栈中该虚拟 Dom 后的所有节点作为该虚拟 Dom 节点的孩子节点，将 closedTag 栈中对应于标记该节点的是否闭合的位置置为 true，并删除 domArr 栈和 closedTag 栈，该位置的后续节点和标记都删除。

6.5　渲染器模块设计

框架的渲染是基于数据驱动的，也就是说只有 Model 内的数据发生了改变，当前模块才会触发重新渲染的操作。渲染时，Nodom 将新旧两次渲染产生的虚拟 dom 树进行对比，找到变化的节点，实现操作真实 dom 最小集。

在这里，我们还要讨论一下接下来要使用到的 props。框架在模块之间提供 props 来传递数据，props 可以实现父模块向子模块的数据传递。在使用 props 的场景下，如果我们传递的属性值发生改变，那么子模块会先触发编译模板的过程，再进行渲染操作，也就是模块重新激活。特殊地，在 props 中，对于传递 Object 类型的数据，每次渲染，框架会将该模块默认为数据改变。如果不想重新激活模块，框架提供单次渲染模块。单次渲染模块只有在首次渲染时才会接收 props，随后无论 props 如何变化，都不会影响到模块本身。单次渲染模块需要在模块标签内附加 "renderOnce" 属性。

渲染器模块首先进行的是对 dom 的渲染，当源 dom 节点是文本节点时，将源 dom 的内容赋值给虚拟 dom，反之将其标签名和所带的属性 props 赋给虚拟 dom。首先要确定当前的虚拟 dom 树的根，若没有父节点，则将这个虚拟 dom 作为当前模块的根。若有相应的父节点，没有模型，则将父节点的模型作为当前的模型，然后设置父对象。

当源 dom 的指令集中有 model 指令时，先执行 model 指令。如果虚拟 dom 是标签节点且需要渲染时，就会处理属性；如果源 dom 的属性为空，则返回，反之根据源 dom 的 props 是否需要数组合并。若需要数组合并操作，如果元素是表达式，那么先进行表达式计算，再进行合并；如果元素不是表达式，就直接合并，props 中若有 style 或 class，就保留，反之就加入空格。若不需要数组合并操作，如果属于表达式，就进行表达式计算，并置静态标识数为–1；如果不属于表达式，就直接将其保存在 value 中，最后将其赋给虚拟 dom 的 props。当处理完属性后，会对标签 style 进行处理，如果是 style 标签，则不处理 assets 和 events；如果也不需要处理指令，就返回虚拟 dom。接下来就是把源 dom 事件复制到事件工厂，对其子节点也进行 dom 渲染操作。

当虚拟 dom 不是标签节点且需要渲染时，首先判断源 dom 是否是文本节点，如果是文本节点，则通过判断其内容是否是表达式，如果是，则进行表达式操作，然后将结果赋给虚拟 dom。同时将虚拟 dom 的静态标识数置为–1，之后就不进行比较。如果文本节点的内容不是表达式，则直接将内容赋给虚拟 dom。当源 dom 不是文本节点时，就将源 dom 的内容赋给虚拟 dom。

以上操作执行完后，若该节点存在父亲节点那就将该虚拟 dom 添加到 dom 树中。

处理指令时，首先判断源 dom 的指令集是否为空，当源 dom 的指令集为空时直接返回 true，表示继续执行渲染代码；当源 dom 的指令集不为空时，先将其静态标识数置为–1，表示静态，不进行比较。在处理指令集时，如果是 model 指令，就不进行处理，当处理指令返回为 false 时，就不执行后续渲染代码。当源 dom 的指令集被执行完后，整个处理指令流程结束，返回 true。

接下来渲染器进行的就是将虚拟 dom 渲染为 HTML Element。当 HTML Dom 节点已存在时，如果节点是标签节点，先为其设置属性，然后清理多余的属性。如果节点是文本节点，渲染节点的文本内容赋给该节点。当 HTML dom 节点不存在时，如果渲染节点是标签节点，则新建 element 节点；如果渲染节点是文本节点，则新建文本节点。接下来为了避免频繁添加，采用先创建子节点，再添加到

HTML dom 树的策略。

当需要新建 element 节点时，首先会判断虚拟 dom 是否是 style，若是 dom，则不做处理；若不是 style，则创建 element 并保存虚拟 dom。接下来把 element 引用与虚拟 dom 的关键字（key）的关系存放在缓存中，保存自定义 key 对应的 element。接下来子模块容器的处理由子模块处理，设置属性，处理事件，最后返回新建的 element 节点。

当需要新建文本节点时，首先对样式表进行处理，如果是样式表文本，则不添加到 dom 树，反之则创建节点，把 element 引用与虚拟 dom 的关键字（key）的关系存放在缓存中，并返回新建的 element 节点。

生成子节点的过程，如果虚拟 dom 节点的孩子节点存在且长度大于 0，遍历该虚拟节点的所有孩子节点，当其子节点为 element 节点时，继续对其孩子节点进行递归操作，即生成子节点，但子节点为文本节点时，则新建文本节点，不用继续生成子节点。最后将其加入到父节点的孩子序列中。

在处理更改的 dom 节点时，根据更改的 dom 参数数组执行操作，分别为增加、修改、删除、移动和替换操作。渲染器参数和方法分别如表 6.14、表 6.15 所示。

表 6.14　渲染器参数

属性名	描述
waitList	等待渲染列表（模块名）
currentModuleRoot	当前模块根 dom

表 6.15　渲染器方法

方法名	描述	参数	返回值
add	添加到渲染列表	module	无
render	队列渲染	无	无
renderdom	渲染 dom	module：模块； src：源 dom； model：模型； parent：父 dom； key：附加 key	无
handleDirectives	处理指令	无	true：继续执行； false：不执行后续渲染代码
handleProps	处理属性	无	无

续表

方法名	描述	参数	返回值
renderToHtml	渲染为 HTML element	module：模块； src：渲染节点； parentEl：父 HTML Element； isRenderChild：是否渲染子节点	无
newEl	新建 element 节点	dom：虚拟 dom	新的 HTML element
newText	新建文本节点	dom：虚拟 dom	新的文本节点
genSub	生成子节点	pEl：父节点； vdom：虚拟 Dom 节点	无
handleAssets	处理 assets	dom：虚拟 Dom； el：HTML element	无
handleChangedDoms	处理更改的 dom 节点	module：待处理模块； changedoms：更改的 dom 参数数组	

渲染流程如图 6.4 所示。

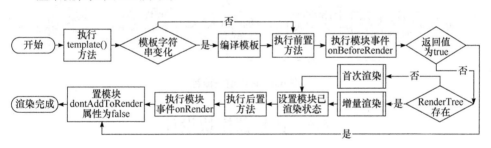

图 6.4 渲染流程

在模型渲染的过程中，如果模块的状态为"UNACTIVE"，则不进行渲染操作。在渲染 dom 前将该模块的不允许加入渲染队列标志置为 true，避免 render 修改数据引发二次渲染，之后对模板进行检测，如果模板有变化，就进行编译。如果编译后的 dom 树不存在，就不进行渲染。当该模板需要进行编译时，先执行前置方法，若执行 onBeforeRender 事件后返回 true，则不进行渲染。如果渲染树不存在，就进行首次渲染。若渲染树存在，就进行增量渲染，执行每次渲染前的操作，比较节点，执行更改操作。在渲染操作结束后，将该模块的状态置为"RENDERED"，然后执行后置方法、执行每次渲染后事件。

在执行首次渲染时，先执行首次渲染前事件，然后渲染树，渲染为 HTML element，同时对子模块也进行相应操作。最后执行首次渲染后事件。

增量渲染流程如图 6.5 所示。

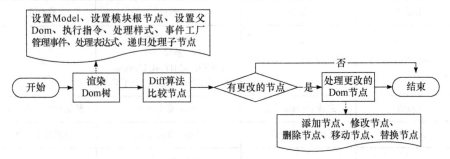

图 6.5 增量渲染流程

首次渲染流程如图 6.6 所示。

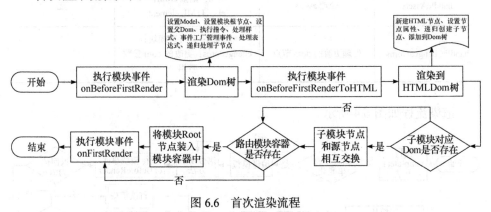

图 6.6 首次渲染流程

6.6 比较器模块设计

在原始的 diff 算法中需要循环递归遍历节点依次进行比较,虽然比起没有 diff 算法之前有所优化,依旧效率比较低,compare 方法对此做了一些改变。

比较器模块的任务是比较新旧树节点,将其改变的节点加入数组,对改变的节点进行添加删除等操作。比较器方法如表 6.16 所示。

表 6.16 比较器方法

方法名	描述	参数	返回值
compare	比较节点	src: 待比较节点; dst: 被比较节点; changeArr:增删改的节点数组	操作类型, 操作节点, 被替换或修改的节点, 父节点, 位置

续表

方法名	描述	参数	返回值
sameKey	判断是否有相同的 key	src：源节点； dst：目标节点	true：相同 key； false：不相同 key
addChange	添加删除替换操作	type：1 表示增加，2 表示更新， 3 表示删除，4 表示移动， 5 表示替换； dom：虚拟节点； dom1：相对节点； parent：父节点； loc：移动时，0 表示相对节点前， 1 表示相对节点后	将相关属性加入到增、 删、改的节点数组

在 compare 方法中有三个参数分别是 src（待比较节点）、dst（被比较节点）、changeArr（增、删、改的节点数组）三个参数。compare 方法在节点开始比较前根据节点类型的不同有不同的策略。相应方法解决相应类型问题，在子节点的对比中也有子节点对比策略。在进行新旧节点的 compare 操作后，若节点提前移动，则跳过这个节点从而减少移动操作，sameKey 方法会确定一遍 src 和 dst 是否有相同 key 来确定是否还能减少不必要的移动次数。当有新增节点或删除节点时则对 children 数组进行相应操作，最后进行真实 dom 的渲染。

在比较节点的过程中，首先对待比较节点进行类型判断，

如果待比较节点（简称 N1）和被比较节点（简称 N2）都是文本节点，或 N1 和 N2 需要进行比较且 N1 和 N2 文本内容不同时，则需要进行更新操作。当待比较节点与被比较节点类型不同时，就进行替换操作。

当待比较节点是标签节点时，其相同的子模块节点不比较，直接返回。当待比较节点和被比较节点的节点类型不同时，就进行替换操作。如果待比较节点和被比较节点的节点类型相同，但其中有一个不是静态节点时，就会进行属性比较，发现节点属性不相符，就进行替换操作。

当节点进行比较后，就会将其静态标识置为 0，之后不进行比较。当待比较节点没有子节点时，就会将被比较节点的子节点全部进行删除操作。当待比较节点有子节点且被比较节点没有子节点时，就进行添加操作。

待比较节点和被比较节点都有子节点时，且其子节点都有孩子节点时，有以下情况。

（1）待比较节点和被比较节点的第一个子节点的关键字（key）相同时：将其进行比较，即待比较节点和被比较节点的第一个子节点进行比较，然后比较待比较节点和被比较节点移向其下一个子节点。

（2）待比较节点和被比较节点的尾节点的关键字（key）相同时：将其进行比较，即待比较节点和被比较节点的尾子节点进行比较，然后比较待比较节点和被比较节点移向其上一个子节点。

（3）待比较节点的第一个子节点和被比较节点的尾节点相同时：将其进行比较，即待比较节点的第一个子节点和被比较节点的尾子节点进行比较，将被比较节点的尾节点移动到操作的老节点前面，同时待比较节点移向下一个子节点，被比较节点移向上一个子节点。

（4）待比较节点的尾节点和被比较节点的第一个子节点相同时：将其进行比较，即待比较节点的尾节点和被比较节点的第一个子节点进行比较，将被比较节点的尾节点移动到节点尾部，同时待比较节点移向上一个子节点，被比较节点移向下一个子节点。

（5）其他情况：跳过插入点会提前移动的节点，添加需要的节点，同时待比较节点移向其下一个子节点。

待比较节点和被比较节点比较之后，有新增或删除节点，被比较节点没有子节点或待比较节点没有子节点，有以下情况：

（1）被比较节点没有子节点时，将待比较节点的所有节点按照顺序添加到被比较节点上。

（2）被比较节点有子节点时，先判断被比较节点的子节点是否在添加列表中，如果在就进行移动操作；如果不在，就进行删除操作。

Diff 算法的流程如图 6.7 所示。

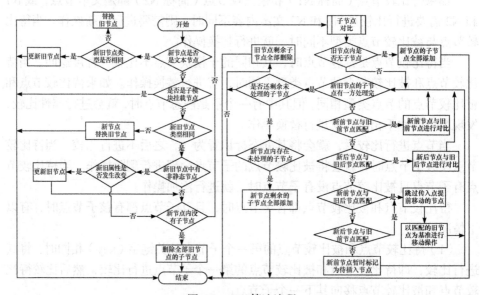

图 6.7　Diff 算法流程

compare算法通过对比虚拟dom找出最小差异，达到最小次数操作dom目的。同时虚拟dom是js的对象，有利于进行跨平台操作。

6.7 存储器模块设计

对于跨越多个模块层次的数据传递，框架提供一个 GlobalCache 来管理共享数据。GlobalCache 内置 get、set、remove、subscribe 方法以便操作数据。

存储器模块的主要任务是将数据存储在内存中，缓存空间是一个 Object，以 key-value 的形式存储在内存中，key 的类型是 String，支持多级数据分割，例如 China.captial，value 支持任意类型的数据。可以通过键名从内存中取到相应的值或者移除内存，也可以将键名和所对应的值存储在内存中。通过键名来进行操作时，支持多级数据分割，即将字符 "." 分隔开来。另外，还提供对指令实例、指令参数、表达式实例、事件实例、事件参数、虚拟 Dom、HTML 节点以及 dom 参数在内存中进行存储、获取和移除等操作。

在订阅部分，会判断该部分是否订阅，如果没有，则进行订阅。如果通过字段 key 获得值，则执行订阅回调。订阅模块主要用在模块之间的通信上。

在全局缓存部分，首先创建一个存储器实例，然后在实例上进行保存、读取、订阅、移除操作，同存储器模块相同。存储器方法如表 6.17 所示。

表 6.17 存储器方法

方法名	描述	参数	返回值
get	通过键名从内存中拿到相应的值	key：键	值或 underined
set	通过提供的键名和值将其存储在内存中	key：键	value
remove	通过提供的键名将其移除	key：键	无
subscribe	订阅	module：订阅的模块；key：字段 key；handler：回调函数，参数为 key 对应的 value	无
invokeSubscribe	调用订阅方法	module：模块；foo：方法或方法名；v：值	无

6.8　表达式模块设计

表达式功能强大，是实现数据绑定的方式之一。在表达式内，可以访问模块实例与表达式所在节点对应的 model，赋予了表达式较高的灵活性，常见的用法包括：获取实例数据、调用模块方法以及访问模块属性。在视图模板内，表达式用途广泛，包括：指令取值、数据预处理、展示数据以及编写动态属性值。如果表达式内的计算结果产生不可预知的错误，默认地，会返回空字符串，确保程序运行时不会出错。在代码中使用双大括号 {{}} 包裹响应式数据的模板写法就称为表达式，用来与对应模块实例的 model 内的属性值进行替换，使用模板表达式可以使得模板代码更加简洁，灵活且强大。

在表达式内，JavaScript 常见的内置对象是可用的，比如 Math、Object、Date 等。由于表达式的执行环境是一个沙盒，请勿在内部使用用户定义的全局变量。框架表达式并不支持所有的 JavaScript 表达式，对于某些原生函数如 Array.prototype.map（）等，这些原生函数接收一个 callback 作为回调函数，框架无法处理这些回调函数，因为这些回调函数的参数由内部传入。还有一些情况是函数内接收字面量形式的正则表达式时，如 String.prototype.replace（）等，框架会将正则表达式解析为 model 内部的变量，导致这些函数执行异常。一个可行的解决方案是将这些操作使用函数封装，在表达式内部调用封装好的函数即可。

在编译表达式的过程中，会将表达式分为字符串、对象方法、函数、特殊字段以及 model 属性几种情况来处理。当表达式为字符串时，不作处理，直接赋给返回的字段。当表达式不是字符串时，先通过判断正则表达式的字段的最后一位是否为 "："来确定表达式是不是对象方法，如果不是对象方法，再通过最后一位是否为 "（"或 "）"来确定表达式是否是函数，若字段既不属于对象方法，又不属于函数时，就判断是否以 "this."或 "$model." 开头或等于 "$model." 等非 model 属性，直接赋给返回的字段。当字段是 model 属性时，返回的字段中则加入 model 属性，即加入 "$model." 字段。然后更新 index 的数值，再继续进行表达式的正则表达式匹配。当剩下的字段不再和正则表达式匹配时，就将剩下的字段加在返回的字段后面，然后返回编译后的表达式字段。

当正则表达式匹配的是函数时，先判断字段中是否包含 "."，当字段中包含时，若首字段非关键词，就为属性，返回 model 属性以及函数名。当字段中不包含 "." 时，再通过判断函数名是否为关键字以及是否有参数来决定返回值。

表达式参数如表 6.18 所示。

表 6.18 表达式参数

属性名	描述
number	表达式 id
execFunc	执行函数
allModelField	只包含自有 model 变量
value	值

表达式方法如表 6.19 所示。

表 6.19 表达式方法

方法名	描述	参数	返回值
compile	编译表达式串，替换字段和方法	exprStr：表达式串	编译后的表达式串
handleFunc	处理函数串	str：源串	处理后的串
val	表达式计算	module：模块；model：模型	计算结果
clone	克隆	无	this

6.9 应用初始化配置类型模块设计

该模块分为路由配置、模块状态类型以及渲染后的节点接口初始化配置。配置项如表 6.20 所示。渲染后节点属性如表 6.21 所示。

表 6.20 路由配置参数

属性名	描述
path	路由路径，可以带通配符 "*"，可以带参数 "/"
module	路由对应模块对象或类或模块类名
modulePath	模块路径，当 module 为类名时需要，默认执行延迟加载
routes	子路由数组
onEnter	进入路由事件方法
onLeave	离开路由方法
parent	父路由

表 6.21　渲染后的节点属性

属性名	描述
tagName	元素名，如 div
key	整棵虚拟 dom 树唯一
model	绑定模型
isStatic	是否静态节点
assets	直接属性，与 attribute 不同，直接作用于 HTML element
props	静态属性（attribute）集合
textContent	element 为 textnode 时有效
children	子节点数组
parent	父虚拟 dom
staticNum	静态标识数，0 表示静态，不进行比较，大于 0 每次比较后置为–1，小于 0 不进行处理
subModuleId	子模块 id，模块容器时有效
notChange	未改变标志，本次不渲染
vdom	源虚拟 dom

6.10　基础服务库模块设计

　　基础服务库模块的主要任务是为其他模块提供一些基础性的服务，比如判断类型、函数调用等。下面是对基础服务库中比较重要的一些函数的设计。

　　（1）克隆（clone）函数。待克隆的参数为非对象或函数时，直接返回，不进行克隆。如果待克隆的对象自身带有 clone 方法，则返回其自己克隆后的值。若待克隆的对象自身没有 clone 方法且自身是对象时，创建新的对象，把对象加入 map，如果后面有新克隆对象，则用新克隆对象进行覆盖。这时候就要排除一些不克隆的键，包括正则表达式匹配的键以及被排除的键。最后将待克隆对象的属性赋给新的对象。若待克隆的对象是 map 时，创建新的 map，把对象加入 map，如果后面有新克隆对象，也用新克隆对象进行覆盖，随即对不克隆的键进行排除，最后赋予新对象属性。当待克隆的参数是数组时，创建新的数组，其他操作同待克隆参数为对象或 map 时相同，最后返回新的对象。在获取待克隆对象时，当待克隆值是对象且不是函数时，当 map 中不存在该对象时，就克隆新对象；当 map 中存在该对象时，就直接从 map 中获取对象。当待克隆参数不是对象时，直接返回该克隆值。

（2）compare 函数，比较两个对象值是否相同，只比较 object 和 array。如果源对象且目标对象不存在时，则返回 true。当源对象或目标对象不是对象时，则返回 false。当源对象和目标对象的属性名数组长度不同时，返回 false。当源对象和目标对象的属性值不同时，返回 false。如果需要深度比较，则对两个对象的属性再进行单独比较。基础服务库参数和方法分别如表 6.22 和表 6.23 所示。

表 6.22　基础服务库参数

属性名	描述
id	全局 id
keyWordMap	js 保留字 map

表 6.23　基础服务库方法

方法名	描述	参数	返回值
genId	唯一主键	无	无
initKeymap	初始化保留字 map	无	无
isKeyWord	是否为 js 保留关键字	name：名字	如果是保留字，则返回 true，否则则返回 false
clone	对象复制	srcObj：源对象；expKey：不复制的键，正则表达式或名；extra：克隆附加参数	复制的对象
getCloneObj	获取克隆对象	value：待克隆值；expKey：排除键；extra：附加参数	克隆的值
merge	合并多个对象并返回	参数数组	返回对象
assign	把 obj2 对象所有属性赋值给 obj1 对象	obj1 obj2	返回对象 obj1
compare	比较两个对象值是否相同	src：源对象；dst：目标对象	值相同则返回 true，否则则返回 false
getOwnprops	获取对象自有属性	obj：需要获取属性的对象	返回属性数组
isFunction	判断是否为函数	foo：检查的对象	若为函数，则返回 true；若不是函数，则返回 false
isArray	判断是否为数组	obj：检查的对象	若为数组，则返回 true；若不是数组，则返回 false
isMap	判断是否为 map	obj：检查的对象	若为 map，则返回 true；若不是 map，则返回 false

方法名	描述	参数	返回值
isObject	判断是否为对象	obj：检查的对象	若为对象，则返回 true；若不是对象，则返回 false
isInt	判断是否为整数	v：检查的值	若为整数，则返回 true；若不是整数，则返回 false
isNumber	判断是否为 number	v：检查的值	若为 number，则返回 true；若不是 number，则返回 false
isBoolean	判断是否为 boolean	v：检查的值	若类型为 boolean，则返回 true；若不是 boolean，则返回 false
isString	判断是否为字符串	v：检查的值	若是字符串，则返回 true；若不是字符串，则返回 false
isNumberString	判断是否为数字串	v：检查的值	若是数字串，则返回 true；若不是数字串，则返回 false
isEmpty	判断对象/字符串是否为空	obj：检查的对象	若对象/字符串为空，则返回 true；若对象/字符串不为空，则返回 false
replaceNode	把源 dom 节点替换为新的 dom 节点	srcNode：源 dom；nodes：替换的 dom 或 dom 数组	无
empty	清空子节点	el：需要清空的节点	无
formatDate	日期格式化	srcDate：时间戳串；format：日期格式	日期串
compileStr	编译字符串，把{n}替换成代入值	src：待编译的字符串	转换后的消息
apply	函数调用	foo：函数；obj：this 指向；args：参数数组	无
mergePath	合并并修正路径，即路径中出现 "//" "///" "\\/" 的情况，通过一置换为 "/"	Paths：待合并路径数组	返回路径
setNodeKey	改造 dom key，避免克隆时重复	node：节点；id：附加 id；deep：是否深度处理	无
setDomAsset	设置 dom asset	dom：渲染后的 dom 节点；name：直接属性名；value：直接属性值	无
delDomAsset	删除 dom asset	dom：渲染后的 dom 节点；name：直接属性名	无

6.11 调度器模块设计

调度器模块的任务是完成每次空闲的待操作序列的调度。其过程首先向调度器中添加任务，使渲染器启动渲染，随即启动调度器进行调度。在添加任务的过程中，会对任务和 this 指向判断是否为一个函数，不是则会抛出异常，反之加入任务序列。在移除任务的过程中，会对任务进行判断，当它不是函数时，就会抛出异常，最后将任务从任务序列中移除。调度器方法如表 6.24 所示。

表 6.24　调度器方法

方法名	描述	参数	返回值
dispatch	调度过程	无	无
start	启动调度器	scheduletTick：渲染间隔	无
addTask	添加任务	foo：任务和 this 指向；thiser：this 指向	无
removeTask	移除任务	foo：任务	无

6.12 Virtual Dom 模块设计

虚拟 Dom 模块是 Nodom 框架的支撑模块。虚拟 Dom 本身是一棵模拟了 Dom 树的 JavaScript 对象树，其主要通过虚拟节点实现一个无状态的组件，当组件状态发生更新时触发虚拟节点数据的变化，然后通过虚拟节点和真实节点的对比，再对真实节点更新。

在真实的开发中使用原生 JavaScript 写页面的时候会发现操作 Dom 是一件非常麻烦的事情，往往是 Dom 标签和 JavaScript 逻辑同时写在 JavaScript 文件里，如果没有好的代码规范的话会显得代码混乱，耦合性高并且难以维护。另一方面在浏览器里重复渲染 Dom 是非常消耗性能的，常常会出现页面卡顿的情况。所以尽量减少对 Dom 的操作成为 Nodom 框架优化性能的必要手段，虚拟 Dom 就是将 Dom 对比放在了 JavaScript 层，通过对比不同之处来选择新渲染的节点，从而提高渲染效率。Virtual Dom 模块的属性说明如表 6.25 所示。

表 6.25　虚拟 DOM 模块属性

属性名	描述
tagName	元素名，如 div
key	整棵虚拟 Dom 树唯一

属性名	描述
model	绑定的模型
textContent	文本节点内容
expressions	表达式字符串数组
directives	指令集
assets	直接属性，不是来自 attribute， 而是直接作用于 HTML 元素
props	属性集合
removedClassMap	删除的类名 map
removedStyleMap	删除的 style 属性名 map
events	事件数组
children	子节点数组
parent	父虚拟 Dom
staticNum	静态标识符
allModelField	对应的所有表达式的字段都属于 Dom　Model 内
notChange	未改变标志，本次不渲染

Virtual Dom 模块的方法说明如表 6.26 所示。

表 6.26　Virtual　Dom 模块的方法说明

方法名	描述	参数	返回值
removeDirectives	移除多个指令	directives：待删除的指令类型 数组或指令类型	如果虚拟 Dom 上的指令集为空则 return
directive	移除指令	directive：待删除的指令类型	如果虚拟 Dom 上的指令集为空，则 return
addDirective	添加指令	directive：指令对象； sort：是否排序	如果虚拟 Dom 上的指令集不为空， 且指令集中已经存在传入的指令对 象，则 return
sortDirective	指令排序	无	如果虚拟 Dom 上指令集为空，则 return
hasDirective	是否有某个类型 的指令	typeName：指令类型名	如果指令集不为空，且含有传入的指 令类型名则返回 true，否则返回 false
getDirective	获取某个类型的 指令	module：模块； directiveType：指令类型名	如果指令集为空则 return，否则返回 查询到的指令类型

续表

方法名	描述	参数	返回值
add	添加子节点	dom：子节点；index：指定位置，如果不传此参数，则添加到最后	无
remove	移除子节点	dom：子节点	无
addClass	添加 Class 属性	cls：class 名或者表达式，可以多个用"空格"分开	无
removeClass	删除 Class 属性，因为涉及表达式，此处只记录删除标记	cls：class 名，可以多个用"空格"分割	无
getClassString	获取 Class 属性的属性值	values：class 属性值	无
addStyle	添加 Style	style：style 字符串或表达式	无
removeStyle	删除 Style	styleStr：style 字符串，多个 style 以空格" "分割	无
getStyleString	获取 Style 串	values：style 字符串	无
hasProp	是否拥有属性	propName：属性名；isExpr：是否只检查表达式属性	如果属性集合有传入的属性名返回 true，否则返回 false
getProp	获取属性值	propName：属性名；isExpr：是否只获取表达式属性	传入属性名的 value
setProp	设置属性值	propName：属性名；v：属性值	无
addProp	添加属性，如果原来的值存在，则属性值变成数组	pName：属性名；pValue：属性值	无
delProp	删除属性	props：属性名或属性名数组	无
setAsset	设置 asset	assetName：asset 名；value：asset 值	无
delAsset	删除 asset	assetName：asset 名	无
getEl	获取虚拟 Dom	module：模块	获取到的虚拟 Dom
query	查询子孙节点	key：查询节点的 key	虚拟 Dom/undefined
setParam	设置 cache 参数	module：模块；name：参数名；value：参数值	无

续表

方法名	描述	参数	返回值
getParam	获取参数值	module：模块； name：参数名	参数值
removeParam	移除参数	module：模块； name：参数名	无
addEvent	保存事件	key：dom key； event：事件对象	无

虚拟 Dom 实例初始化流程如图 6.8 所示。

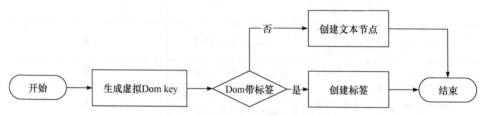

图 6.8　虚拟 Dom 实例初始化流程

虚拟 Dom 的实现：虚拟 Dom 是由 JavaScript 对象抽象出来的数据结构，其主要作用是作为节点元素的数据类型。虚拟 Dom 的创建是在 Compiler 解析器中实现的，Compiler 解析器会根据正则表达式截取模板代码，每截取到一段字符串便会调用相应方法进行处理，只有在截取到标签头或者处理文本节点时会创建新的虚拟 Dom 实例对象。

如果处理的是文本节点，则该虚拟 Dom 实例对象没有 tagName 属性，但是会用 textContent 来存储文本节点的文本信息，文本中如果存在表达式，则在该虚拟 Dom 实例对象中会新添一个 expressions 数组，并将文本信息和该表达式的实例对象存入，然后删除 textContent。

而对于处理元素节点，新建的虚拟 Dom 实例对象会用 tagName 属性存储该节点的标签名，标签上的指令会由 directives 数组存储对应的指令实例对象，表达式会由 expressions 数组存储对应的表达式实例对象，事件会由 events 数组存储对应的事件实例对象，Dom 直接属性存储在 assets 集合中，常规属性存储在 props 集合中，子节点的虚拟 Dom 实例对象存储在 children 数组中，父节点存储在 parent 属性中。特殊节点如自定义元素则会通过后置处理。表达式、指令、事件将在生成渲染树的时候去具体执行，获取相应的信息或绘制相应的节点。

6.13　Css 管理器模块设计

Nodom 框架中 Css 样式表的表现方式有多种, 包括内部样式表、行内样式表、外部样式表。Css 管理器会针对 Css 样式表不同的表现形式采用不同的处理方式。Css 管理器属性如表 6.27 所示。

表 6.27　Css 管理器属性

属性名	描述
sheet	Css 样式表
importMap	用于存储外部样式表的引入路径
importIndex	外部样式表引入位置
cssPreName	元素选择器的前置名

Css 管理器可操作方法说明如表 6.28 所示。

表 6.28　Css 管理器可操作方法

方法名	描述	参数	返回值
handleStyleDom	处理 style 节点元素	module：模块； dom：虚拟 Dom； root：模块虚拟根节点； add：是否添加根模块类名	如果是 style 节点, 则返回 true, 否则返回 false
handleStyleTextDom	处理 style 节点下的本文元素	module：模块； dom：style 节点下的文本元素	如果是 style 节点下的文本元素, 则返回 true, 否则返回 false
addRules	添加 css 规则	module：模块； cssText：css 规则集合； scopeName：作用域名	无
handleStyle	处理 style 规则	module：模块； cssText：css 文本； scopeName：作用域名	如果 css 文本最后一个 "{" 前没有字符串, 则返回 void
handleImport	处理外部样式表规则	cssText：css 文本	如果 cssText 中 "( )" 内有字符串且 importMap 中存在键值为 "( )"内字符串的第一个字符, 则返回 void
clearModuleRules	清除 css 规则	module：模块	如果模块不存在 css 规则, 则返回 void

Css 管理器工作流程如图 6.9 所示。

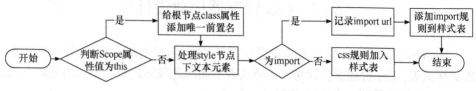

图 6.9　Css 管理器工作流程

设计思路：Nodom 框架额外支持在模板代码的 style 标签下引入外部样式表和表达式内函数返回 css 规则，而表达式内函数返回 css 规则会先处理为函数返回的 css 规则字符串。所以 Css 管理器主要工作是将 style 标签下的文本分成外部引入和 css 规则处理。

（1）首先 Css 管理器需要判断该虚拟 dom 节点的 tagName 是不是 style，如果判断为真，则会根据节点的 scope 属性来确定是否给根节点的 class 属性添加唯一的前置名。如果判断为假，则不会处理。

（2）处理 style 节点下的文本元素：需要先判断文本元素的父节点的 tagName 是不是 style，判断为真后会用正则表达式去解析文本元素的文本内容。解析的文本内容会分为两类处理：

（a）css 规则会直接加入样式表。

（b）外部 import 的样式表会先把 URL 路径记录到 importMap 中，再将 import 规则加入样式表。

6.14　指令模块设计

Nodom 指令模块是为了增强 Dom 节点的表现能力，根据实际业务开发的需求，实现了 14 种指令。指令模块由 4 个独立工作的模块：指令类型、指令类、指令管理器以及指令类型初始化构成。

指令类型包括指令类型名、指令优先级以及渲染时执行方法。指令类型属性说明如表 6.29 所示。

表 6.29　指令类型属性

属性名	描述
name	指令类型名
prio	优先级
handle	渲染时执行方法

续表

属性名	描述
expression	表达式
disabled	是否禁用指令

指令类包括指令 id、指令类型、指令值、指令表达式以及是否禁用指令。指令类属性说明如表 6.30 所示。

表 6.30　指令类属性

属性名	描述
id	指令 id
type	指令类型
value	指令值
expression	指令表达式
disabled	禁用标志

指令类可操作方法说明如表 6.31 所示。

表 6.31　指令类可操作方法

方法名	描述	参数	返回值
exec	执行指令	module：模块； dom：渲染目标节点对象； src：源节点	如果 disabled 为 true，返回 true,否则返回执行指令方法
clone	克隆指令	无	返回克隆的指令

指令管理器中定义了 Nodom 框架指令的映射相当于指令的存储器，用于存储 Nodom 框架内置的 14 种指令。除此之外还提供了管理指令映射的一系列方法，包括将指令添加到映射中、从映射中移除指令、从映射中获取指令、查询映射中是否含有某种指令。指令管理器的属性如表 6.32 所示。

表 6.32　指令管理器属性

属性名	描述
directiveTypes	指令类型映射

指令管理器操作方法说明如表 6.33 所示。

表 6.33　指令管理器操作方法

方法名	描述	参数	返回值
addType	向指令映射中添加指令类型	name：指令类型名；handle：渲染处理函数；prio：类型优先级	无
removeType	从映射中移除指令类型	name：指令类型名	无
getType	从映射中获取指令类型	name：指令类型名	返回指令类型或者 undefined
hasType	查询映射中是否含有某个指令类型	name：指令类型名	如果映射中有查询的指令类型，则返回 true，否则返回 false

　　指令类型初始化模块中定义一个自执行函数，这个自执行函数内部调用 Nodom 框架内置的 14 种指令类型的 createDirective（）方法生成框架内置的指令类型。指令类型初始化类中方法说明如表 6.34 所示。

表 6.34　指令类型初始化方法

方法名	描述	参数	返回值
createDirective	生成指令类型	name：指令类型名；handle：渲染处理函数；prio：类型优先级	无

　　Nodom 框架内置的 14 种指令描述如表 6.35 所示。

表 6.35　指令描述

指令名	指令优先级	指令功能
model	1	绑定数据
repeat	2	按照绑定的数据生成重复节点
recur	2	生成嵌套结构
if	5	条件判断
else	5	条件判断
elseif	5	条件判断
endif	5	结束判断
show	5	显示视图
slot	5	模块插槽
module	8	加载子模块
field	10	双向数据绑定

续表

指令名	指令优先级	指令功能
route	10	路由指令
router	10	路由容器
animation	10	动画

Nodom 框架内置的 14 种指令方法描述：

（1）x-model：model 指令用于给 view 绑定数据，数据采用层级关系，如需要使用数据项 data1.data2.data3，可以直接使用 data1.data2.data3，也可以分 2 层设置，分别设置 x-model='data1'，x-model='data2'，然后使用数据项 data3。该指令的指令值是数据项名，而指令方法会通过这个数据项名从当前元素节点的 model 中获取到该数据项的数据模型，然后用这个数据模型替换当前元素节点的 model。

（2）x-repeat：repeat 指令用于按照绑定的数组数据生成多个 dom 节点，每个 dom 由指定的数据对象进行渲染。该指令的指令值是 model 中需要遍历生成节点的数组，指令方法会先判断指令值的数据类型和数组长度，如果数据类型不是数组类型或者数组长度等于 0，则会返回 false 并停止后续编译。如果指令值是数组类型且不为空，先用 idxName 记录“$index”属性的属性值，用 parent 记录当前元素节点的父节点，然后将 repeat 指令实例的 disabled 属性置为 true 以防止在遍历数组生成元素节点时发生错误，在遍历对象数组过程中，索引值存储在当前对象的 idxName 属性中，然后调用 Renderer.renderDom（）方法生成元素节点。在遍历结束后会将 disabled 属性再次置为 false。

（3）x-recur：recur 指令生成树形数据构建的节点，能够实现嵌套结构，在使用时，注意数据中的层次关系即可。recur 也可以通过使用 recur 元素来实现嵌套结构。如果当前元素节点上存在 ref 属性，则指令方法会将当前节点作为递归节点存放在容器中，如果出现在 repeat 中，src 为单例，则需要在使用前清空子节点以避免沿用上次的子节点，最后根据 cond 属性的数组递归生成节点。

（4）x-if：if 指令生成条件判断，先调用 module.objectManager.setDomParam（）方法将当前元素节点的父节点 key 值和“$if”作为键名，if 指令的指令值（表达式的返回值）作为键值存入缓存中，然后返回 if 指令的指令值，生成渲染节点时会根据这个返回值的真假来判断是否生成该渲染节点。

（5）x-else：指令方法仅返回一个真假值，如果处理 if 指令时在缓存中存储的参数值为 false 就返回 true，否则返回 false，生成渲染节点时会根据这个返回值的真假来判断是否生成该渲染节点。

（6）x-elseif：指令方法会先获取处理 if 指令时缓存中存储的参数值，如果参数值为 true，则指令方法直接返回 false；否则判断 elseif 指令的指令值（表达式的返回值）是否存在，如果不存在则指令方法直接返回 false，存在就将处理 if 指令时在缓存中存储的参数值置为 true。

（7）x-endif：指令方法会移除处理 if 指令时存储在缓存中的映射，然后返回 true。endif 指令用于结束上一个 if 条件判断。

（8）x-show：指令方法根据指令值的真假返回 true 或 false，生成渲染节点时会根据这个返回值的真假来判断是否生成该渲染节点。

（9）x-slot：指令方法先记录指令的指令值，元素标签上没有指令值则会默认为 "default"。然后判断当前元素节点的父节点是否为子模块容器，如果是，则获取该子模块的实例对象并从父元素节点上删除当前元素节点，然后停止渲染。

（10）x-module：module 指令用于表示该元素为一个子模块容器，module 指令数据对应的模块会被渲染至该元素内。使用方式为 x-module='模块类名'，Nodom 会自动创建实例并将其渲染。该指令的指令值是模块类名，而指令方法会通过这个模块类名从模块工厂中获取这个模块的实例对象，将这个模块实例对象作为子模块添加当前模块的 children 数组中，并将其加入到渲染队列，当这个模块编译渲染生成 renderTree 后，会用 renderTree 把使用这个指令的元素节点替换掉。

（11）x-field：field 指令用于实现输入类型元素，如 input、select、textarea 等输入元素与数据项之间的双向绑定。

（12）x-route：路由指令用于定义路径转移，利用 popstate 和 pushstate 实现浏览器历史的控制，从而实现路径转移。

（13）x-router：router 指令用于标识模块的路由容器，每个模块只能有一个 router 指令。

（14）x-animation：x-animation 指令管理动画和过渡，该指令接收一个存在于 Model 上的对象，其中包括 trigger 属性和 name 属性。name 属性的值就是过渡或者动画的类名；trigger 为过渡的触发条件。过渡分为 enter 和 leave，触发 enter 还是 leave 由 trigger 的值决定：trigger 为 true，触发 enter；trigger 为 false，触发 leave。对于 enter 过渡，需要提供以-enter-active、-enter-from、-enter-to 为 trigger 的一组类名。在传入给 x-animation 指令的对象中只需要将名字传入给 name 属性，而不必添加后缀，x-animation 在工作时会自动地加上这些后缀。这些规则对于 leave 过渡同理。当 trigger 为 true 时，指令首先会在元素上添加 -enter-from 和 -enter-active 的类名，然后在下一帧开始的时候添加 -enter-to 的类名，同时移除掉 -enter-from 的类名。当 trigger 为 false 时，处理流程完全一样，只不过添加的是以 -leave-from、-leave-active、-leave-to 为后缀的类名。

指令创建过程如图 6.10 所示。

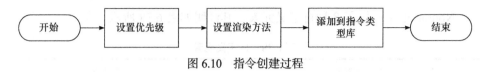

图 6.10 指令创建过程

Nodom 框架实现指令整体流程：

使用 createDirective（）方法定义好后，在指令类型初始化模块中会自动执行该方法生成指令类型，并将其存入 directiveType 模块的指令类型映射中。Compiler 解析器会将模板代码的指令解析存入使用指令的节点中，当 Nodom 框架执行到渲染模块时，renderDom（）方法会调用指令的 exec（）方法执行虚拟节点的指令的 handle 方法。

6.15　自定义元素模块设计

自定义元素需要继承 DefineElement 类，且需要在 DefineElementManager 中注册。DefineElement 类是自定义元素的基类，在它的构造函数中会检测自定义元素标签的属性中是否存在 tag 属性，如果存在则会将 tag 属性的值作为该自定义元素的标签名。而 DefineElementManager 中定义了存储自定义元素的 Map 和管理该 Map 的方法。

DefineElementManager 类属性说明如表 6.36 所示。

表 6.36　DefineElementManager 类属性

属性名	描述
elements	存储自定义元素的 Map

DefineElementManager 类可操作方法说明如表 6.37 所示。

表 6.37　DefineElementManager 类可操作方法

方法名	描述	参数	返回值
add	向自定义元素 Map 中添加自定义元素	clazz: 自定义元素类或类数组；alias: 自定义元素别名	无
get	从自定义元素 Map 中移除自定义元素	tagName: 自定义元素名	获取找到的自定义元素类
has	在自定义元素 Map 中查询是否存在自定义元素	tagName: 元素名	如果自定义元素映射中存在查询的自定义元素，则返回 true，否则返回 false

Nodom 框架内置了 8 种自定义元素，其说明如表 6.38 所示。

表 6.38　自定义元素

自定义元素名	自定义元素功能
MODULE	加载子模块
FOR	按照绑定的数据生成重复节点
RECUR	生成嵌套结构
IF	条件判断
ELSE	条件判断
ELSEIF	条件判断
ENDIF	结束判断
SLOT	模块插槽

自定义元素的初始化过程是在 elementInit 类中实现的，定义好 8 种自定义元素类，自定义元素的实现方式是在自定义元素属性中添加指令，以指令方式实现自定义元素。将其装入数组中作为参数传入 DefineElementManager.add 方法并调用。在自定义元素管理器中 add 方法会将在 elementInit 中初始化的 8 种自定义元素类存入存放自定义元素的映射中。

6.16　对象管理器模块设计

Nodom 框架提供了缓存功能，缓存空间是一个对象，而对象管理器的职责就是管理这个对象。主要是存储事件参数、Dom 参数以及 Dom 对象集等。

对象管理器属性说明如表 6.39 所示。

表 6.39　对象管理器属性

属性名	描述
cache	NCache 类实例对象
module	当前模块实例对象

对象管理器可操作方法如表 6.40 所示。

表 6.40 对象管理器可操作方法

方法名	描述	参数	返回值
set	保存到 Cache	key：键，支持 "."（多级数据分割）； value：值	无
get	从 Cache 读取	key：键，支持 "."（多级数据分割）	缓存的值或 undefined
remove	从 Cache 中移除	key：键，支持 "."（多级数据分割）	无
setEventParam	设置事件参数	id：事件 id； key：dom key； name：参数名； value：参数值	无
getEventParam	获取事件参数值	id：事件 id； key：dom key； name：参数名	参数值
removeEventParam	移除事件参数	id：事件 id； key：dom key； name：参数名	无
clearEventParam	清空事件参数	id：事件 id； key：dom key	无
setDomParam	设置 dom 参数值	key：dom key； name：参数名； value：参数值	无
getDomParam	获取 dom 参数值	key：dom key； name：参数名	参数值
removeDomParam	移除 dom 参数值	key：dom key； name：参数名	无
clearDomParams	清除 element 参数集	key：dom key	无
clearAllDomParams	清除缓存 dom 对象集	无	无

6.17 Error 异常处理模块设计

异常处理是每个系统必不可少的一个重要部分，它可以让我们的程序在发生错误时友好地提示、记录错误信息，更重要的是不破坏正常的数据和影响系统运行。

Nodom 拥有专门的异常处理类，通过一个 ErrorMsgs 对象来保存程序运行时可能出现的各种异常信息，当程序出现异常时通过异常名从 ErrorMsgs 中获取异常信息 msg，如果没有得到则提示"未知错误"。获得异常信息后，通过一个数组字符串 params 暂时将 msg 存储，然后遍历其他参数并添加到 params，最终的错误信息便由 params 中的字符串经过编译得到。

编译字符串时，如果传入字符串中包含有{n}形式的字串，则需要将其替换为相应的参数。

异常处理流程图如图 6.11 所示。

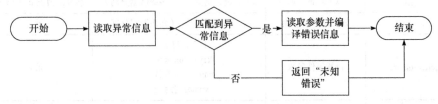

图 6.11　异常处理流程

异常处理类相关方法如表 6.41 所示。

表 6.41　异常处理类相关方法

方法名	描述	参数	返回值
constructor	构造函数	errorName：错误名	无
compile	编译字符串，替换{n}为具体代入值	src：待编译的字符串	转换后的字符串

6.18　事件模块设计

事件类用于获取节点中的事件信息。在处理事件时，首先为每个事件赋一个 id 值，并且先提取出事件所在模块 module 及事件名 eventName。如果只有事件名，而事件串为空，则不需要执行任何操作。如果存在事件串且类型为"string"，则首先处理掉事件串两端的空白字符，然后将事件串以":"切片，分离出事件执行的方法和事件的附加参数。分离后先获取事件方法，然后依次处理每一个附件参数。针对不同的设备，需要对事件采用不同的方式处理。

（1）设置附加参数值。

给事件设置附加参数需要配合模块内的对象管理器 objectManager 才能完成，根据事件 id 对目标事件调用设置方法 setParam 来设置参数值。

（2）获取附加参数。

该操作用来获取附加参数值，与设置参数相似，通过对象管理器根据事件 id 对目标事件调用获取方法 getParam 来完成。

（3）移除附加参数。

对附加参数的操作都需要通过 objectManager 来实现，根据事件 id 对目标事件调用移除方法 removeEventParam 实现。

（4）清除参数 cache。

清空事件参数分为两种，一种是删除对应 dom 的事件参数，另一种是删除所有事件参数，根据调用清除方法 clearEventParam 时传入的参数决定。

事件初始化流程如图 6.12 所示。

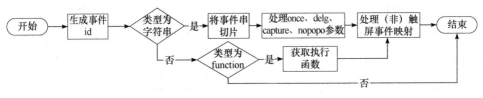

图 6.12　事件初始化流程

事件类相关变量如表 6.42 所示。

表 6.42　事件类相关变量

变量名	类型	描述
id	number	事件 id
module	Module	事件所属模块
name	string	事件名
handler	string Function	事件处理函数名
delg	boolean	代理模式，事件代理到父对象
nopopo	boolean	禁止冒泡，代理模式下无效
once	boolean	事件只执行一次
capture	boolean	使用 capture，代理模式下无效
dependEvent	NEvent	依赖事件，用于扩展事件存储原始事件

事件类相关方法如表 6.43 所示。

表 6.43　事件类相关方法

方法名	描述	参数	返回值
constructor	构造函数	module：模块； eventName：事件名； eventStr：事件串或事件处理函数，中间不能有空格，结构为——方法名[: delg（代理到父对象）: nopopo（禁止冒泡）: once（只执行一次）: capture（useCapture）]； handler：事件执行函数	无

续表

方法名	描述	参数	返回值
setParam	设置附加参数值	module：模块； dom：虚拟 Dom； name：参数名； value：参数值	无
getParam	获取附加参数值	module：模块； dom：虚拟 Dom； name：参数名	附加参数值
removeParam	移除参数	module：模块； dom：虚拟 Dom； name：参数名	无
clearParam	清除参数 cache	module：模块； dom：虚拟 Dom	无

事件工厂用于管理模块内虚拟 Dom 对应的事件对象，每个模块都有一个事件工厂，采用一个 map 对象 eventMap 来存放事件。

（1）添加事件。

添加事件需要有 dom 的 key 及事件对象两个属性值，添加时，首先查看 eventMap 中是否已经存在当前虚拟 dom，没有则在 eventMap 中添加一个新对象，键为 dom 的 key，值为一个新的 map 对象，用于存放该 dom 上的事件。然后使用一个变量 eobj 来暂时存放 dom key 对应的事件对象，接着判断此事件对象中是否存在当前事件名，没有则立即设置，有则使用变量 obj 来存放事件名对应的事件信息。如果需要代理事件且 obj 中没有代理事件项，则直接将需要代理的事件添加到 obj 的 delg 中。如果 obj 中已经存在代理事件且事件不包含当前需要代理的事件，则将此事件添加到代理中。如果不需要代理子事件，但原事件对象中存在需要被代理的对象，则将原事件添加到 obj 的 toDelg 中。如果既不用代理子事件，又不存在需要代理的事件，那么直接将原事件添加到 obj 的 own 数组中，最后再设置 obj 的 capture 属性。

（2）获取事件对象。

如果要获取某个事件对象，可以直接通过虚拟 dom 的 key 值从 eventMap 中得到该对象。

（3）删除事件对象。

在某些情况下，我们需要删除一些事件。删除前先判断 eventMap 中存不存在要删除的事件，只有存在才能删除。此时，与添加事件相似，使用 eobj 和 obj 来分别存放 dom key 对应的事件对象和具体事件名对应的事件信息。如果有被代理的子事件，则从 obj 的 delg 中去查找，如果找到则删除。如果没有代理事件，则需要判断 obj 的 toDelg 项，如果该项存在，则查找当前要删除的事件是否存在，如果找到则将其删除。如果以上两种情况都不满足，则判断 obj 的 own 属性并从中查找是否存在要删除的事件，然后执行相同的操作。

（4）绑定事件。

创建事件后需要绑定到对应的页面元素上。在绑定事件时，需要先获取到 dom 对应的事件对象 eobj，如果 eobj 上没有 bindMap 属性，则还需要为其 bindMap 赋值一个新的 map 对象，然后再判断该事件是否已绑定 element，如已绑定则不再继续。如果没有则先通过 dom 的 key 获取到该事件所需要绑定的页面元素，然后通过 addEventListener 为元素添加事件并将事件信息添加到 bindMap 中。

（5）解绑事件。

由于一个元素可以绑定一个或多个事件，所以解绑事件分为解绑单个事件和解绑所有事件。对于解绑单个事件而言，在获取到事件对象后需要判断其是否已绑定到元素上，只有绑定了才能进行解绑。解绑时先通过 dom key 获取事件对象 eobj 和页面元素 el，然后查找 eobj 的 bindMap 中是否存在解绑事件，如果存在则通过 removeEventListener 方法将事件从元素上移除实现解绑。对于解绑所有事件，获取到元素后，遍历它身上的所有事件并一一移除事件监听即可。

（6）判断 dom 上是否有对应事件。

该方法用来判断 eventMap 中是否存在某个 dom key 对应的事件对象，返回值是一个 bool 类型，存在则返回 true，否则返回 false。

（7）克隆事件。

克隆操作可以将一个 dom 节点上的事件对象复制给另一个 dom 节点。该方法接收两个 dom key，一个是源 dom，另一个是目标 dom。首先获取源 dom 的事件对象 eobj 并创建一个空的 Map 对象 map 用于存放需要复制的信息。对于 eobj 中的属性，除 "bindMap" 外，将其余的全部复制到 map 中，最后将目标 dom key 和 map 作为键值添加到 eventMap。

事件工厂类相关变量如表 6.44 所示。

表 6.44　事件工厂类相关变量

变量名	类型	描述
module	Module	事件工厂所属模块
eventMap	Map<string,any>	存放事件的 map 键：虚拟 Dom 的 key 值：{eventName1:{own:[event 对象,…],delg:[{key:被代理 key,event:event 对象},…],toDelg:[event 对象],capture:useCapture,bindMap:{}}}

eventMap 中，值的相关描述：eventName 为事件名，如 click 等，event 对象为 NEvent 对象，own 表示自己的事件，delg 表示代理事件（代理子对象），capture 表示事件会在捕获阶段执行，toDelg 表示需要被代理的对象，bindMap 为已绑定事件 map；在 own 和 delg 都存在时，如果 capture 为 true，则先执行 own，再执行 delg；如果 capture 为 false 时则相反。如果只有 own，则和传统的 capture 事件处理机制相同。

事件工厂类相关方法如表 6.45 所示。

表 6.45　事件工厂类相关方法

方法名	描述	参数	返回值
constructor	构造函数	module：模块	无
addEvent	添加事件	key：dom key； event：事件对象； key1：表示代理子 dom 事件	无
getEvent	获取事件对象	key：dom key	事件对象
removeEvent	删除事件	key：dom key； event：事件对象； key1：被代理的 dom key； toDelg：从待代理的数组移除	无
bind	绑定事件记录	key：dom key； eventName：事件名； handler：事件处理器； capture：是否抓取	bool 值，绑定成功为 true，失败为 false
unbind	解绑事件	key：dom key； eventName：事件名	无
unbindAll	解绑所有事件	key：dom key	无
hasEvent	是否拥有 key 对应的事件对象	key：dom key	bool 值，事件存在为 true，反之为 false
cloneEvent	克隆事件对象	srckey：源 dom key； dstkey：目标 dom key	无

6.19　事件管理器模块设计

事件管理器用来管理事件，包括绑定事件，处理外部事件，注册、取消注册及获取扩展事件。通过一个 Map 对象 extendEventMap 来存放外部事件。

（1）绑定事件。

绑定事件首先获取 dom 上的事件对象 eobj 及 dom 的父节点 parent，然后遍

历 eobj 的所有属性，分别处理代理事件 toDelg 和 dom 自己的事件 own。对于代
理事件，需要将每个事件都添加到父 dom 上并绑定父 dom，而对于自己的事件，
只用绑定到父 dom。

handler 事件如下。

在绑定事件时，会调用 handler 方法。首先获取事件所在元素、事件对应的虚
拟 dom 以及 dom 上的事件对象 eobj。然后根据事件类型获取 eobj 对应的值 evts。
如果 evts 上的 capture 属性值为 true，则先执行 dom 自己的事件再执行代理事件，
否则先执行代理事件并根据执行结果选择是否执行自己的事件。

在处理 dom 自己的事件时，需要对每个事件所执行的方法做一些处理，包括
设置事件的 this 值及一些参数，还需要查看事件是否具有"once"修饰符，如果
有则需要删除对应的事件。最后判断事件是否禁止冒泡。

（2）注册扩展事件。

注册就是把某个事件的事件名与该事件对应的事件处理集以键值的方式
添加到 extendEventMap 中，用于扩展事件范畴，主要用于触屏操作中，如 tap、
swipe 等。

（3）取消注册扩展事件。

根据事件名将事件从 extendEventMap 中删除就能实现取消注册。

（4）获取扩展事件。

根据事件名可以直接从 extendEventMap 中获取事件对应的事件处理集。

（5）处理扩展事件。

处理扩展事件时，先将事件名对应的外部事件集获取到，如果没有外部事件
则不做处理。如果有，则遍历事件集，为每个事件创建一个新的事件对象并添加
到 dom 节点上。

事件管理器类相关方法如表 6.46 所示。

表 6.46　事件管理器类相关方法

方法名	描述	参数	返回值
bind	绑定事件	module：模块； dom：渲染后节点	无
handleExtendEvent	处理外部事件	dom：dom 节点； event：事件对象	bool 值，有外部事件返回 true，否则返回 false
regist	注册扩展事件	eventName：事件名； handleObj：事件处理集	无
unregist	取消注册扩展事件	eventName：事件名	无
get	获取扩展事件	eventName：事件名	事件处理集

6.20　路由模块设计

路由是 Nodom 中很重要的一部分，在单页应用中用于模块间的切换。Nodom 通过 createRoute 方法来注册路由，并以 Object 配置的形式指定路由的路径、对应的模块、子路由等。

（1）创建路由。

在初始化路由时，先检查路由配置项是否存在或配置项中的路径是否为空，不满足条件则不能创建路由。条件满足时，则首先需要给路由设置一个 id，然后将路由配置项中的所有属性与值全部取出来复制给当前路由，并为当前路由指定父路由，接着就是开始解析路径。

路径解析时，通过 "/" 将路径分片生成路径数组 pathArr 并获取父路由 node，然后采用遍历的方式来处理路径。遍历时，首先判断读到的是不是路由参数，如果是则将参数添加到参数数组 params。如果不是，则说明当前元素是路径，此时先将它的上级路由的参数全部清空并暂时将其存起来，再从父路由的所有子路由中查找 path 值和当前元素相等的子路由，如果找到则指定该子路由为新的 node。如果没有找到且存在前置路径，则创建一个以前置路径为配置项，以 node 为父路由的新路由，然后重新指定该新路由为 node。重复执行上面的操作，直到解析完整个路径。

完成路径解析后，需要将创建好的路由添加到父路由的子路由中。

如果当前路由的配置项中还存在子路由项，则遍历所有子路由并完成创建。

（2）添加子路由。

为一个路由添加子路由时，首先将子路由加入到该路由的 children 数组中，然后指定子路由的父级路由为当前路由。

（3）克隆路由。

要克隆某个路由，先创建一个空路由 r 用于接收数据。克隆时先将被克隆的路由中除 "data" 外的其他属性全部复制给 r，然后再单独克隆 "data" 便完成了克隆操作，路由 r 就是克隆的对象。

路由处理流程如图 6.13 所示。

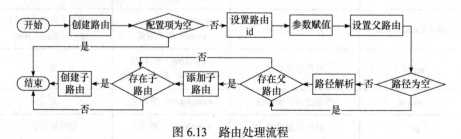

图 6.13　路由处理流程

路由类相关变量如表 6.47 所示。

表 6.47 路由类相关变量

变量名	类型	描述
id	number	路由 id
params	Array<string>	路由参数名数组
data	any	路由参数数据
children	Array<Route>	子路由数组
onEnter	Function	进入路由时的事件方法
onLeave	Function	离开路由时的事件方法
path	string	路由路径
fullPath	string	路由完整路径
module	any	路由对应模块对象或模块类名
modulePath	string	模块路径，当 module 为类名时需要，默认执行延迟加载
parent	Route	父路由

路由类相关方法如表 6.48 所示。

表 6.48 路由类相关方法

方法名	描述	参数	返回值
constructor	构造函数	config：路由配置项；parent：父路由	无
addChild	添加子路由	child：子路由	无
parse	通过路径解析路由对象	无	无
clone	克隆路由	无	克隆的路由对象

路由管理用来控制路由的跳转，从而实现模块的切换。

（1）路径添加跳转列表。

路由跳转前会先把路径加入跳转列表，添加时需要和当前路径进行比较，当二者不同时再查看等待列表里是否已存在该路径，没有才加入等待列表，然后再执行延迟加载。

（2）启动加载。

加载时需要保证等待列表不为空，然后将列表中的第一个路径取出并执行切换，再继续执行加载直到等待列表为空。

（3）切换路由。

路由切换需要先比较当前路径和切换路径对应的路由链，以此得到当前路由所依赖的容器模块。路由在离开前需要执行一些操作，先遍历需要销毁的路由数组，获取到路由所在模块，然后依次执行默认离开事件和自定义的离开事件，最后将模块设置为不激活状态。如果要切换的路由和当前路由相同，只是参数不同，则对路由依赖模块进行处理。如果路由不同，则需要先获取新路由对应模块并加载。路由切换后要修改当前路径值，并将启动类型置为正常启动。

（4）重定向。

将重定向路径加入跳转列表。

（5）获取路由 module。

先根据路由获取对应模块，如果已经是模块实例则直接返回模块。如果是其他类型则做相应处理。

（6）路由链比较。

比较前首先将两个路由路径中的信息分别用两个数组 arr1 和 arr2 存储起来，然后比较 arr1 和 arr2 的长度，取较小的那个暂存于变量 len，然后对比 arr1 和 arr2 找到下标小于 len 的第一个不同的元素的位置 i，分别记录 arr1 和 arr2 中不同部分 retArr1、retArr2。接着找出路由的父路由或参数不同的路由及不同参数路由的父路由。最后可以得到一个数组，包括四个元素：父路由或不同参数的路由、第一个路径中需要销毁的路由数组、第二个路径需要增加的路由数组、不同参数路由的父路由。

（7）添加激活字段。

如果不存在 model 或待添加的字段名，则无法添加激活的字段。条件满足时，先通过模块 id 获取已经存在的字段 arr，然后查找 arr 中是否包含当前需要添加的字段，没有则添加。

（8）设置路由元素激活属性。

通过模块 id 获取所有字段 arr，然后遍历 arr，如果元素的路径和当前路径一样，则将元素的字段属性置为 true，反之置为 false。

（9）获取路由数组。

该方法用于获取路径中的所有路由信息。首先将路径根据"/"切片并把所有路由信息暂存于数组 pathArr，然后遍历 pathArr，将每个元素对应的路由存入数组，遍历结束后就能得到需要的路由数组。

路由管理类相关变量如表 6.49 所示。

表 6.49 路由管理类相关变量

变量名	类型	描述
routeMap	Map\<number, Route\>	存放路由的 map
currentPath	String	当前路径
waitList	Array\<string\>	path 等待链表
onDefaultEnter	Function	默认路由进入时的事件方法
onDefaultLeave	Function	默认路由离开时的事件方法
statStyle	number	启动方式， 0：直接启动； 1：popstate 启动
activeFieldMap	Map\<number, Array\<any\>\>	激活 Dom map，格式为 {moduleId,[]}
routerKeyMap	Map\<number, string\>	绑定到 module 的 router 指令对应的 key，即 router 容器对应的 key
root	Route	根路由

路由管理类相关方法如表 6.50 所示。

表 6.50 路由管理类相关方法

方法名	描述	参数	返回值
go	添加路径到跳转列表	path：路径	无
load	启动加载	无	无
start	切换路由	path：路径	无
redirect	重定向	path：路径	无
getModule	获取 module	route：路由对象	路由对应模块
compare	比较两个路径对应的路由链	path1：第一个路径； path2：第二个路径	数组：父路由或不同参数的路由，第一个需要销毁的路由数组，第二个需要增加的路由数组，不同参数路由的父路由
addActiveField	添加激活字段	module：模块； path：路由路径； model：激活字段所在 model； field：字段名	无
dependHandle	依赖模块相关处理	module：模块； route：路由； pm：依赖模块	无

续表

方法名	描述	参数	返回值
setDomActive	设置路由元素激活属性	module：模块； path：路径	无
getRouteList	获取路由数组	path：要解析的路径； clone：是否克隆，若 clone 为 false 则返回路由树的路由对象，否则返回克隆对象	路由对象数组

第7章 工作流引擎设计

工作流引擎作为模型驱动的自动化软件系统气动数据的流程管理部分[74-79]，主要用于数据导入审核、数据访问审核等工作。业务流程建模（Business Process Modeling Notation，BPMN）是由业务流程管理联盟创建的标准，它提供了丰富的符号集，可用于对不同方面和层面的业务流程进行建模，用于向不同的人准确传达各种各样的信息。本章设计的工作流引擎基于 BPMN 2.0 规范实现相关元素和流程管理。

7.1 BPMN 简 介

7.1.1 概念

业务流程管理（Business Process Management，BPM）：通过建模、自动化、管理和优化流程，打破跨部门、跨系统业务过程依赖，提高业务效率和效果。工作流（Workflow）：全部或者部分由计算机支持或自动处理的业务过程。BPM 基本内容是管理既定工作的流程，通过服务编排，统一调控各个业务流程，以确保工作在正确的时间被正确的人执行，达到优化整体业务过程的目的。BPM 概念的贯彻执行，需要有标准化的流程定义语言来支撑，使用统一的语言遵循一致的标准描述具体业务过程，这些流程定义描述由专有引擎去驱动执行。这个引擎就是工作流引擎，它作为 BPM 的核心发动机，为各个业务流程定义提供解释、执行和编排，驱动流程"动"起来，让大家的工作"流"起来，为 BPM 的应用提供基本、核心的动力来源。现实工作中，不可避免地存在跨系统、跨业务的情况，而大部分企业在信息化建设过程中是分阶段或分部门（子系统）按步实施的，后期实施的基础可能是前期实施成果的输出，在耦合业务实施阶段，相同的业务过程可能会在不同的实施阶段重用，在进行流程梳理过程中，不同的实施阶段所使用的流程描述语言或遵循的标准会有所不同（服务厂商不同），有的使用 WFMC 的 XPDL，还有些使用 BPML、BPEL、WSCI 等，这就造成流程管理、业务集成上存在很大的一致性、局限性，提高了企业应用集成的成本。遵循 BPMN 2.0 新规范的工作流产品能很大程度上解决此类问题，BPMN 2.0 相对于旧的 1.0 规范以及 XPDL、BPML 及 BPEL 等最大的区别是定义了规范的执行语义和格式，利用标准的图元去描述真实的业务发生过程，保证相同的流程在不同的流程引擎得到的执行结果一致。目前，BPM 在国外已经进入成熟阶段，广泛应用于企业的信息化建设，被称为"企业信息化的基石"。但 BPM 在国内起步较晚，20 世纪 90 年代后期才进入中国，目前还在快速成长的阶段，这里总结一些常用的管理理念。

7.1.2　规范

一个完整的 BPM 系统设计和构建本身就是基于组件化和 SOA 服务化思想进行的。对于 BPM 提供的流程建模平台，不管是否基于 BPMN 2.0 标准，最终的建模文件都是衔接真实业务流程和最终的系统实现之间的一个关键点。BPMN 2.0 需要满足以下四个流程一致性问题：

（1）流程模型一致性（Process Modeling Conformance）；

（2）流程执行一致性（Process Execution Conformance）；

（3）BPEL 流程执行一致性（BPEL Process Execution Conformance）；

（4）编排模型一致性（Choreography Modeling Conformance）。

BPMN 2.0 对流程执行语义定义了三类基本要素。

（1）Flow Objects（流对象）。

（a）Activities（活动）：在工作流中所有具备生命周期状态的都可以称为"活动"，如原子级的任务（Task）、流向（Sequence Flow），以及子流程（Sub-Process）等活动用圆角矩形表示，活动的类型分为 Task 和 Sub-Process。

（b）Gateways（网关）：网关是用来决定流程流转指向的，可能会被用作条件分支或聚合，也可以被用作并行执行或基于事件的排他性条件，判断网关用菱形表示，用于控制流程的分支和聚合。

（c）Events（事件）：启动、结束、边界条件以及每个活动的创建、开始、流转等都是流程事件，利用事件机制，可以通过事件控制器为系统增加辅助功能，如其他业务系统集成、活动预警等 Event 用一个圆圈表示，它是流程运行过程中发生的事情。事件的发生会影响到流程的流转，事件包含 Start、整型 ermediate、End 三种类型。

（2）Data（数据）。

（a）Data Objects（数据对象）：有一个明确定义的生命周期，以及由此产生的访问限制。

（b）Data Inputs（数据输入）：声明将使用特定类型的数据作为输入。

（c）Data OutPuts（数据输出）：表示将输出特定类型的数据。

（d）Data Stores（数据存储）：为活动提供检索或更新在流程范围之外持续存在的存储信息。

（3）Connecting Objects（连接对象）。

（a）Sequence Flows（序列流）：Sequence Flows 用实线实心箭头表示，代表

流程中将被执行的活动的执行顺序。

（b）Message Flows（消息流）：用虚线空心箭头表示，用于 2 个分开的流程参与者直接发送或者接收到的消息流。

（c）Associations （结合关系）：用点状虚线表示，用于显示活动的输入与输出。

本章后续内容将完整阐述各元素的设计和流程引擎设计。

7.2　流程整体设计

BPMN 标准旨在涵盖多种类型的建模，并允许创建端到端的业务流程。对于流程各元素的定义，定义规范参考 BPMN 2.0，与 BPMN 2.0 规范不同的地方是，我们采用更适合 js 场景的 JSON 数据格式进行定义，并针对 js 适用场景对流程定义做少量优化。典型工作流定义格式如下：

```json
{
    "id":"process1",
    "name":"noomi flow test",
    "children":[
        {
            "node":"StartEvent",
            "id":"start1"
        },{
            "node":"SequenceFlow",
            "id":"sequence1",
            "sourceRef":"start1",
            "targetRef":"userTask1"
        },{
            "node":"UserTask",
            "id":"userTask1",
            "assignee":"user1",
            "formUrl":"/datacheck/check1"
        },{
            "node":"SequenceFlow",
            "id":"sequence2",
            "sourceRef":"userTask1",
            "targetRef":"userTask2"
        },{
            "node":"UserTask",
```

```
                    "id":"userTask2",
                    "candidateUsers":"user1,user2",
                    "formUrl":"/datacheck/check2"
            },{
                    "node":"SequenceFlow",
                    "id":"sequence3",
                    "sourceRef":"userTask2",
                    "targetRef":"gate1"
            },{
                    "node":"ExclusiveGate",
                    "id":"gate1",
                    "name":"gate1"
            },{
                    "node":"SequenceFlow",
                    "id":"sequence4",
                    "sourceRef":"gate1",
                    "targetRef":"theEnd",
                    "condition":"${verificationResult == 'OK'}"
            },{
                    "node":"SequenceFlow",
                    "id":"sequence5",
                    "sourceRef":"gate1",
                    "targetRef":"scriptTask1",
                    "condition":"${verificationResult == 'Not OK'}"
            },{
                    "node":"ScriptTask",
                    "id":"scriptTask1",
                    "script":"console.log（${requestMsg}）"
            },{
                    "node":"SequenceFlow",
                    "id":"sequence6",
                    "sourceRef":"scriptTask1",
                    "targetRef":"theEnd"
            },{
                    "node":"EndEvent",
                    "id":"theEnd"
            }
        ]
    }
```

在此流程中，以 JSON 格式定义了开始事件（StartEvent）、顺序流（SequenceFlow）、用户任务（UserTask）、脚本任务（ScriptTask）、排他网关（ExclusiveGate）、结束事件（EndEvent）。

工作流引擎主要由工作流元素、流程管理和数据管理三部分组成，结构图如图 7.1 所示。

元素层	人工任务	脚本任务	开始事件
	结束事件	排他网关	包容网关
	并行网关	子流程	顺序流
核心层	流程管理器	节点管理器	任务管理器
	身份管理器	变量管理器	资源管理器
数据层	流程定义	节点定义	流程数据
	节点实例	节点资源	流程实例

图 7.1 工作流引擎结构

7.3 元素层设计

7.3.1 辅助设计

辅助设计主要用于元素设计的辅助模块，如编译器。

编译器主要对脚本串进行编译，如一个表达式串或一个脚本任务的脚本。编译器通常把脚本串编译为一个可执行函数，函数只有一个参数：流程实例的变量集，当函数执行时，会对变量集中的变量值进行修改，所以在编写脚本串时，需要考虑是否对流程变量进行修改。

脚本编译流程如图 7.2 所示。

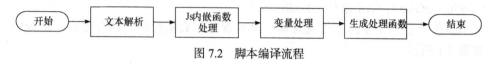

图 7.2 脚本编译流程

7.3.2 基础节点设计

所有元素继承于基础节点，基础节点属性（与配置项相同）定义如表 7.1 所示。

表 7.1 基础节点属性

属性名	描述	必填	备注
node	节点类型	是	无
id	节点 id	是	流程定义内唯一
name	节点 name	否	流程定义内唯一

基础节点方法如表 7.2 所示。

表 7.2 基础节点方法

方法名	描述	参数	备注
run	节点执行	流程实例	该方法为抽象方法，所有节点都需要重载该方法
finish	节点完成	流程实例	针对人工任务节点

7.3.3 任务

任务（Task）是一个极具威力的元素，它能描述业务过程中所有能发生工时的行为，它包括 User Task、Manual Task、Service Task、Script Task 等，可以被用来描述人机交互任务、线下操作任务、服务调用、脚本计算任务等常规功能，本书主要设计了人工任务、脚本任务两种任务。

7.3.3.1 人工任务

人工任务（User Task）主要被用来描述需要人为在软件系统中进行诸如任务明细查阅、填写审批意见等业务行为的操作，流程引擎流转到此类节点时，系统会自动生成被动触发任务，须人工响应后才能继续向下流转。常用于审批任务的定义。当流程执行到人工任务节点时，流程处于挂起状态，待候选人进行任务操作后，才能激活流程继续执行。人工任务配置项如表 7.3 所示。

表 7.3 人工任务配置项

配置项	说明	备注
formKey	表单 key	用户操作表单对应 key
assignee	代理人	对应用户名
candidateUsers	候选人	多个用户用","分隔
candidateGroups	候选组	多个组用","分隔
dueDate	到期日期	超过该日期则默认执行
priority	优先级	任务优先级，值越小，优先级越高，取值范围 0～100，默认 1
asynchronous	是否异步	默认 false

注：所有配置项都可以用变量表示，如需要上一个人工任务来计算日期，则 dueDate 配置使用方式为 ${dueDate}。

典型配置示例如下：

```
{
    "id":"__6",
    "name":"scriptTask1",
    "node":"ScriptTask",
    "script":"for（let i=0;i<datas.length;i++）{datas[i] = Math.round（datas[i]）}"
}
```

人工任务处理流程分为两个部分：流程实例内人工任务预处理和用户任务处理，流程分别如图 7.3 和图 7.4 所示。

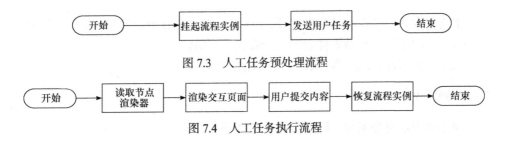

图 7.3 人工任务预处理流程

图 7.4 人工任务执行流程

7.3.3.2　脚本任务

脚本任务主要是流程处理过程中需要用脚本语言处理的部分，如数据处理、日志记录等，在流程流转期间以"脚本"的声明或语法参与流程变量的计算。与人工任务不同，处理过程不需要人工干预，所以流程实例不需要挂起。本书设计的脚本任务仅支持 JavaScript 脚本。

脚本任务配置如表 7.4 所示。

表 7.4　脚本任务配置

配置项	说明	备注
script	脚本串	可执行的脚本字符串

典型脚本任务配置示例如下：

```
{
    "node":"ScriptTask",
    "id":"__6",
    "name":"scriptTask1",
    "script":"for（let i=0;i<datas.length;i++）{datas[i] = Math.round（datas[i]）}"
}
```

script 配置项中，datas 为实例变量，该任务实现所有数据的四舍五入处理。脚本任务执行流程如图 7.5 所示。

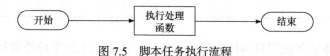

图 7.5　脚本任务执行流程

7.3.4　事件

主要实现开始事件和结束事件,每个流程只有一个开始事件和一个结束事件。
（1）开始事件：开始事件表示一个流程的开始。
（2）结束事件：结束事件表示一个流程的结束。

7.3.5　顺序流

顺序流表示流程流向,顺序流配置项如表 7.5 所示。

表 7.5 顺序流配置

属性名	中文名	作用
sourceRef	源节点 id	顺序流指向的源节点
targetRef	目标节点 id	顺序流指向的目标节点
condition	条件	可选，如果配置了，则必须符合表达式格式，执行时表达式计算为 true 时，方可执行 targetRef 指定节点

典型配置如下：

```
{
    "node":"SequenceFlow",
    "sourceRef":"__1",
    "targetRef":"__5",
    "condition":"${check==true}"
}
```

顺序流处理主要包括两个部分：流程解析时处理和流程执行时处理，解析时如果存在条件表达式，则需对条件表达式进行编译。执行时如果存在条件表达式，则条件表达式执行正确后方可执行目标节点。流程如图 7.6、图 7.7 所示。

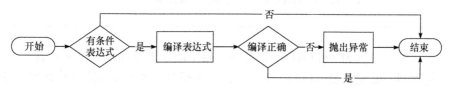

图 7.6 顺序流解析处理流程

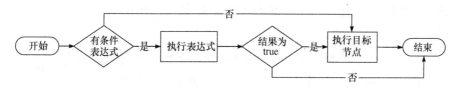

图 7.7 顺序流执行流程

7.3.6 网关

主要实现排他网关、并行网关和包容网关。

7.3.6.1 排他网关

排他网关类似于语言中的 switch case 语句，每次只能从一个符合条件的结果走向顺序流。排他网关的出口一般是多个顺序流，每个顺序流都有一个条件表达式。遇到排他网关时，需要遍历所有出口顺序流，当某一个顺序流的条件表达式为 true 时，则执行该顺序流的下一个节点。

典型示例如下（带顺序流）：

```
{
        "node":"ExclusiveGate",
        "id":"gate1",
        "name":"gate1"
},{
        "node":"SequenceFlow",
        "id":"sequence4",
        "sourceRef":"gate1",
        "targetRef":"theEnd",
        "condition":"${verificationResult == 'OK'}"
},{
        "node":"SequenceFlow",
        "id":"sequence5",
        "sourceRef":"gate1",
        "targetRef":"scriptTask1",
        "condition":"${verificationResult == 'Not OK'}"
}
```

该示例中，gate1 出口有两个顺序流，每个顺序流都有 condition 配置。

排他网关处理主要包括两个部分：流程解析时处理和流程执行时处理，解析时处理网关与对应的顺序流问题（包括条件表达式处理），执行时处理网关对应的顺序流，确定下一个执行节点。流程如图 7.8、图 7.9 所示。

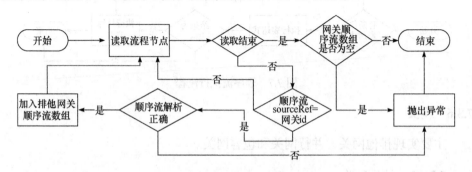

图 7.8   排他网关解析流程

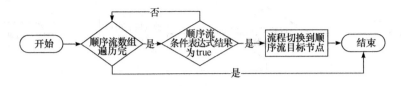

图 7.9 排他网关执行流程

7.3.6.2 并行网关

并行网关主要执行协同工作，如数据审核需要三个部门同时通过才能进行，而审核不分先后。并行网关必须同时存在分支和汇聚。

（1）分支：并行后的所有外出顺序流，为每个顺序流创建一个并发分支。

（2）汇聚：所有到达并行网关，在此等待地进入分支，直到所有进入顺序流的分支都到达以后，流程就会通过汇聚网关。

与其他网关的主要区别：并行网关不会解析顺序流条件，即使顺序流设置了条件，也不会进行解析。

典型配置如下：

```
{
    "node":"ParallelGateway",
    "id":"_2",
    "name":"parallelGateway1"
}
```

并行网关处理主要包括两个部分：流程解析时处理和流程执行时处理，解析时处理网关与对应的顺序流问题（包括条件表达式处理），执行时处理网关对应的顺序流，确定下一个执行节点。流程如图 7.10、图 7.11 所示。

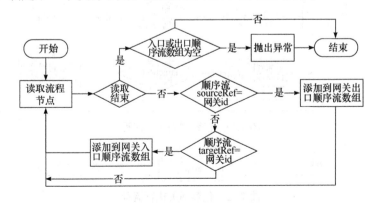

图 7.10 并行网关解析流程

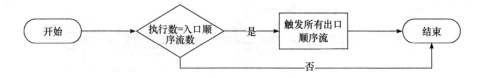

图 7.11 并行网关执行流程

7.3.6.3 包容网关

包容网关是入口顺序流的任何一个节点执行完，都将触发汇聚网关的执行。与并行网关不同，出口顺序流的条件会被执行。

典型配置如下：

```
{
    "node":"InclusiveGateway",
    "id":"_4",
    "name":"inclusiveGateway1"
}
```

此处没对顺序流进行定义，顺序流参考排他网关。

包容网关处理主要包括两个部分：流程解析时处理和流程执行时处理，解析时处理网关与对应的顺序流问题（包括条件表达式处理），执行时处理网关对应的顺序流，确定下一个执行节点。流程如图 7.12、图 7.13 所示。

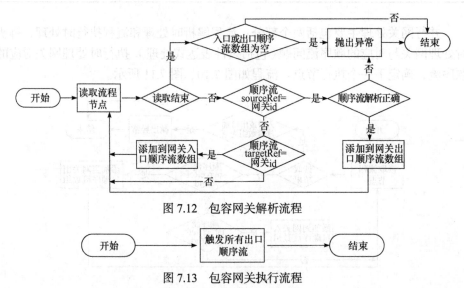

图 7.12 包容网关解析流程

图 7.13 包容网关执行流程

从图 7.13 中可以看出，对于包容网关的执行进行了简化，只要激活了包容网关，则只需执行所有出口的顺序流即可。此处主要处理分支，而不关心聚合问题。

7.3.7 子流程

子流程处理和流程处理类似，只是作为一个流程节点进行处理，此处不再赘述。

7.4 核心层设计

核心层主要用于维护工作流引擎的运行，主要包括流程管理器、节点管理器、流程解析器、任务管理器、身份管理器、变量管理器、资源管理器。

（1）流程管理器。

流程管理器主要维护流程相关内容，包括部署流程的信息管理、流程实例信息管理、流程状态切换、流程启动与结束。

一共设计四个流程状态：挂起（Suppending）、执行（Executing）、结束（Finish）、超时（Timeout）。状态转换如图 7.14 所示。

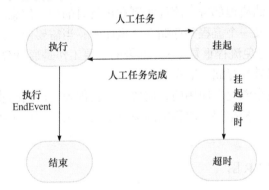

图 7.14　工作流状态转换

当流程执行时，如果遇到人工任务，则处于挂起状态，等待人工任务处理，处理结束后，重新进入执行状态。挂起状态存在超时可能，当超时后，则处于超时状态，流程无法继续进行。

（2）节点管理器。

节点用于管理所有流程节点定义和实例，包括节点信息、节点资源、节点调度等。

（3）流程解析器。

流程解析器主要从流程配置文件解析流程并将其部署到数据库中。主要解析内容包括节点预处理、节点排序等。

（4）任务管理器。

任务管理器主要管理人工任务，包括用户任务发送、任务列表获取、任务提醒等工作。

（5）身份管理器。

身份管理器主要处理与用户相关的信息，如用户、组，主要涉及的内容为人工任务相关的委托人（Assignee，又称指派人）、候选人（Candidate Users）和候选组（Candidate Groups）。

（6）变量管理器。

变量管理器实现流程变量的管理，包括运行时变量和数据库存储变量的管理，以及变量设置、获取、转化等工作。

（7）资源管理器。

资源管理器用于管理节点资源，如待审核的数据文件、办公流程的附件等。

7.5　数据结构设计

数据库主要存储流程部署、流程实例和运行时的相关信息。

流程部署：定义一个流程并存储在数据库中，当需要使用该流程时，创建一个该流程的实例，避免流程重复定义。部署的主要工作是通过解析流程基本信息、节点基本信息，将其并存储到数据库中。

流程实例：每个流程在使用前，需要先进行部署，使用时直接创建一个流程实例，流程开始时，根据部署流程中的节点定义，按照顺序（可能并行）执行流程节点。

7.5.1　工作流引擎 ER 图

ER 图采用物理模型设计，数据库系统采用 MySQL。

（1）用户包。

用户包主要存储指派人、候选人和候选组数据，其中指派人通常为流程创建者，候选人和候选组通常由指派人或流程创建时自动生成。ER 图如图 7.15 所示。

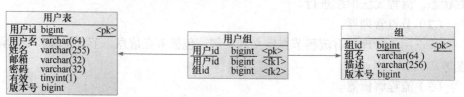

图 7.15　用户包 ER 图

（2）流程定义包。

流程定义包用于存储流程定义，即部署流程。为避免不同节点的差异性导致数据冗余和节点间相互独立，对所有节点存储进行了单独设计。ER 图如图 7.16 所示。

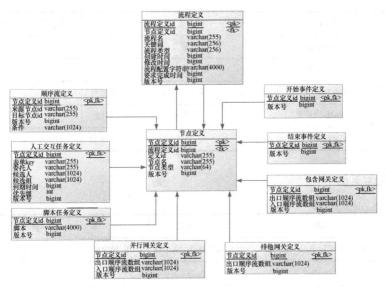

图 7.16 流程定义包 ER 图

（3）流程实例包。

流程实例包用于存储流程运行实例，包括变量、节点资源等。相较于其他的工作流引擎框架，实例包可同时作为历史流程存储，避免了重复存储的问题。ER 图如图 7.17 所示。

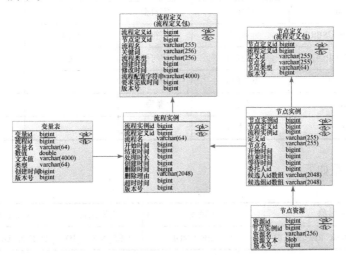

图 7.17 流程实例包 ER 图

7.5.2　数据库表结构

（1）顺序流定义（NF_DEF_SEQUENCE）如下：

字段名	中文名称	类型	长度，精度	可否为空
DEF_NODE_ID	节点定义 id	整型		否
SOURCEREF	来源节点 id	字符型	255	否
TARGETREF	目标节点 id	字符型	255	否
VER	版本号	整型		否
CONDITION	条件	字符型	1024	

关联关系如下：

关系名称	关联表	关联元素	本表元素	关系
DEF_SEQUENCE_REF_NODE	NF_DEF_NODE	DEF_NODE_ID	DEF_NODE_ID	1∶1

（2）人工交互任务定义（NF_DEF_USERTASK）如下：

字段名	中文名称	类型	长度，精度	可否为空
DEF_NODE_ID	节点定义 id	整型		否
FORMKEY	表单 key	字符型	255	否
ASSIGNEE	委托人	字符型	255	
CANDIDATE_USERS	候选人	字符型	1024	
CANDIDATE_GROUPS	候选组	字符型	1024	
DUE_DATE	到期时间	整型		
PRIORITY	优先级	整型		
VER	版本号	整型		

关联关系如下：

关系名称	关联表	关联元素	本表元素	关系
DEF_USERTASK_REF_NODE	NF_DEF_NODE	DEF_NODE_ID	DEF_NODE_ID	1∶1

（3）脚本任务定义（NF_DEF_SCRIPTTASK）如下：

字段名	中文名称	类型	长度，精度	可否为空
DEF_NODE_ID	节点定义 id	整型		否
DEF_SCRIPT	脚本	字符型	4000	否
VER	版本号	整型		否

关联关系如下：

关系名称	关联表	关联元素	本表元素	关系
DEF_SCRIPT_REF_NODE	NF_DEF_NODE	DEF_NODE_ID	DEF_NODE_ID	1 : 1

（4）流程定义（NF_DEF_PROCESS）如下：

字段名	中文名称	类型	长度，精度	可否为空
PROCESS_DEF_ID	流程定义 id	整型		否
DEF_NODE_ID	节点定义 id	整型		否
DEF_NAME	流程名	字符型	255	否
KEYWORDS	关键词	字符型	256	
DEF_TYPE	流程类型	字符型	256	
CREATE_TIME	创建时间	整型		
UPD_TIME	修改时间	整型		
CFG_STR	流程配置字符串	字符型	4000	
DUE_TIME	要求完成时间	整型		
VER	版本号	整型		

关联关系如下：

关系名称	关联表	关联元素	本表元素	关系
DEF_SUBPROC_REF_NODE	NF_DEF_NODE	DEF_NODE_ID	DEF_NODE_ID	1 : n

（5）节点定义（NF_DEF_NODE）如下：

字段名	中文名称	类型	长度，精度	可否为空
DEF_NODE_ID	节点定义 id	整型		否
PROCESS_DEF_ID	流程定义 id	整型		否
DEFINE_ID	定义 id	字符型	255	否
NODE_NAME	节点名	字符型	255	否
NODE_TYPE	节点类型	字符型	64	否
VER	版本号	整型		

关联关系如下：

关系名称	关联表	关联元素	本表元素	关系
DEF_NODE_REF_PROCESS	NF_DEF_PROCESS	PROCESS_DEF_ID	PROCESS_DEF_ID	1：n

（6）并行网关定义（NF_DEF_PARALLEL_GATEWAY）如下：

字段名	中文名称	类型	长度，精度	可否为空
DEF_NODE_ID	节点定义 id	整型		否
EXPORT_ARRAY	出口顺序流数组	字符型	1024	否
IMPORT_ARRA	入口顺序流数组	字符型	1024	否
VER	版本号	整型		

关联关系如下：

关系名称	关联表	关联元素	本表元素	关系
DEF_PARA_GATEWAT_REF_NODE	NF_DEF_NODE	DEF_NODE_ID	DEF_NODE_ID	1：1

（7）开始事件定义（NF_DEF_STARTEVENT）如下：

字段名	中文名称	类型	长度，精度	可否为空
DEF_NODE_ID	节点定义 id	整型		否
VER	版本号	整型		否

关联关系如下：

关系名称	关联表	关联元素	本表元素	关系
DEF_STARTEVT_REF_NODE	NF_DEF_NODE	DEF_NODE_ID	DEF_NODE_ID	1：1

（8）结束事件定义（NF_DEF_ENDEVENT）如下：

字段名	中文名称	类型	长度，精度	可否为空
DEF_NODE_ID	节点定义 id	整型		否
VER	版本号	整型		否

关联关系如下：

关系名称	关联表	关联元素	本表元素	关系
DEF_ENDEVT_REF_NODE	NF_DEF_NODE	DEF_NODE_ID	DEF_NODE_ID	1：1

（9）包含网关定义（NF_DEF_INCLUSIVE_GATEWAY）如下：

字段名	中文名称	类型	长度，精度	可否为空
DEF_NODE_ID	节点定义 id	整型		否
EXPORT_ARRAY	出口顺序流数组	字符型	1024	否
IMPORT_ARRAY	入口顺序流数组	字符型	1024	否
VER	版本号	整型		

关联关系如下：

关系名称	关联表	关联元素	本表元素	关系
DEF_INCL_GATEWAT_REF_NODE	NF_DEF_NODE	DEF_NODE_ID	DEF_NODE_ID	1：1

（10）排他网关定义（NF_DEF_EXCLUSIVE_GATEWAY）如下：

字段名	中文名称	类型	长度，精度	可否为空
DEF_NODE_ID	节点定义 id	整型		否
EXPORT_ARRAY	出口顺序流数组	字符型	1024	否
VER	版本号	整型		

关联关系如下：

关系名称	关联表	关联元素	本表元素	关系
DEF_EXCL_GATEWAT_REF_NODE	NF_DEF_NODE	DEF_NODE_ID	DEF_NODE_ID	1∶1

7.5.2.1　流程实例相关表结构

（1）变量表（NF_VARIABLE）如下：

字段名	中文名称	类型	长度，精度	可否为空
VARIABLE_ID	变量 id	整型		否
PROCESS_ID	流程 id	整型		否
VARIABLE_NAME	变量名	字符型	64	否
NUMBER_VALUE	数值	数值型	9,4	
TEXT_VALUE	文本值	字符型	4000	
VAR_TYPE	类型	字符型	64	
CREATE_TIME	创建时间	整型		
VER	版本号	整型		

关联关系如下：

关系名称	关联表	关联元素	本表元素	关系
VARIABLE_REF_PROCESS	NF_PROCESS	PROCESS_ID	PROCESS_ID	1∶n

（2）流程实例（NF_PROCESS）如下：

字段名	中文名称	类型	长度,精度	可否为空
PROCESS_ID	流程实例 id	整型		否
PROCESS_DEF_ID	流程定义 id	整型		否
PROCESS_NAME	流程名	字符型	64	否
START_TIME	开始时间	整型		
END_TIME	结束时间	整型		

续表

字段名	中文名称	类型	长度,精度	可否为空
HANDLE_TIME	处理时长	整型		
CREATE_TIME	创建时间	整型		
DELETE_TIME	删除时间	整型		
DELETE_REASON	删除理由	字符型	2048	
DUE_TIME	超时时间	整型		
VER	版本号	整型		

关联关系如下：

关系名称	关联表	关联元素	本表元素	关系
PROCESS_REF_PROC_DEF	NF_DEF_PROCESS	PROCESS_DEF_ID	PROCESS_DEF_ID	$1:n$

（3）节点实例（NF_NODE）如下：

字段名	中文名称	类型	长度, 精度	可否为空
NODE_ID	节点实例 id	整型		否
DEF_NODE_ID	节点定义 id	整型		否
PROCESS_ID	流程实例 id	整型		
DEFINE_ID	定义 id	字符型	255	
NODE_NAME	节点名	字符型	255	
START_TIME	开始时间	整型		
END_TIME	结束时间	整型		
WAIT_TIME	等待时长	整型		
ASSIGNEE	委托人 id	整型		
CANDIDATE_USERS	候选人 id 数组	字符型	2,048	
CANDIDATE_GROUPS	候选组 id 数组	字符型	2,048	
VER	版本号	整型		

关联关系如下：

关系名称	关联表	关联元素	本表元素	关系
NODE_REF_PROCESS	NF_PROCESS	PROCESS_ID	PROCESS_ID	$1:n$
NODE_REF_NODE_DEF	NF_DEF_NODE	DEF_NODE_ID	DEF_NODE_ID	$1:n$

（4）节点资源（NF_RESOURCE）如下：

字段名	中文名称	类型	长度，精度	可否为空
RESOURCE_ID	资源 id	整型		否
NODE_INST_ID	节点实例 id	整型		否
RESOURCE_NAME	资源名	字符型	255	否
RESOURCE_BYTE	资源文本	块		
VER	版本号	整型		

关联关系如下：

关系名称	关联表	关联元素	本表元素	关系
RESOURCE_REF_NODE	NF_NODE	NODE_INST_ID	NODE_ID	$1:n$

7.5.2.2　用户相关表结构

（1）用户表（NF_USER）如下：

字段名	中文名称	类型	长度，精度	可否为空
USER_ID	用户 id	整型		否
USER_NAME	用户名	字符型	64	否
REAL_NAME	姓名	字符型	255	否
EMAIL	邮箱	字符型	32	
USER_PWD	密码	字符型	32	
ENABLED	有效	整型	1	
VER	版本号	整型		

（2）用户组（NF_GROUP_USER）如下：

字段名	中文名称	类型	长度，精度	可否为空
GROUP_USER_ID	用户组 id	整型		否
USER_ID	用户 id	整型		否
GROUP_ID	组 id	整型		否

关联关系如下：

关系名称	关联表	关联元素	本表元素	关系
GUSER_REF_USER	NF_USER	USER_ID	USER_ID	$1:n$
GUSER_REF_GROUP	NF_GROUP	GROUP_ID	GROUP_ID	$1:n$

（3）组（NF_GROUP）如下：

字段名	中文名称	类型	长度，精度	可否为空
GROUP_ID	组 id	整型		否
GROUP_NAME	组名	字符型	64	否
REMARKS	描述	字符型	256	
VER	版本号	整型		

第8章 气动数据及存储

8.1 气动数据概念

力学是研究物质机械运动规律的科学，流体力学是力学的一个分支，主要研究在各种力的作用下，流体本身的静止状态和运动状态以及流体和固体界壁间有相对运动时的相互作用和流动规律，空气动力学又是流体力学的一个分支，GB/T 16638.1—2008《空气动力学 概念、量和符号第 1 部分：空气动力学常用术语》给出了空气动力学的定义："研究空气运动以及它们与物体相对运动时互相作用规律的学科。"这里的物体一般来说是指飞机、火箭、飞船等航空航天飞行器，空气对飞行器的作用力一部分体现为升力（垂直于飞行器的飞行方向），对飞行器起上举作用；另一部分体现为阻力（与飞行器方向相反），对飞行器起阻尼作用；还有一部分是由飞行器表面上作用力如压强的分布而产生的合力矩，对飞行器姿态起控制作用。

飞行器的气动数据是飞行器绕流空气动力学仿真中必不可少的，应用于仿真飞行器空气动力特性，建立飞行器的空气动力数学模型，确保飞行模拟的逼真度和可信度。气动数据的重要来源为风洞试验，辅助以必要的理论计算、经验估算和飞行试验[28-36,68-73,80-89]，其获取通常有三种手段：风洞试验、数值计算和飞行试验。其中风洞试验是指在风洞中安置飞行器或其他物体模型，研究气体流动及其与模型的相互作用，以了解实际飞行器或其他物体的空气动力学特性的一种空气动力试验方法。一般分为三种情况，第一种情况是空气运动，模型不动，所以也叫吹风试验；第二种情况是空气静止，模型运动，比如自由飞模型试验；第三种空气和模型都运动，比如相对风洞气流投射模型而进行的试验。大部分情况下，我们研究的是第一种吹风试验，因为一般来说，在风洞试验中让空气流动比让物体流动更容易实现。飞行试验是指飞行器及其动力装置和机械设备在真实的飞行环境条件下进行的试验，一般分为研制飞行试验、鉴定定型飞行试验、检验飞行试验、使用飞行试验四种类型。

数值计算是指有效使用计算机求解数学问题近似解的方法和过程。随着高性能计算的快速发展，计算流体动力学（Computational Fluid Dynamics, CFD）的理论与求解方法不断拓展和革新，使得这一学科在越来越多的领域得到广泛应用。CFD 的基本思想可以归纳为：将流体力学的控制方程中积分、微分项近似地表示为离散的代数形式，使其成为代数方程组，然后通过计算机求解这些离散的代数方程组，获得离散的时间/空间点上的数值解。采用 CFD 的方法对流体力学进行数值模拟，首先需要建立反映工程问题或者物理问题本质的数学模型，这是理论研究内容；然后寻求高效率、高准确度的计算方法，即建立针对控制方程的数值离散化方法；在此基础上编制程序并进行计算，主要包括进行网格划分、初始条件和边界条件的输入、控制参数的设定等；最终得出计算结果。

无论采用何种手段，得到的数据都是相对于某个空气动力学坐标系，坐标系之间可以相互转换，GB/T 16638.2—2008《空气动力学 概念、量和符号第 2 部分：坐标轴系和飞机运动状态量》中对最常用的三个坐标轴系定义如下。

（1）机体坐标轴系 Oxyz：简称体轴系，是固定在飞行器上的坐标轴系。其原点（O）通常位于飞行器的重心；纵轴（x）位于飞行器对称面内，平行于机身轴线（一般是飞行器的构造水平线）指向前方；横轴（y）垂直于飞行器对称面指向右方；竖轴（z）垂直于纵轴指向下方。

（2）气流坐标轴系（Oxayaza）：简称风轴系，它是相对于飞行速度方向来定义的。其原点（O）通常位于飞行器的重心，其纵轴(xa)沿飞行速度的方向指向前方，竖轴（za）在飞行器对称面内垂直于纵轴指向下方，横轴（ya）垂直于 xa 和 za 指向右方。

（3）稳定性坐标轴系（Oxsyszs）：在受扰运动中固连在飞行器上的一种机体坐标轴系，其原点（O）通常位于飞行器的重心，纵轴(xs)沿着未受扰运动飞行器速度在飞行器参考面上的投影，横轴(ys)垂直于参考面指向右方，竖轴(zs)在参考面内，垂直于 xs 轴，指向下方。

气流坐标轴系，去掉侧滑角，把纵轴 xa 投影到飞行器对称面上，就是稳定性坐标轴系。稳定性坐标轴系，去掉迎角，把纵轴 xs 转到飞行器的构造水平线上，就是机体坐标轴系。

三种手段获得的气动数据各有优缺点：风洞试验可以模拟飞行器的飞行状态和飞行环境，然而地面模拟毕竟不可能完全反映真实飞行时的情况，而且还存在洞壁及支架干扰等影响；飞行试验辨识结果得到的是真实飞行情况下的气动数据，其精度受到遥外测传感器精度、采样频率及辨识方法误差等的影响，而且一次飞行试验得到的是该次飞行状态飞行环境下的气动数据，对不同飞行状态飞行环境的覆盖不够；数值计算的优点是成本较低、提供的数据多，还可能从理论、机理上作出解释，但在流场较为复杂的情况下其数学模型和计算方法的有效性还有待风洞试验和飞行试验的验证。三种手段获得的气动数据是对同一对象采用不同方式获得的多源信息，具有冗余性和互补性。因此，结合三种手段获得的气动数据各自的特点，建立气动融合准则和方法，有效地对这三种数据进行融合处理可以得到更高可信度的飞行器气动数据。另外，随着智能流体力学的发展，通过深度神经网络、随机森林、强化学习等机器学习方法，利用已有数据样本，构建高精度的气动系数预测模型，最终有效提高气动数据精度，也是一种新的研究思路。

8.2　气动数据的作用

（1）充分保存气动数据，挖掘这些数据资源的潜在价值。

通过工具和手段，选择性地收集、整理和保存目前已掌握和积累以及今后将产生的大量飞行器气动数据，充分挖掘和发挥气动数据资源潜在价值，总结气动关键问题影响规律，提炼新型飞行器发展的设计基准，少走弯路，为新型飞行器特别是自主创新飞行器研制提供解决相关气动关键技术难题的方法和经验，发挥其重要作用。

（2）为提高飞行器研制质量和效率服务。

可以对飞行器研制过程中不断进行外形修改的气动布局方案及相对应的风洞数据资源进行存储，并研究数据综合分析、提炼和融合方法，获得可用于综合设计、性能评估的综合性数据，获得气动布局设计原则和参数影响规律，为飞行器设计提供重要的技术参考，为提高飞行器研制质量和效率服务。

（3）降低新型飞行器发展的技术风险。

可以从过去大量飞行器数据中总结、提炼出许多带规律性的设计原则、设计参数等，作为设计基准派生和发展新的飞行器，对研制和发展进行可靠性更高的指导，有利于设计人员在设计阶段及时发现气动设计方面的缺陷和隐患，从而采取相应的修改或防范措施，消除和降低新型飞行器研制中的技术风险。

（4）为飞行器设计和使用单位在阶段评审和把关中提供技术数据。

可以提供一个在飞行器研制转阶段特别是首飞前进行气动/飞行性能评估的技术手段和工具，对研制全过程进行全面、综合分析检查，为飞行器设计单位、飞行器使用单位或主管部门提供用于评估、鉴定的技术数据，为科学决策提供可靠的技术依据。

8.3　数据来源

前面描述数据时，并没有刻意区分数据来源，只要是同一类型的数据，不管是来自风洞试验还是数值计算，总能整理成相同的格式。但实际情况是，同一数据类型的计算数据与试验数据也未必完全一样，毕竟对于试验而言，会采用多种试验设备、试验环境和试验条件，而对于计算而言，有些条件需要数值模拟，而有些设备根本不需要考虑，尤其是计算对象即计算模型，它是一个数字模型而非真实的物理模型。

但是，不同来源的数据具有相同的模型、任务等描述信息，对于试验结果和计算结果，基本上还是一一对应的，否则便无法比较以及进行相关性分析，所以在本书中的以后章节中，都不太明确区分不同来源数据的格式，而是在数据管理过程中，作为数据的一个描述属性，指明此类数据的来源即可。

不同数据来源获取数据的流程并不相同，下面阐述不同流程。

8.3.1 风洞试验的标准流程

（1）试验协调阶段。

根据风洞试验任务建立试验项目，整理相关资料和文件：包括风洞试验设计、开发输入评审登记表、风洞试验输入文件清单、试验任务书、风洞试验任务通知单、风洞试验大纲、试验参试计量器具及专用测试设备清单、风洞试验质量保证大纲等文档类文件。

（2）试验策划阶段。

项目相关各部门需要根据试验方案，计划试验相关团队、资源团队。确定试验模型的比例尺寸与结构形式等内容，并规划模型在风洞中需使用的支杆、测量仪器、观察仪器和试验装置等。当风洞现有的试验装置和仪器不能满足试验要求时，团队相关专业需要设计加工或购置新的装置和仪器，包括必要的专用工具。同时需要整理资源对应的评审文件，包括模型设计方案、天平设计方案、验收评审等。

（3）试验准备阶段。

试验负责人需要规划试验工况表，确定试验条件、试验方法。其内容主要包括试验项目、模型状态、模型姿态、速度或马赫数等，并规划本次试验的控制参数表。将地面准备好的模型、试验装置、测试仪器等分别按各自的操作规程在风洞上进行安装，并调试到试验所要求的状态。

（4）试验实施阶段。

按照规划好的车次采集原始数据，并记录整个试验过程，包括试验过程中出现的一些故障。

（5）试验总结阶段。

对试验数据进行分析对比，总结试验过程中的问题。对整个试验过程进行分析记录，辅助编写试验报告，完成整个试验。

8.3.2 数值计算的标准流程

（1）建立控制方程。

流体流动要受物理守恒定律的支配，基本的守恒定律包括：质量守恒定律、动量守恒定律、能量守恒定律。如果流动包含不同成分（组元）的混合或相互作用，系统还要遵守组分守恒方程。如果流动处于湍流状态，系统还要遵守附加的湍流输运方程。

（2）确定边界条件与初始条件。

初始条件是所研究对象在过程开始时刻，各个求解变量的空间分布情况。边界条件是在求解区域的边界上所求解的变量或其导数随地点和时间的变化规律，初始条件与边界条件是控制方程有确定解的前提，与控制方程的组合构成对一个物理过程完整的数学描述。

（3）划分计算网格。

使用网格在空间域上离散控制方程，然后求解得到离散方程组。网格分结构网格和非结构网格两大类，目前各种 CFD 软件都配有专用的网格生成工具。

（4）建立离散方程。

在很难获得精确解的前提下，需要通过数值方法把计算域内有限数量位置上的因变量值当作基本未知量来处理，从而建立一组关于这些未知量的代数方程组，然后通过求解代数方程组得到这些节点值，而计算域内其他位置上的值则根据节点位置上的值来确定。分为有限差分法、有限元法、有限元体积法等不同类型的离散化方法。

（5）给定求解控制参数。

在离散空间上建立离散化的代数方程组，并施加离散化的初始条件和边界条件后，还需要给定流体的物理参数和湍流模型的经验系数等，还要给定迭代计算的控制参数精度、瞬态问题的时间步长和输出频率等。

（6）求解离散方程。

求解具有定解条件的代数方程组。迭代过程中，监视解的收敛性，并在系统达到指定精度时，结束迭代过程，输出计算结果。

8.4　气动数据的生命周期

气动数据的生命周期揭示了数据从采集到进入数据库系统，再到修正、再利用的全部过程。数据是气动试验能力体系的核心，如图 8.1 所示，是数据从采集、传输、存储、分析到应用的全链路过程。数据链路贯通在硬件上，需要将全部试验设备、试验动力资源保障系统、试验外场系统、模型加工场所、科研试验组织场所基础传输网络的逻辑互通；在软件上依托数据中心实现分布在不同业务领域的数据共享并建立关联关系；在运行模式上，实现各业务系统的相互接口，保证输入输出的快速衔接；在数据应用上，打破以风洞、以试验手段为单元的数据割裂，实现试验数据横向与纵向的一体化管理、一体化服务，建立数据融合应用的支撑平台。

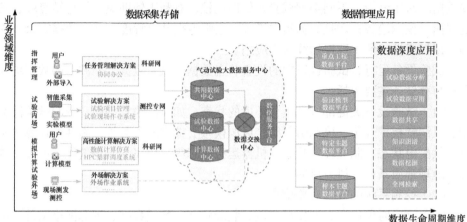

图 8.1 气动数据全生命周期

8.4.1 数据采集

对于气动试验数据的采集，一般都具备与风洞配套的数据采集系统、现场作业系统和数据传输系统、试验组织管理系统。

数据采集系统：由采集设备、数据中转设备构成。前端采集设备，采集风洞各控制系统、测量系统、健康管理系统的数据；数据中转设备，完成前端数据采集的中转。

现场作业系统：建立气动试验任务从接收、分解到产品交付的管理链，在作业层面保障气动试验的质量和效率；并对试验本体数据、试验技术状态数据进行管理，保证试验数据质量的可追溯。

数据传输系统：一般由测控专网、数据交换中心、数据综合服务中心构成，测控专网作为试验业务的承载网络，负责传输风洞试验数据，安全技术结构提供数据传输过程的安全管理。

试验组织管理系统：制定管理体系和一体化管控系统，面向试验的各级单位和用户，针对不同用户角色提供管理、任务查询、统计分析和决策支持等功能。

8.4.2 原始数据

通过采集设备得到的直接数据为原始数据，原始数据是气动试验设备的原始运行数据，一般来说，原始数据是试验现场的全域数据采集，其作用为：一是为现场一比一远程虚拟复现、仿真提供数据源；二是形成具体时刻的试验现场技术状态，是试验数据分析的基础；三是构建试验现场的大数据环境，为利用技术手段分析解决问题、发现规律现象等提供支撑；四是形成试验设备现场实体的映射数据，是试验设备数字化的必要条件；五是实现试验设备的故障回溯、同类型试验数据的对比分析、不同类型试验相似性比较，有利于辅助决策、总结经验、发现规律、预测趋势；六是数据集中管理，增强数据共享程度、减少数据冗余、提高数据权威性，便于数据后续深度应用。

试验设备运行、试验进行中的设备状态数据、试验数据、滤波后的数据均要采集与存储，主要包括：

（1）试验设备关键部段及运行环境的状态，如风洞喷管型面、风洞试验段类型、风洞壁板扩开角、风洞引射缝、风洞模型支撑方式参数等；高性能计算机系统的供配电状态、制冷环境状态、机器运行状态等；模飞的外场气压、温度、湿度、地理地质条件、风力风向等。

（2）控制系统的被控对象信息。

（3）试验对象信息，如模型参数、装配状态，数模数据、计算网格文件、网格生成软件等，模飞模型信息、飞控程序等。

（4）试验资源信息，如天平的证书、传感器的系数，动力资源的类别、初始压力、消耗值、资源质量等。

（5）试验运行信息，如参试人员信息、设备运行记录、设备检查记录、各岗位运行日志、与顾客的协调记录、专家的技术支持等。

（6）试验分析技术信息，如所采用的数据计算公式、修正方法、调节系数等。

（7）气动试验测试数据的原始结果、中间分析数据、试验结果数据、试验结论等。

8.4.3 工程数据

在风洞试验中，由于测试系统的不稳定性、人工失误以及其他原因，可能会造成个别试验数据的错误，未必能够直接用于工程应用，所以为了提高数据的可靠性，应该对原始数据进行整理、校核、筛选、修正，处理之后产生的数据成为工程数据。原始数据转换为工程数据的过程可以靠人工整理、校核和筛选，也可以通过工具进行绘图比较、关联融合处理、不确定度分析等。

在风洞试验中，一般都是采用缩比刚性模型，而且风洞模拟条件与真实飞行条件也有很大差异，比如流场、洞壁和支架干扰等，因而风洞模型测出的气动力（热）与真实飞行器所受到的气动力（热）也存在差异，需要对原始试验数据进行许多修正，如洞壁和支架干扰、Re数影响、静弹性修正、进排气或喷流修正、底阻修正等。

针对原始数据，进行数据融合、数据关联、数据不确定度、飞行试验与地面试验数据一体化融合、相关性分析等处理后，再进行数据集成，才能建立系统的包括数据集、曲线和图表，满足评估需要的、完备的飞行器空气动力工程数据库。

工程数据具备如下功能：

（1）对于没有进行风洞试验和数值计算的处于初步研制阶段的新型飞行器，可以通过输入外形参数、飞行任务特性和飞行条件等参数，调用相似外形飞行器气动参数融合、关联技术研究结果，方便快捷地得到该新型飞行器的气动性能预测结果。

（2）对于风洞试验状态不全的飞行器，通过数值计算来弥补风洞试验数据的不足。对于新型飞行器，也可以调用计算软件进行计算，并可以将计算结果和基于气动参数融合、关联技术研究结果的气动性能预测结果进行比较，获得该新型飞行器的气动和飞行性能。

工程数据的输入是原始数据，工程数据相较原始数据更加完整和规范，通常也为工程应用和数据挖掘提供完整可靠的数据来源。

8.4.4 主题数据

原始数据库存储来源于气动试验三大手段的直接计算和测量的数据。工程数据存储对原始数据进行清洗、规范化以及经过数据处理方法间接计算得到的数据。主题数据是指对基于特定飞行器、特定标准模型、特定工程应用的气动数据提取与修正，数据的来源是工程数据库或者气动数据中心。主题数据的目的是直接用于飞行器研究和数据挖掘服务。

为此必须通过规范的数据接口和访问方式提取数据，如有必要则必须经过预处理和标准化来提高数据质量，为数据挖掘和应用提供更有针对性的可用数据，这不仅可以节约大量的时间和空间，而且得到的结果数据能更好地起到决策和预测作用。

预处理之后的数据如有必要需要进行修正处理，之后以主题为核心，以多级层次关系保存到数据库或者数据仓库中，供数据挖掘和数据分析使用，通过数据挖掘和数据分析产生的新数据,如有必要也可以保存到数据库或者数据仓库之中，以便数据比较和日后查阅。

标准模型数据是一种特殊的主题数据，这里的标准模型是指具有公认几何外形、能代表某一类飞行器气动布局特征的标准校验模型。

一般而言，标准模型主要具有以下用途：

（1）评估风洞试验数据的准度；

（2）校核风洞流场及测量系统的完好性；

（3）评估和检验 CFD 算法的可靠性；

（4）开展空气动力学相关学科或试验技术的研究工作；

（5）检验风洞对类标模外形飞行器的试验能力。

完备可靠的标准模型数据不仅是风洞试验技术和 CFD 模拟技术建立和发展的基础性技术平台,同时也是各类飞行器研制中必不可少的标准性、稳定性、功能性检验设备。

8.4.5　数据挖掘

近十几年来,数据关联和融合技术获得了普遍的关注和广泛应用。在数据关联技术研究方面,提出了"数据挖掘"(Data Mining)的概念,其含义是从大量事前不知道和潜在有用的数据信息中进行信息提取的技术,分数据准备、规律寻找和规律表示三个步骤。数据挖掘技术是基于统计理论、机器学习、人工智能等算法从大量的数据集合中获取有用隐含信息,并通过规则和可视化等方式予以展现,形成知识发现的过程。由于它可以有效地对大量数据进行分析,并方便直观地洞见复杂参数间的关联关系及影响规律,从而解决上述问题,因而在多学科优化设计、飞行试验数据分析、气动参数辨识等领域逐渐受到关注并得到应用。

从数据挖掘的角度看,空气动力学数据也可以按照文件格式划分为结构化数据、半结构化数据、非结构化数据。其中,结构化数据包含流场统计文件、计算结果收敛信息等;半结构化数据包含边界流场信息、空间流场信息等;非结构化数据主要包含各种设置文件、流场解算记录文件、边界网格文件和体网格文件等。半结构化和非结构化的数据经过归整化处理,才可以进行进一步的数据挖掘工作。

气动数据挖掘需要依托现有的数据库技术和机器学习算法,利用数据库技术管理海量的数据,借助机器学习算法进行数据分析。数据挖掘在数据库技术的支持下,对数据的理解能力越来越强,如此多的数据堆积在一起,增加了对机器学习算法的要求,数据挖掘要尽可能获取更多、更有价值、更全面的数据,并从这些数据中提取价值。

根据任务不同,气动数据挖掘可以具体分为描述性挖掘任务和预测性挖掘任务。描述性挖掘任务通过构建气动模型,描述气动数据的内在规律,是预测性挖掘任务的前提工作;预测性挖掘任务利用构建的气动模型,对新的来流条件和气动外形下的气动力/热参数进行预测。

8.5　气动数据存在形式

数据当然都是以文件的形式存在,上面章节中提到过结构化数据、非结构化数据、半结构化数据。要判断哪些数据是结构化的,完全取决于如何定义"结构化"和"非结构化"这两个术语。"结构化"这一术语使用最广泛的定义是:所有可以通过标准数据管理系统（DBMS）管理的数据都是结构化的。要将数据装载到 DBMS 中，就需要对系统的逻辑特征和物理特征进行仔细定义，所有数据（包括实行、键和索引等）都需要在装载到系统之前进行定义。这里的 DBMS 是指传统的关系型数据库。也就是说，能够解析成以记录形式存在，或者以二维表形式存在的数据就是结构化数据。结构化数据的好处在于：

（1）符合数据规范，便于保存、查询和提取；

（2）数据直观，符合我们通常的使用习惯；

（3）便于数据之间的比较分析和画图；

（4）便于提供接口，供其他工具使用。

不能或者不方便用数据库二维逻辑表来表现的数据即为非结构化数据，一般来说非结构化数据包括视频、音频、图像、试验大纲、试验报告、网格文件、流场文件等。其实这些数据也是有格式的，否则第三方工具软件也无法识别文件内容，而且如有必要，特别是文本文件或者 tecplot 文件，我们把它们转换成二维表数据也并不难，但是根据我们这里的定义，它们都属于非结构化文件。

相对于结构化数据与非结构化数据，半结构化数据一般是指无法直接存储于数据库中，但具备一定内在逻辑和结构表达方法的数据类型，如 XML、HTML、JSON 文件等类型。它们虽然不是二维表形式数据，但是格式固定、语法固定、可文本编辑，甚至可以采用通用工具自动转换，所以我们称之为半结构化数据。由非结构化或者半结构化数据转换成结构化数据的过程，我们称之为数据解析，这个在后面章节会专门介绍。

8.6 数 据 种 类

气动数据主要包括但不限于以下几类：

（1）试验资源信息。

风洞基本信息（类型、喷管尺寸、雷诺数、马赫数、模拟高度、驱动系统、支撑系统、气源系统等）和流场品质信息（平均气流偏角、湍流度等）；风洞、天平、压力传感器、电子扫描阀等测量装置的基本信息、校准或标定系数等信息；CFD 数值计算软件信息（基本信息、使用范围、控制方程、运行限制、运行环境、可执行文件等）；试验动力资源类别、初始压力、消耗值、资源质量等。

（2）飞行器信息。

飞行器信息包括名称、代号、描述、研制单位、性能指标、相关文件等。

（3）对象信息。

试验对象主要包括常规和特种大类，其中常规试验对象包括飞机类、火箭类试验对象；特种试验对象包括结冰试验、声学试验、直升机试验、螺旋桨飞机带动力试验、尾旋试验、降落伞试验、大面积测热试验、防热试验、侵蚀试验、碰撞试验、进气道性能试验、燃烧室性能试验、尾喷管性能试验、推进流道性能试验等。试验对象信息包括飞行器代码、对象名称、设计制造单位、所属单位、数据轴系、配套天平、几何描述、特征参数、操作面参数、特殊部件参数、使用条件、测点数量、测点分布图、对象图片等。除此之外计算对象还包括数模文件、网格文件等。

（4）任务与条件信息。

主要包括试验任务或者计算任务所涉及的试验/计算项目信息、任务信息、计划和运转信息、试验类型（计算类型）、试验风洞（计算软件）、试验马赫数范围、雷诺数范围、模拟高度范围、天平代码、扫描阀代码、支撑形式和人员职责分工等。

（5）状态信息。

状态信息根据试验类型和试验来源的不同而有很多区别，对于常规测力试验而言，主要包括模型构型、操作面状态、马赫数、雷诺数、高度等信息，对于计算数据，那就包括计算状态、计算网格文件、网格生成软件、计算软件控制参数文件、网格规模形式等信息。而对于压力分布试验，状态参数与常规气动力试验也会有很大区别。

（6）结果信息。

试验或计算的结果信息，包括之前介绍过的原始数据、中间分析数据、修正数据、结果数据、流场文件等。

（7）文件。

气动数据库系统不仅处理可以解析的格式化数据，也处理大量文件，文件的类型可能包括文本文件、二进制数据文件、图像文件、视频文件、Office 系列文件、PDF 文件、网格文件、数模文件等等，一般通过文件扩展名就可以区分文件类型。

（a）文本文件。

➢ TXT：记事本格式（扩展名为 txt）。

➢ CSV：以字符分隔的纯文本文件（扩展名为 csv）。

（b）办公文件。

➢ Word：文字处理（扩展名为 doc、docx）。

➢ Excel：电子表格（扩展名为 xls、xlsx）。

➢ PowerPoint：幻灯片（扩展名为 ppt、pptx）

➢ Visio：流程图（扩展名为 vsd）。

➢ PDF：便携式文档（扩展名为 pdf）。

➢ XML：扩展标记语言（扩展名为 xml）。

（c）图片或图像。

➢ JPEG：一种图片压缩技术（扩展名为 jpg）。

➢ GIF：一种使用 LZW 压缩的格式，最小化文件（扩展名为 gif）。

➢ PNG：图像文件存储格式（扩展名为 png）。

➢ BMP：Windows 标准图像格式（扩展名为 bmp）。

（d）视频。

➢ AVI：视频和音频混编码文件（扩展名为 avi）。

➢ MOV：QuickTime 格式（扩展名为 mov）。

➢ RMVB：Real Video 格式（扩展名为 rmvb、rm）。

➢ MPEG-4：国际标准化组织（ISO）制定的通用压缩编码标准（扩展名为 mp4）。

➢ MKV：Matroska 多媒体封装格式（扩展名为 mkv）。

（e）数模文件。

➢ IGES：初始化图形交换规范，通用 ANSI 信息交换标准，存储了模型的几何尺寸及点线面的拓扑关系，包括固定长 ASCII 码、压缩的 ASCII 码及二进制三种格式（扩展名为 igs）。

➢ STEP：产品模型数据交换标准，是 ISO 制定的国际统一数据交换标准。STEP 还能保存精度和材料信息（扩展名为 stp、step）。

➢ STL：用来表示封闭的面或者体，有明码和二进制两种格式，只能描述几何信息（扩展名为 stl）。

➢ DIF：AutoCAD 的位图文件，以 ASCII 方式存储图形（扩展名为 dif）。

➢ DWG：AutoCAD 的文本文件（扩展名为 dwg）。

➢ 3DXML：3D 文件（扩展名为 3dxml）。

（f）网格文件。

➢ CGNS 文件：CFD 通用符号系统（扩展名为 CGNS）。

每个文件所属的层级不尽相同，但都必须依附在某个特定层次的特定对象上，可以当作是这个特定对象的附件加以关联和管理，一般来说，会建立文件服务器专门存储大量的文件，数据表中只保存文件访问路径和文件名，远程服务器通过接口调用数据文件往往需要通过 FTP 协议访问。Web 端有时候还需要预览数据文件，对于图片和视频等浏览器可以直接处理，但对于 Office 或者数模等文件，则需要安装插件或者编写代码实现预览功能。

8.7　需要入库的数据

不是所有的数据都需要入库，具体入库的数据种类依据软件系统的目的和最终用户需求。前面介绍过，依据数据来源，气动数据可划分为风洞试验数据、数值计算数据和飞行试验数据三大类：风洞试验数据包括了气动力、热分布、气动压以及局部流场等数据；数值计算数据包括了流场和积分的气动力数据等；飞行试验数据包括了测压、测热以及气动力数据等。

　　从数据应用的角度观察，需要入库的计算数据与试验数据清单分别如图8.2、图8.3所示。试验数据主要包含：飞行器信息、试验对象、试验任务与条件、试验状态信息、试验结果数据、其他文件；计算数据主要包含：飞行器信息、计算对象、计算任务与条件、计算状态信息、计算结果数据、其他文件。

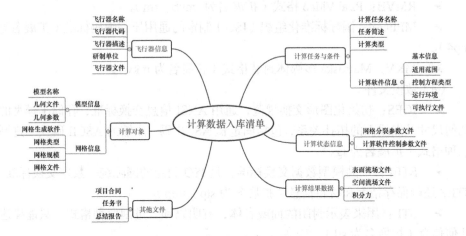

图 8.2　计算数据入库清单

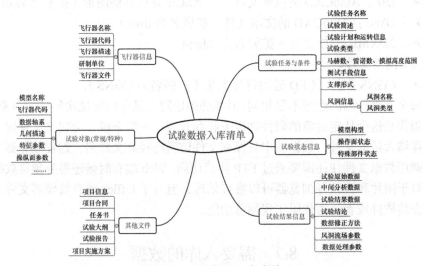

图 8.3　试验数据入库清单

8.8 气动数据库数据结构设计

按照软件工程概念，软件生命周期由软件定义、软件开发和运行维护三个时期组成。软件定义时期的任务是确定软件开发的总体目标，确定工程的可行性，导出实现目标应该采用的策略及系统必须完成的功能，估计完成该项工程需要的资源和成本，并且制定工程进度表。即问题定义与需求分析阶段。

开发时期具体设计和实现在前一个时期定义的软件，通常由总体设计（概要设计）阶段、详细设计阶段、编码阶段和测试阶段组成，前两个阶段也称为系统设计，后两个阶段也称为系统实现。

维护时期的主要任务是使软件持久地满足用户需要，包括运行过程中发现错误的改正，当运行环境改变时修改软件适应新环境，当用户有新的需求时及时改进软件等。

其中总体设计阶段是分析设计备选方案，并定义软件的体系结构，确定模块、接口，以及模块之间的关系。详细设计阶段则进行模块的详细实现，实现用户界面设计和数据结构设计等，本节我们逐一介绍空气动力学主要数据的结构设计，以及它们之间的层次关系。

8.8.1 飞行器（VEHICLE）

飞行器一般包括飞行器名称、代号以及必要的性能指标，主要性能指标是指根据项目需要提出研究目标的性能参数。飞行器信息如表 8.1 所示。

表 8.1 飞行器（VEHICLE）

序号	中文名称	字段名	类型	长度,精度	可否为空	是否主键
1	飞行器序号	VEHICLE_SEQNUM	整型		否	是
2	飞行器名称	VEHICLE_NAME	字符型	40	否	否
3	飞行器代号	VEHICLE_CODE	字符型	40	否	否
4	设计单位	DESIGN_UNIT	字符型	70	是	否
5	性能指标1	PERFOR_INDEX1	字符型	50	是	否
6	性能指标2	PERFOR_INDEX2	字符型	50	是	否
......	......	......	......			

8.8.2　试验风洞（WINDTUNNEL）

试验风洞是以人工方式产生并控制气流，用来模拟飞行器或模型周围气体的流动情况，并可度量气流对实体的作用效果以及观察物理现象的一种管道试验设备。风洞试验是飞行器研制工作中的一个不可缺少的组成部分，由洞体、驱动系统和测量控制系统组成，按试验段气流速度大小分为低速风洞、高速风洞和高超声速风洞。试验风洞信息如表 8.2 所示。

表 8.2　试验风洞（WINDTUNNEL）

序号	中文名称	字段名	类型	长度,精度	可否为空	是否主键
1	风洞序号	WTUNNEL_SEQNUM	整型		否	是
2	风洞名称	WTUNNEL_NAME	字符型	40	否	否
3	风洞代号	WTUNNEL_CODE	字符型	40	否	否
4	风洞类型	WTUNNEL_TYPE	字符型	20	否	否
5	试验段横截面尺寸	TEST_SC	字符型	50	是	否
6	试验段长度	TEST_SS	数值型	10,4	是	否
7	喷管出口尺寸	JET_EXIT	字符型	40	是	否
8	风洞马赫数范围	V_RANGE	字符型	40	是	否
9	风洞雷诺数范围	RE_RANGE	字符型	40	是	否
10	风洞总压范围	P0_RANGE	字符型	40	是	否
11	风洞总温范围	T0_RANGE	字符型	40	是	否
……	……	……	……			

8.8.3　计算软件（SOFTWARE）

计算软件指 CFD 数值计算软件，包括软件的基本信息描述。计算软件信息如表 8.3 所示。

表 8.3　计算软件（SOFTWARE）

序号	中文名称	字段名	类型	长度,精度	可否为空	是否主键
1	软件序号	SW_SEQNUM	整型		否	是
2	软件名称	SW_NAME	字符型	40	否	否
3	软件代码	SW_CODE	字符型	40	否	否
4	适用范围	APP_RANGE	字符型	40	是	否

续表

序号	中文名称	字段名	类型	长度,精度	可否为空	是否主键
5	控制方程	CONTROL_EQU	字符型	40	是	否
6	运行环境	RUN_ENV	字符型	40	是	否
7	软件描述	SW_DESCRIPTION	字符型	80	是	否
……	……	……	……			

8.8.4 天平（BALANCE）

模型在风洞中试验需要支撑的支杆，测力的天平通常安装在支架上，试验模型通常通过天平与支杆相连。天平信息如表 8.4 所示。

表 8.4 天平（BALANCE）

序号	中文名称	字段名	类型	长度,精度	可否为空	是否主键
1	天平序号	BAL_SEQNUM	整型		否	是
2	天平名称	BAL_NAME	字符型	40	否	否
3	天平代码	BAL_CODE	字符型	40	否	否
4	天平类型	BAL_TYPE	字符型	40	是	否
5	设计载荷	DEG_LOAD	数值型	10,4	是	否
6	外形尺寸	OVER_DIM	字符型	40	是	否
……	……	……	……			

8.8.5 试验或计算单位（UNIT）

指进行试验或者计算的单位，如表 8.5 所示。

表 8.5 试验或计算单位（UNIT）

序号	中文名称	字段名	类型	长度,精度	可否为空	是否主键
1	单位序号	UNIT_SEQNUM	整型		否	是
2	单位名称	UNIT_NAME	字符型	40	否	否
3	单位代码	UNIT_CODE	字符型	40	否	否
4	单位描述	UNIT_DESCRIPTION	字符型	80	是	否
……	……	……	……			

单位与风洞、天平、传感器、其他试验装置，计算软件、其他设备和工具的关系如图 8.4 所示。

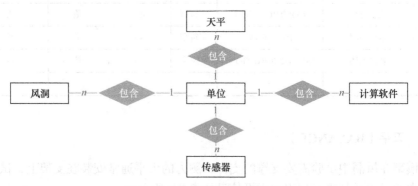

图 8.4 单位与所拥有设备的关系

8.8.6 试验模型（MODEL）

试验模型是指在飞行器研制过程中，根据相似理论设计生产的物理模型。其用途是测量飞行器各个部件的气动特性，其几何外形必须与真实飞行器完全相似，一般按飞行器的理论外形进行缩比。试验模型信息如表 8.6 所示。

模件代码的编码原则是先对基本模件确定分类码，然后对每种具体模件确定其代码。编码方法是采用模件通用结构名的英文名中的某些字符作代码。

表 8.6 试验模型（MODEL）

序号	中文名称	字段名	类型	长度,精度	可否为空	是否主键
1	模型代码	modcod	字符型	8	否	是
2	模型名	modnam	字符型	40	否	
3	模型几何外形组合代码	config	字符型	70		
5	模型缩比系数	scaval	数值型	9,4	否	
6	参考面积	sr	数值型	7,4		
7	纵向参考长度	lr	数值型	8,4		
8	侧向参考长度	zr	数值型	7,4		
9	底部面积	sb	数值型	7,4		
10	试验雷诺数参考长度	de	数值型	7,4		
……	……	……	……			

不同的飞行器，模型部件组成不同，部件结构也不相同，对于不同的部件，

可以建立不同的部件表，并通过主外键与模型进行关联。部件类别（未区分飞行器类型或者模型类型）见数据字典章节。

模型与部件的关系见图 8.5。

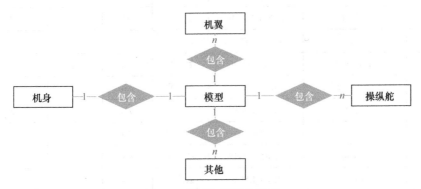

图 8.5 模型与部件的关系

下面以飞机为例，介绍机身、机翼、尾翼、小翼、操纵面等主要部件的数据结构，其他部件根据自身特点定义数据结构。

8.8.7 机身（BODY）

一般为柱形，将机翼、尾翼等部件连成一个整体。机身信息如表 8.7 所示。

表 8.7 机身（BODY）

序号	中文名称	字段名	类型	长度,精度	可否为空	是否主键
1	机身序号	BODY_SEQNUM	整型		否	是
2	机身名称	BODY_NAME	字符型	40	否	否
3	机身长度	BODY_LB	数值型	7,4	是	否
4	机身最大直径	BODY_DB	数值型	7,4	是	否
5	头部长度	HEAD_LB	数值型	7,4	是	否
6	尾部长度	TAIL_LB	数值型	7,4	是	否
……	……	……	……			

8.8.8 翼（WING）

机翼的主要作用是产生升力，与尾翼一起形成良好的稳定性与操纵性，当它具有上反角时，可为飞机提供一些横向稳定性。在它的后缘，一般布置有横向操纵用的副翼、扰流板等装置。翼信息如表 8.8 所示。

表 8.8　翼（WING）

序号	中文名称	字段名	类型	长度,精度	可否为空	是否主键
1	机翼序号	WING_SEQNUM	整型		否	是
2	机翼名称	WING_NAME	字符型	40	否	否
3	位置及形式	WING_STYLE	数值型	7,4	是	否
4	基本翼型	WING_TYPE	数值型	7,4	是	否
5	平均气动弦长	WING_CA	数值型	7,4	是	否
6	面积	WING_SW	数值型	7,4	是	否
7	展长	WING_B	数值型	7,4	是	否
8	上反角	WING_DAUW	数值型	8,4	是	否
9	后掠角	WING_LMAW	数值型	8,4	是	否
……	……	……	……			

8.8.9　尾翼（TAILWING）

安装在飞机尾部，可以增强飞行的稳定性。大多数尾翼包括水平尾翼和垂直尾翼，尾翼可以用来控制飞机的俯仰、偏航和倾斜以改变其飞行姿态。尾翼信息如表 8.9 所示。

表 8.9　尾翼（TAILWING）

序号	中文名称	字段名	类型	长度,精度	可否为空	是否主键
1	尾翼序号	TWING_SEQNUM	整型		否	是
2	尾翼名称	TWING_NAME	字符型	20	否	否
3	位置及形式	TWING_STYLE	字符型	40	是	否
4	基本翼型	TWING_TYPE	字符型	40	是	否
5	平均气动弦长	TWING_CA	数值型	7,4	是	否
6	面积	TWING_SW	数值型	7,4	是	否
7	展长	TWING_B	数值型	7,4	是	否
8	上反角	TWING_DAUW	数值型	8,4	是	否
9	后掠角	TWING_LMAW	数值型	8,4	是	否
……	……	……	……			

8.8.10 舵（RUDDER）

操纵面又称舵面，主要起操作飞行的作用，其情况亦很复杂。按其操纵功能，可分为：方向航，升降舵和副翼；按其安装位置，可分为：翼端舵（即安装在机翼的尖端，是机翼的一部分）、全动舵（即安装在机身上，或是整个机翼，或是整个尾翼）和后缘舵（即安装在固定机翼或固定尾翼上，是它们的一部分）；按作用于其上的介质，可分为：空气舵和燃气舵。至于常说的差动舵，它没有实际的物理结构，只是上述各舵的联合操作产生的操纵效果。在确定其通用结构时，我们只从操纵功能上去确定，故用"方向舵"、"升降舵"和"副翼"来表示其通用结构名。

值得特别指出的是，飞行器通过操作面角度的变化来实现升降、偏航与滚转，所以操纵面具体的角度值作为试验或者计算状态信息直接影响试验或者计算结果。舵信息如表 8.10 所示。

表 8.10　舵（RUDDER）

序号	中文名称	字段名	类型	长度,精度	可否为空	是否主键
1	舵序号	RUDDER_SEQNUM	整型		否	是
2	舵名称	RUDDER_NAME	字符型	20	否	否
3	操作功能	RUDDER_TYPE	字符型	20	否	否
4	安装位置	RUDDER_POSITION	字符型	20	是	否
……	……	……	……			

8.8.11 试验任务（TASK）

一个试验任务是指具备试验任务书的一套完整的试验，针对任务书制定试验大纲，最后生成试验报告。任务信息如表 8.11 所示。

表 8.11　试验任务（TASK）

序号	中文名称	字段名	类型	长度,精度	可否为空	是否主键
1	任务序号	TASK_SEQNUM	整型		否	是
2	任务名称	TASK_NAME	字符型	40	否	否
3	合同名称	CONTRACT_NAME	字符型	40	是	否
4	模型	MODEL	字符型	40	否	否
5	负责人	LEADER	字符型	40	否	否
6	结论	CONCLUSION	字符型	40	是	否
……	……	……	……			

8.8.12　试验条件（CONDITION）

一个任务书下，一般会进行多次试验，每次试验都存在本次试验的条件，比如各种参数范围、环境因素、试验设备等。试验条件信息如表 8.12 所示。

表 8.12　试验条件（CONDITION）

序号	中文名称	字段名	类型	长度,精度	可否为空	是否主键
1	条件序号	TASK_SEQNUM	整型		否	是
2	条件名称	TASK_NAME	字符型	40	否	否
3	风洞	WIND_TUNNEL	字符型	40	否	否
4	试验类型	TEST_TYPE	字符型	40	否	否
5	参数范围	PARA_RANGE	字符型	40	是	否
6	环境条件	ENV_CONDITION	字符型	40	是	否
7	试验天平	TEST_BALANCE	字符型	40	是	否
8	其他设备	OTHER_EQUIPMENT	字符型	40	是	否
……	……	……	……			

注：参数范围包括马赫数范围、雷诺数范围、动压范围、风速范围、迎角范围、侧滑角范围、高度范围等，环境条件包括大气温度、大气压、空气湿度、气候等因素。

数据主要结构实体关系如图 8.6 所示。

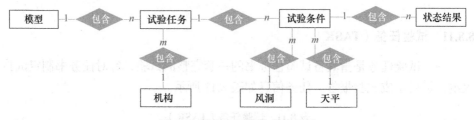

图 8.6　数据主要结构实体关系

8.8.13　试验状态（STATUS）

无论对于风洞试验还是数值计算，最核心的数据就是状态与结果数据。不同的状态参数的组合导致不同的结果数据，例如对于常规测力试验来说，一个车次的数据一般表示在其他状态固定的情况下，力与力矩系统随攻角（或者侧滑角）变化的一系列数值；对于数值计算来说，并没有车次的概念，把所有影响结果的参数都可以称为状态，这只是数据组织形式的不同，数值的物理意义并无区别，所以为了分析与比较的便利，一般会把试验与计算数据格式进行统一。试验状态信息如表 8.13 所示。

表 8.13 试验状态（STATUS）

序号	中文名称	字段名	类型	长度,精度	可否为空	是否主键
1	状态序号	STATUS_SEQNUM	整型		否	是
2	状态代码	STATUS_CODE	字符型	40	否	否
3	模型构型	MODEL_COM	字符型	40	否	否
4	升降舵偏角	DE	数值型	8,4	是	否
5	副翼舵偏角	DA	数值型	8,4	是	否
6	方向舵偏角	DR	数值型	8,4	是	否
7	马赫数	MA	数值型	8,4	是	否
8	雷诺数	RE	数值型	8,4	是	否
9	总压	P0	数值型	8,4	是	否
……	……	……	……			

　　模型的控制舵也许没有，也许不止三个，具体情形是由模型数据表决定的，根据模型表中操纵面的个数与名称来决定舵偏角状态个数与名称，所以可以建立操纵面与模型的映射关系表,也可以通过冗余字段设置来实现操纵面的不确定性。

　　在同一个任务中，可能包含多次试验或计算，也可能包含多种试验类型，对于不同的试验类型，状态参数的种类可能相同，可能不同，也可能差距非常大，所以要根据实际情况决定是否建立不同的状态表,上面是常规试验的通用状态表。所以对于不同的试验类型，是否共用状态表或者结果表，要根据具体情况而定。状态与结果实体关系如图 8.7 所示。

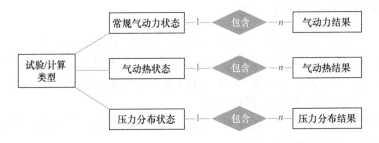

图 8.7 状态与结果的实体关系

8.8.14 常规测力试验（FORCE）

常规测力试验使用的测量仪器是常规测力天平，它有三分量、四分量和六分量之分。这种天平由任务承担单位提供使用。属于这类吹风试验的有：全机纵向或侧向试验，组拆纵向或侧向试验，a、β 组合试验，斜吹力矩试验，舵效率及通气或不通气试验。这类试验使用的吹风模型均是常规测力模型。要求给出八个试验值，其中三个力系数（CL、CDF、CZ）和三个力矩系数（CLL、CMM、CNN）是测量出来的，而两个压心系数是计算出来的。常规测力试验信息如表 8.14 所示。

表 8.14 常规测力试验（FORCE）

序号	中文名称	字段名	类型	长度,精度	可否为空	是否主键
1	测力序号	FORCE_SEQNUM	整型		否	是
2	关联状态	STATUS_SEQNUM	字符型	40	否	否
3	迎角	ALPHA	数值型	8,4	是	否
4	侧滑角	BETA	数值型	8,4	是	否
5	升力系数	CL	数值型	8,4	是	否
6	阻力系数	CDF	数值型	8,4	是	否
7	侧力系数	CZ	数值型	8,4	是	否
8	俯仰力矩系数	CMM	数值型	8,4	是	否
9	偏航力矩系数	CNN	数值型	8,4	是	否
10	滚转力矩系数	CLL	数值型	8,4	是	否
……	……	……	……	……		

8.8.15 铰链力矩试验（HINGE）

特种测力试验使用的测量仪器是专用测力天平，这类试验有：铰链力矩试验、动导数试验、喷流试验。以铰链力矩试验为例，一般使用四分量天平，要求给出六个试验值，其中两个力系数（CN、CD）和二个力矩系数（CMZ、CL）是测量出来的，而两个压心坐标是计算出来的。

由于铰链力矩试验和常规测力试验是属于两种不同类型的试验，因而铰链力矩试验具有一些特定的参数要求：

（1）试验模型使用铰链力矩模型，并有全模和半模之分；

（2）模型参数除要给出舵面平均气动弦长和铰链轴位置参数外，还要给出被测的航面数；

（3）在铰链力矩试验中，不处理阻力，故不需要平均雷诺数；

（4）在铰链力矩试验中，压心参考长度取其舵面本身的平均气动弦长。

针对这两种情况，压心坐标亦有两种填法：对前一种情况来讲，需给出压心在 Y 方向和 X 方向上的坐标值；对后一种情况来讲，只给出压心在 Y 方向上的坐标值，而在 X 方向上的坐标值为零。铰链力矩试验信息如表 8.15 所示。

表 8.15　铰链力矩试验（HINGE）

序号	中文名称	字段名	类型	长度,精度	可否为空	是否主键
1	力矩序号	HINGE_SEQNUM	整型		否	是
2	关联状态	STATUS_SEQNUM	字符型	40	否	否
3	迎角	ALPHA	数值型	8,4	是	否
4	侧滑角	BETA	数值型	8,4	是	否
5	轴向力系数	CA	数值型	8,4	是	否
6	法向力系数	CN	数值型	8,4	是	否
7	展向力系数	CY	数值型	8,4	是	否
8	铰链力矩系数	CLL	数值型	8,4	是	否
9	偏航力矩系数	CNN	数值型	8,4	是	否
10	滚转力矩系数	CHH	数值型	8,4	是	否
……	……	……	……			

8.8.16　测压试验（PRESS）

又称压力分布试验，是测量模型表面在风洞气流中的压力分布，或受模型影响后某些流场中的压力分布。压力分布值与测压点的位置有关。在测压试验中，一般采用直角坐标系或柱坐标系来确定测压点的位置，目前使用的测量仪器是测压仪，主要给出测压点处的压力系数（CP）的值。

测压点的布置：测压点在测压模型表面上的布置一般是不均匀的。在压强变化剧烈的地方，布置得密些；在压强变化平缓的地方，布置得稀些；而对模型的对称部分有可能就不布置测压点了。

测压点编号：在测压模型表面上所设的每个测压点都有一个实际的编号，这种编号是按一定顺序进行的。

测压点位置的描述：测压点在测压模型表面上的几何位置可用坐标值来描述。根据测压试验的情况，主体上的测压点一般采用柱坐标系描述；翼上的测压点采用直角坐标系描述；组合体上的测压点一般是二者兼用。详情见相关资料，这里不展开说明。测压试验信息如表 8.16 所示。

表 8.16   测压试验（PRESS）

序号	中文名称	字段名	类型	长度,精度	可否为空	是否主键
1	压力序号	PRESS_SEQNUM	整型		否	是
2	关联状态	STATUS_SEQNUM	字符型	40	否	否
3	部件名称	PART_NAME	字符型	40	否	否
4	测压点坐标 X	PRESS_X	数值型	8,4	是	否
5	测压点坐标 Y	PRESS_Y	数值型	8,4	是	否
6	测压点坐标 Z	PRESS_Z	数值型	8,4	是	否
7	迎角	ALPHA	数值型	8,4	是	否
8	侧滑角	BATA	数值型	8,4	是	否
9	压力系数	CP	数值型	8,4	是	否
……	……	……	……			

　　表 8.16 中，也可以只包含测压点编号，然后再增加一个测压点坐标数据库，来指明点编号与坐标的对应关系。状态与结果的实体关系如图 8.8 所示。

图 8.8   状态与结果的实体关系

8.8.17　测热试验（HEAT）

　　为保证高速飞行器的安全，确认飞行器的材料和结构是否能够经得起高速飞行时所产生的热冲击及高温热应力破坏，需要对高速飞行器材料和结构进行静、动态的气动模拟试验和热强度试验。其中对测热点的描述与测压点描述类似。测热试验信息如表 8.17 所示。

表 8.17   测热试验（HEAT）

序号	中文名称	字段名	类型	长度,精度	可否为空	是否主键
1	测热序号	HEAT_SEQNUM	整型		否	是
2	关联状态	STATUS_SEQNUM	字符型	40	否	否
3	部件名称	PART_NAME	字符型	40	否	否
4	测热点坐标 X	HEAT_X	数值型	8,4	是	否
5	测热点坐标 Y	HEAT_Y	数值型	8,4	是	否

续表

序号	中文名称	字段名	类型	长度,精度	可否为空	是否主键
6	测热点坐标 Z	HEAT_Z	数值型	8,4	是	否
7	迎角	ALPHA	数值型	8,4	是	否
8	侧滑角	BATA	数值型	8,4	是	否
9	温度	TEMPERATURE	数值型	8,4	是	否
......	......	......	......			

8.9 数 据 字 典

模型部件、模型类别、数据类型、数据来源分别如表 8.18～表 8.21 所示。

8.9.1 模型部件（COMPONENT）

常用的模型部件如表 8.18 所示。

表 8.18 模型部件代码表

模型部件名	通用代码	模型部件名	通用代码
机身	B	椭圆机身	B1
机翼	W	小翼	WL
稳定翼	WS	立翼	TV
平翼	TH	鸭舵	TC
方向舵	CR	升降舵	CE
副翼	CAE	发动机	E
助推器	EBO	低速进气道	IS
高速进气道	IES	鳍	AF
滑块	APB	吊挂	AHK
涡轮泵	ATP	曳光管	ALC
鼓包	AB	进气道保护罩	APS
边条	ES	进气道	I
喷管	N	附件	A

8.9.2 模型类别（MODE_TYPE）

常用的模型类别如表 8.19 所示。

表 8.19 模型类别表

序号	模型类别	序号	模型类别
01	飞机	06	直升机
02	火箭	07	降落伞
03	飞船	08	一体化飞行器
04	卫星	09	天地往返飞行器
05	船舶	10	风工程模型

8.9.3 数据类型（DATA_TYPE）

常用的数据类型如表 8.20 所示。

表 8.20 数据类型表

序号	数据类型	序号	数据类型
01	常规测力	17	多体分离动力相似投放
02	气动热	18	喷流
03	压力分布	19	颤振
04	铰链力矩	20	抖振
05	动导数	21	大面积测热
06	进气道	22	防热
07	结冰	23	侵蚀
08	声学	24	碰撞
09	直升机	25	气动物理光辐射
10	螺旋桨飞机带动力	26	气动物理雷达散射
11	尾旋	27	气动物理电子密度
12	降落伞	28	一体化飞行器
13	脉动压力	29	前体/进气道
14	多体分离自由流	30	隔离段/燃烧室
15	多体分离网格测力	31	后体/尾喷管
16	多体分离 CTS	32	推进流道

8.9.4　数据来源（DATA_SOURSE）

常用的数据来源如表 8.21 所示。

表 8.21　数据来源表

序号	数据来源
01	风洞试验
02	数值计算
03	飞行试验

第9章 气动数据库系统通用功能模块

气动数据库管理与应用系统是一个管理和应用气动数据的平台，实现风洞试验、数值模拟、飞行试验各类气动数据[76-99]的集中存储管理，为用户提供全面的数据池。多维度的数据校验识别和清洗算法，为用户提供自动化的数据管理；多层次的数据分析算法，为用户提供一站式数据处理与数据分析服务；全自动的分析对比报告解放用户繁琐的本地工作；人工智能训练数据，让用户专注于深层数据的挖掘；求解器集成与调用，一个平台即可完成求解到后处理的流程。最终为各类风洞试验人员和仿真分析人员提供高效、精准、安全的数据支持，让数据更具价值。其中，数据库应用最常见的操作就是增加、删除、修改、查询，对于数据库系统来说，最通用操作一般有：数据入库、数据查询、数据分析、数据统计、文档管理等功能，同时都应该包括基于角色的权限管理。下面详细介绍各功能模块。

9.1 数 据 采 集

数据采集也叫数据获取，是通过传感器、物联网等一些数据采集技术，将这些蕴含在物理实体背后的数据不断地传递到信息空间，使得数据不断"可见"，变为显性数据的过程。气动数据的采集设备有测力天平、压力传感器、热传感器等，通过采集设备和数据中转设备，以及数据采集系统，把物理信号变为数据信息，数据采集系统是指结合基于计算机或者其他专用测试平台的测量软硬件产品来实现灵活的、用户可编程的测量系统，这是原始数据的产生过程。

数据采集工作往往涉及到硬件设备和网络设备，这不是本书研究的重点。

9.2 数 据 清 洗

数据清洗是指发现并纠正数据中可识别错误的过程，包括检查数据一致性，处理无效值和缺失值等。数据清洗规则主要包括错误值过滤、重复数据去除和去空等方面。可以对原始数据按照设定的规则进行过滤，将不需要的、错误的数据清洗掉，只对外提供筛选后的数据。数据清洗在对数据源进行充分分析后，利用清洗技术将从单个或者多个数据源抽取的脏数据经过一系列转化，使其成为符合质量要求的数据。

　　数据清洗有成熟的商用软件产品，比如亿信华晨的数据质量管理工具 EsDataClean，数据质量管理工具是用于对数据从计划、获取、存储、共享、维护、应用、消亡生命周期的每个阶段里可能引发的各类数据质量问题，进行识别、度量、监控、预警，并消除数据中存在的质量问题，进行绩效评估，辅助用户建设和持续改进数据质量管理体系，形成一种数据质量管理的长效机制。通过数据质量管理工具的建设，能有效地管理与掌控数据质量，提高业务数据的正确性、适时性、完全性、一致性与相关性。常用的数据通用检查规则如表 9.1 所示。

表 9.1　数据质检

类型名称	类型描述
空值检查	空值检查用于检查关键字段非空
值域检查	值域检查用于检查关键字段的取值范围
规范检查	规范检查用于检查一个关键字段的字段类型和长度是否规范
逻辑检查	逻辑检查用于检查字段之间的逻辑关系
重复数据检查	重复数据检查用于检查表内是否有重复数据
记录缺失性检查	记录缺失性检查用于判断记录是否完整，是否缺少数据行。根据比照表字段检查目标字段是否缺少数据，检查实体表字段与比照字段的数据量、数值是否完全一致
引用完整性检查	引用完整性检查用于判断实体表中的数据是否完全存在于比照表中。实体表检查字段中的数据必须全部存在于比照表的比照字段中
离群值检查	离群值检查用于检查数据中是否有一个或几个数值与其他数值相比差异较大。通过计算出指标的算术平均值和标准差后，根据拉依达法或者格鲁布斯法检查数据中与其他数值相比差异较大的数
波动检查	波动检查用于检查指标值的波动范围是否在某个区间之内，即指标值的波动范围
平衡性检查	平衡性检查用于算出左右两个表达式的差值，并检查误差是否在允许的范围内
SQL 脚本检查	SQL 脚本检查通过执行存储过程检查实体表数据是否满足要求。定义 SQL 脚本检查前，需要在对应的数据库连接池内自定义存储过程
数据集检查	数据集检查用于检查目标字段数据与比照字段数据是否完全相等

9.3　数　据　入　库

　　按照入库数据记录的多少，可以分为单条录入和批量导入，对于气动基本信息等单条数据，比如模型参数信息、试验的基本信息、试验设备信息等，可以采用单条方式录入，在系统提供的界面上录入具体参数，通过有效性检查后保存生效，但对于大量采集到的状态与结果数据经过清洗后，必须采用批量入库的方式，批量入库是操作人员将一期或多期试验数据以及磁盘上或网络上的大量试验数据输入到数据库中。

根据延迟时间的不同，又可以分为实时入库、及时入库。实时入库也称即时入库，是指数据产生的同时立即入库，及时入库指在规定时间内由操作人员把数据录入到数据库中。

根据网络连通情况可以分为在线入库和离线入库，对于外场试验采集的数据，无法实现网络连通，需要把试验数据收集整理之后通过存储介质或者外场试验结束后回到总部网络连通后实现数据入库。一般情况下，针对这种情况，数据库系统会有离线数据管理机制，以实现权限控制和数据汇总管理。

根据数据的主导方式，数据入库可以分为推送、提取和中转入库，数据入库的对象是通过风洞试验、数值计算、飞行试验得到的原始数据或者经过处理之后得到的工程数据等。根据数据类型和数据源的不同，对于在数据采集过程中生成的结构化数据，可以通过编程或者配置进行数据转换，实现数据迁移。数据迁移有三种方式：第一种方式是推送，就是实现统一的数据链路，实现原始采集数据直接入库；第二种方式是提取，就是目标系统一般通过元数据管理实现多源数据的提取；第三种方式使用中转库，多源数据以规范格式录入中转库，目标系统对中转库数据进行质检后入库。不同的入库方式各有优缺点，但都是通过程序实现数据的批量导入。

对于文件解析入库，又可以分为单文件导入、多文件导入、多表关联导入。单文件导入时单个文件导入到一个数据表中，多文件导入时多个文件导入到一个数据表中，多表关联导入是单个文件导入到多个数据表中。

根据自动化程度的不同，可以分为自动入库、配置入库和模板入库。自动入库是指入库过程基本不需要人工干预，通过程序识别数据分类和数据结构，把不同数据写入数据表中；配置入库是同一种类型的数据需要通过系统提供的配置工具进行半自动化配置，比如建立目标字段与源数据字段，或者目标字段与源 Excel 表格、源 XML 文件、源 JSON 文件等的映射关系，配置完成之后实现数据的自动入库，见图 9.1；模板入库是指把入库数据根据模板整理成特定的格式文件，系统根据之前的入库规范读取文件中的数据，这种方法简单易行，但是整理数据是一个繁琐的过程，而且不同试验类型数据差异很大时，需要设定多个模板，是一种无奈的解决方式。

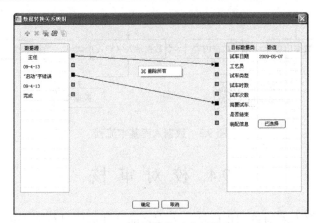

图 9.1 数据转换及映射设置

　　数据的解析过程是通过已知的导入数据文件结构与映射关系，读取文件数据到数据表中的过程，对于 XLS 类型数据文件内容解析，可以在交互界面录入数据起始行，录入完成后系统将从数据起始行开始解析文件内容；对于 TXT 和 CSV 类型数据文件内容解析，可以在交互界面中设置文件内容解析的规则。XLS、CSV 类型文件内容解析操作窗口如图 9.2 所示。

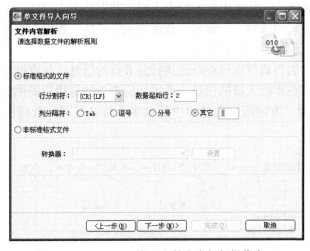

图 9.2 XLS、CSV 类型文件内容解析操作窗口

　　上面讨论的是外部数据的入库过程，在系统内部，如有必要，经过分析处理之后的数据会直接写入数据库，因为不存在外部干预，在权限允许范围内，可以直接读写数据表，比如可以通过数值计算或工程计算来弥补风洞试验数据的不足，并可将计算结果直接入库。

　　数据入库的基本流程如图 9.3 所示。

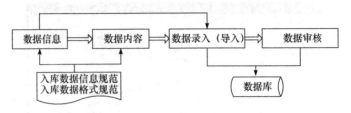

图 9.3　数据入库基本流程

9.4　校　对　审　核

为保证数据入库信息的正确性，入库之前往往需要进行流程校对审核，而对于不同类型的数据，往往需要不同的校对审核流程。

通常校对审核功能需要经过流程设计，通过对流程模板的配置，来设定校对审核步骤以及校对审核人员的角色，并且需要设定如果校对审核未通过该如何处置。为了实现数据状态的标记，那么数据应该包含待校对、已校对、待审核、已审核状态，审核通过之后，数据才正式生效并被普通用户可见。

我们把校对、审核统称为审批流程，一般来说，校对角色人员应该对数据的正确性提供技术保障，往往由技术负责人或者数据负责人完成，审核角色应该对数据正确性提供管理保障，一般是行政负责人。当然，数据的审批流程还可以增加更多节点，以保证数据的可靠性。

审批流程中的当前节点可查看已执行完节点的信息，如审批人、审批意见，也能查看下一节点审批人员的信息，系统还应该为特定用户提供已办流程和待办流程的集中查看，方便用户批量集中处理多个待办流程。数据校对审核流程如图 9.4 所示。

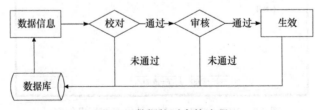

图 9.4　数据校对审核流程

9.5　数　据　展　示

对于 BS 结构的系统来说，系统必须明确数据以何种方式呈现在前端界面上，才能使用户更加清晰地看到数据以及数据之间的层次关系，以及用户如何能够通过导航一步一步简单明了又方便快捷地看到已入库数据。一般来说，数据的展示方式与数据表结构和表与表之间的层次关系密切相关，同时也涉及系统前端的界面布局。

对于 UI 设计，有专业书籍，这里只结合空气动力学数据的具体特点，提供几种数据展示方案。不同用户的使用习惯会有所差别，有些人喜欢使用菜单操作，更多人认为导航更加直观，可充分发挥系统能力，快速浏览多个选项，找到相关的选项并选择所需的信息，进而实现用户意图。流畅的导航，能够让用户快捷顺畅地到达目的地，并在必要时能够原路返回。导航时，要根据用户对标志的识别来引导选择，因此这与查询检索有很大的不同，查询是根据用户输入的条件关键字（比如马赫数、舵偏角等）来描述他们的需求。

一般来说，我们会根据具体的系统提供多种层次关系的导航，比如按照研究所、研究室、风洞设备、试验任务，或者按照试验类型、试验环境、试验条件、试验结果，又或者按照飞行器、模型、任务书、结果数据导航。当然，我们希望这种导航可以根据数据表的结构基础模型来定制，这是本书的后面部分的研究内容。数据分层导航结构如图 9.5 所示。

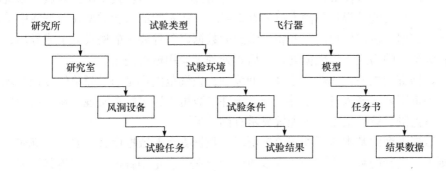

图 9.5 数据分层导航

导航如果是菜单形式，一般放在布局的上部，如果是视图形式，一般放在布局的左边，用户层层递进选择导航项之后，在内容视图区会以文本、表格、卡片或者图谱形式显示选择内容，用户可以在此基础上进行下一步的操作。一般来说，是查询、上传、下载、数据处理等操作。菜单形式导航如图 9.6 所示。

图 9.6 菜单形式导航

对于数模文件、模型文件以及试验报告等文件，一般来说，会以附件方式而不是大对象字段方式关联到某条记录，在相对应的记录中保存文件的相对路径，而所有的文件会保存在硬盘特定区域交给 Web 服务管理或者建立专门的文件服务器管理。

另外，可以建立文件预览机制，开发、购买或免费使用已有工具，解析特定文件结构，不仅可以预览 Word、Excel 表格、PDF、图片、视频等文件，还可以预览数模、Tecplot 文件等。

还需要额外关注显示效率问题，当用户打开页面显示最初的导航时，尽量不要加载太多信息，否则会导致显示效率下降而直接影响用户体验，因为往往初次打开页面需要频繁地访问数据库，比如判断用户的显示权限、查看更新内容、生成导航关系、显示内容清单等，这是系统设计者与程序开发者都需要权衡斟酌的问题。

9.6　数 据 查 询

该模块是飞行器设计人员、空气动力研究人员、试验技术研究人员与系统的接口。主要功能是根据不同人员的查询要求，按不同的试验类型在数据库中检索特定的数据，根据用户的需要将检索到的数据以各种要求的格式显示或导出，并以较为统一的格式，供数据处理、后置处理等应用模块使用。

数据查询之前，一般会选择查询范围，查询范围都是通过简单的点选实现，在查询范围内，输入查询条件，查询条件参数可以通过配置实现，输入参数值或者值域范围，然后根据显示配置显示查询结果。

数据查询的基本流程如图 9.7 所示。数据查询是数据库最重要的常规应用，原则上，完善的数据查询功能应该使得用户在一次定制查询中，获得其所需要的任意组合的数据集合，而实际查询程序设计时，需根据应用的需要和数据结构的复杂程度，对查询条件的设定尤其是单次查询数据的覆盖面进行合理的限定。另外，数据查询还是后续数据分析的必经步骤，因此，对数据查询进行合理规划和设计是一件非常重要的事情。

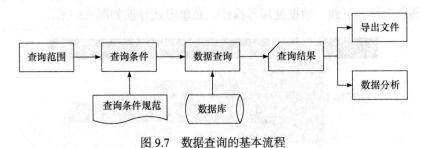

图 9.7　数据查询的基本流程

9.7　数　据　分　析

数据分析的基本流程如图 9.8 所示。数据分析的每项工作往往具有其针对性和独特方法，数据分析的结果是气动设计人员最为关心的素材。几乎每一项重大的科学研究及科技创新都要经过大量数据分析和数据处理来验证其是否具有稳定性、实用性等特性，由于图形是最好的数据展现形式，这个过程一般是通过绘制二维、三维图来完成的。科研人员通过对图形的分析来验证数据的有效性，进而得出正确结论。

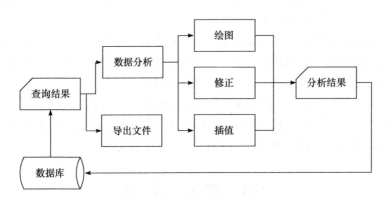

图 9.8　数据分析的基本流程

更加专业的数据分析支持单数据源与多数据源对比分析，其中包含横向、纵向气动分析以及各个舵偏状态分析。每种分析方法能够根据用户选定的状态变量批量处理[91]可视化、数据求导、数据拟合等，这些分析方法不在本书的讨论范围内。这里的数据分析是指对查询的结果数据进行可视化，是设计人员、研究人员、试验人员和系统的接口，负责以二维分布曲线图、二维矢量图、等值线图、气动特性曲线图、物体表面流场等形式实现试验数据的可视化，对显示的二维图形能够进行坐标选择、坐标变换、局部放大和缩小、数据点和线段的移动和删除、插值、拟合、求各种特征量等处理，能够同时显示多条曲线，进行相关处理，能够打印输出显示的图形，对图像信息进行放大、缩小、旋转、剪裁、拼接、颜色（灰度）的增强和减弱、增加文字说明等处理。具体内容包括：

（1）二维图绘制。

可绘制的二维图包括：自动绘图、线性图、散点图、垂线图、齿形图、垂直阶梯图、水平阶梯图、双 Y 轴图、瀑布图、缩放图、水平柱状图、堆栈棒状图、面积图、饼状图、矢量图、箱形图、直方图、堆叠直方图、茎叶图。

（2）三维图绘制。

可绘制的三维图包括：三维线框图、三维多边形、三维隐藏线图、三维曲面图、棒状图、散点图、等值线图、直方图。

（3）对表格进行的分析处理。

描述统计：统计行、统计列、频数统计、正态性检验；

假设检验：单样本 T 检验、两个样本 T 检验、方差的卡方检验；

还有，表格排序、归一化、微分、积分、快速傅里叶变换、表格数据相关、卷积、反卷积、斜率拟合、线性拟合等。

（4）对矩阵进行的分析处理。

积分、正快速傅里叶变换、逆快速傅里叶变换（简称：正 FFT 和逆 FFT）。

（5）对二维图进行的分析处理。

拟合包括：线性拟合、多项式拟合、一阶指数衰减拟合、二阶指数衰减拟合、三阶指数衰减拟合、指数增益拟合、玻尔兹曼曲线（S 型）拟合、高斯拟合、洛伦兹拟合、多峰值高斯拟合、多峰值洛伦兹拟合。

平滑：函数积分、平均移动窗口、局部加权回归、FFT 滤波器。

其他：快速傅里叶变换（FFT）、插值、低通 FFT 滤波器、高通 FFT 滤波器、带通 FFT 滤波器、积分、微分、函数积分、创建基线等。

9.8 数 据 报 表

按照不同约束条件（尤其是针对某些公共信息）对气动数据进行筛选和规范化并以报表输出，可形成特定主题的数据报告，以便进行进一步的分析和处理，就是数据应用。数据的应用方式取决于系统功能中对气动数据处理和应用的功能需求。从算法角度考虑，涉及如下几个方面：坐标转换、多维插值、有效性和一致性检查、坏值剔除和修正、二维数据的比较及吻合度估计、容差分析、回归分析、离散数据微积分等。

数据应用一般包括报表生成、数据下载、接口调用等内容。

如果以报告的形式导出，那就需要定义报告的模板，模板一般为 Word 文件，也可以是 RTF 或者 HTML 形式，通过程序把取得的参数填充到模板中，生成统计报告。数据下载可以是 Word 文件，也可以是 Excel 表格或者 TXT 文件，接口调用一般是系统提供 Web Service 服务端口，供其他应用程序在权限范围内直接调用数据，端口访问应符合参数格式，并以 XML 或者 JSON 格式返回数据。

报表的数据格式一般是这样的：

测力系数报表：

（1）力与力矩系数和压心随攻角变化的输出；

（2）力与力矩系数和压心随侧滑角变化的输出；

（3）力与力矩系数和压心随升降舵偏角变化的输出；

（4）力与力矩系数和压心随方向舵偏角变化的输出；

（5）力与力矩系数和压心随副翼偏角变化的输出；

（6）力与力矩系数和压心随马赫数变化的输出。

铰链力矩系数报表：

（1）力与铰链力矩系数和压心随攻角变化的输出；

（2）力与铰链力矩系数和压心随侧滑角变化的输出；

（3）力与铰链力矩系数和压心随升降舵偏角变化的输出；

（4）力与铰链力矩系数和压心随方向舵偏角变化的输出；

（5）力与铰链力矩系数和压心随副翼偏角变化的输出；

（6）力与铰链力矩系数和压心随马赫数变化的输出。

测压系数报表：

测压系数按马赫数，攻角，侧滑角，滚动角，测压点所在部件代码（如果是多个翼面按逆时针排序为 1，2，…），测压点所在部件表面，测压点号，X，Y，Z，R，θ 排列输出。

数据报表基本流程如图 9.9 所示。

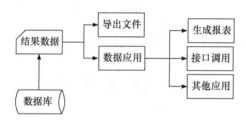

图 9.9　数据报表基本流程

9.9　资　源　管　理

资源管理是对试验需要的设备信息进行管理，比如风洞、模型、天平等试验和计量设备和产品，甚至包括资料、文献的管理。资源管理使用户能够通过信息浏览，以不同的导航方式，实现设备的快速定位。

资源管理一般包括设备管理与设备查询。设备管理对试验设备的基本信息进行管理；可以对试验设备进行添加、删除、查询，还可以通过不同的导航方式来查找不同类型的试验设备。设备查询是指提供设备资源的浏览查询、组合查询和模糊查询等操作，并可将查询结果导出为外部文件（Excel、Word）。

资源管理使用最多的是模型管理、风洞管理、仪器设备管理、文献管理等。

模型管理是对同一飞行器的不同外形、不同部件、不同缩比模型进行管理；包括模型总信息管理，例如部件组成、缩比系数等，还有就是部件参数数据管理，部件参数充分而又唯一地定义了模型，同时还应该有模型的改进功能。

仪器设备信息是指对所有公用设备及各个试验室的试验仪器仪表和辅助设备的基本信息、标定数据等进行详细管理。

另外，资源管理往往与使用机构其他已有系统实现数据的互连互通，比如和PDM 系统的集成，读取 PDM 系统中存储的资源信息，并为使用机构其他系统提供基本信息。资源管理功能流程如图 9.10 所示。

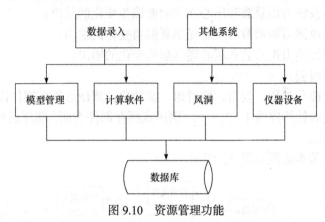

图 9.10　资源管理功能

9.10　数 据 统 计

数据统计是每个系统都具备的功能，也是领导岗位对整个系统的数据入库情况、数据使用情况、数据状态等有一个概括性的直观认识，统计的数据多种多样，但都是来源于已有数据，是数据的重新组织。比如常见的统计包括：

（1）某机构入库多少数据；

（2）某个时间范围内、某个机构入库了哪些飞行器的数据；

（3）某个时间范围内，某个试验类型的多少种飞行器数据入库；

（4）数据库中有哪些试验任务、哪些计算任务；

（5）某飞行器做过多少次吹风试验或者做过哪些吹风试验；

（6）某飞行器做过哪些类型的试验、某种类型的试验被哪些飞行器试验过；

（7）某飞行器在哪些单位、哪些风洞中做过吹风试验；

（8）某飞行器有哪些试验模型；

（9）对某个任务，α、β、γ以及偏转角、马赫数的值域范围（即最大值和最小值）是多少。

数据统计可以以网页的形式存在，也可以以报告的形式导出。具体流程见图9.11。

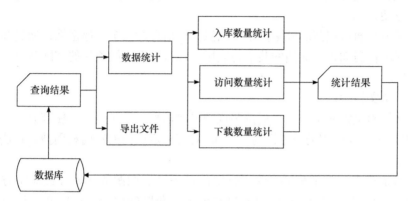

图 9.11 数据统计功能

9.11 文 档 管 理

文档管理范围包括：质量体系文件、规范标准文档、评审文件、设计模型、工艺文件、加工图纸等文档的管理。对于各种不同的文档，一般来说，文档都可以归纳到某个记录的附件，比如试验大纲和试验报告可以归属到试验任务这条记录的附件，所以一般来说，我们都会用记录关联来管理文件，但是也不尽然，如果把文档作为独立资源，也可以采用资源管理的方式管理文档，或者建立文件映射表，使得文件与记录可以建立多对多的映射。

通常的知识库功能和全文检索功能都是文档管理的高级形式。

（1）知识库管理。

知识库是知识工程中结构化，易操作，易利用，全面有组织的知识集群，是针对某一领域问题的需要，采用某种知识表示方式在计算机存储器中存储、组织、管理和使用的互相联系的知识片集合。这些知识片包括与领域相关的理论知识、事实数据，由专家经验得到的启发式知识，如领域内的定义、定理和运算法则以及常识性知识等。

建立知识库，对原有的信息和知识做一次大规模的收集和整理，按照一定的方法进行分类保存，并提供相应的检索手段。经过处理之后，大量隐含知识被编码化和数字化，信息和知识由原来的混乱状态变得有序化，为有效使用打下基础。

对空气动力学的知识中心进行分类的划分，如技术文档、标准规范、质量规范、试验规范、试验报告、试验案例等。知识中心通过合理分类建设，规范化各类文档的存储结构；提供便捷的文档信息操作功能，支持文档的增加、删除、修改功能；通过丰富的搜索、导航功能及清晰的文档信息显示界面，确保文档信息的方便查阅。

知识中心通过规范的权限控制，确保文档信息的安全、保密性；通过知识模块，能促进各类知识性文档的共享与应用，也可根据不同项目的实际需求进行修改和拓展。

（2）全文检索。

全文检索是将非结构化数据按照规则提取信息，重新组织，使其有一定结构（提取出用于重新组织的信息即为索引），对有一定结构的数据利用搜索算法加快检索速度。

索引是搜索引擎的核心，建立索引的过程就是把源数据处理成非常方便查询的索引文件的过程。Lucene 把通过其他工具获取的内容通过中文分词方法进行分档分析，并调用 API 实现文档索引。目前比较通用的全文搜索引擎是 Apache Lucene，它提供了完整的索引引擎和查询引擎，支持中文、文本格式，以 及 建 立 在 Lucene 基 础 上 的 分 布 式 可 扩 展 的 实 时 搜 索 和 分 析 引 擎 Elasticsearch。

搜索组件即为输入搜索短语，然后进行分词，从索引中查找单词，从而找到包含该单词的文档。搜索质量由查准率和查全率来衡量。搜索组件主要包括以下内容。

用户搜索界面：主要是和用户进行交互的页面，也就是呈现在浏览器中能看到的东西，这里主要考虑的就是页面 UI 设计，一个良好的 UI 设计是吸引用户的重要组成部分。

建立查询：建立查询主要是指用户输入所要查询的短语，以普通 HTML 表单或者 AJAX 的方式提交到后台服务器端，然后把词语传递给后台搜索引擎。这就是一个简单建立查询的过程。

搜索查询：查询检索索引，返回与查询词语匹配的文档，然后把返回来的结果按照查询请求来排序。搜索查询组件覆盖了搜索引擎中大部分的复杂内容。

展现结果：所谓展现结果，和第一个搜索界面类似，都是一个与用户交互的前端展示页面。作为一个搜索引擎，用户体验永远是第一位，其中前端展示在用户体验上占据了重要地位。

全文检索流程如图 9.12 所示。

（3）图像检索。

Lucene 具有强大的索引和搜索功能，但它针对的对象仅仅是文本信息。而基于内容的图像检索技术要求从图片中提取颜色、纹理、尺度不变特征转换（SIFT）

等特征，然后以此为依据检索到相似的图片。原生的 Lucene 不能很好地解决基于内容的图片搜索问题，而在 Lucene 的基础上进行二次开发的开源工具包 LIRE 可以方便地对图像特征建立索引和完成搜索功能。LIRE 具有以下优点：

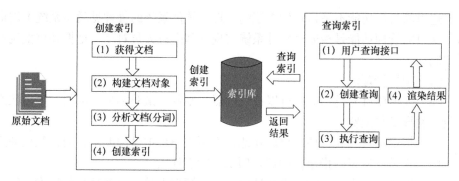

图 9.12 全文检索

（a）允许在多个平台上使用；

（b）由于其模块化的特性，它可以在处理级别（例如索引图像和搜索）以及图像特征级别上使用；

（c）开发人员和研究人员可以轻松扩展和修改 LIRE，实现自定义需求。

基于 LIRE 完成图像检索任务的步骤可以简单描述为：构建索引和进行查询。在构建索引步骤中，LIRE 能够将指定路径中的图像读入内存，然后根据不同的特征提取方法获取图像的特征向量，最后利用 Lucene 对特征向量创建索引，生成索引文件。在查询步骤中，首先对目标图像进行特征提取，然后利用特征向量和索引文件找到相似度最高的图片。LIRE 的操作流程如图 9.13 所示。

基于 LIRE 的气动图像数据检索技术可以帮助气动专家在通过关键字搜索的同时，也能通过图像搜索气动数据或气动模型，使得气动专家在对关键字不确定或不清楚时，仍能够合理检索出想要的气动数据或气动模型。

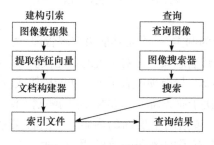

图 9.13 LIRE 操作流程

9.12　管理功能

这里的管理功能不是指软件系统的管理，软件系统的管理见后面系统维护章节，这里的管理功能是指通过软件系统实现管理岗位人员对项目把握和审批流程的控制。

（1）项目管理。

（a）提供项目分类功能，可以按飞行器、专业、试验类型、部门、项目状态进行分类导航与浏览。

（b）提供项目建立、项目分解功能，方便用户根据试验要求，对试验任务进行分解与人员或班组的指定，确定各项试验的责任人。

（c）提供项目查询功能，满足试验人员、管理人员，对各项目的进度进行掌控。同时对项目状态进行统计与浏览，实现按时间、负责人、部门等条件进行查询操作，掌握项目各项信息。

（2）流程管理。

（a）流程定义：根据业务的需要，创建各类流程模板；包括流程名称、流程应用部门，节点建立、节点关系、节点描述等信息的建立；并可对流程信息进行保存，便于后期进行引用。

（b）流程编辑：根据业务流程的变化，可对现有流程信息实现流程的再次编辑。

（c）流程引用：在需要进行流程应用时，可对流程模板进行引用。流程一旦引用，则严格按照流程模板中各节点所定义的信息执行。

（d）流程执行：根据情况进行流程的相关操作。例如：正常、签署、拒签、申请变更、权限移交。

9.13　权限管理

我们一般将权限分为两类，一类是功能级权限管理，另一类是数据级权限管理。

功能级权限管理，顾名思义，是对系统的功能模块进行权限控制。功能模块可以表现为菜单或者子菜单、导航项或者子项、功能按钮或者图标等，当然还可以细分为不同的粒度，这取决于业务需求。功能权限的限制方法一般就是置灰或者隐藏。

数据级权限管理，包括两个层面的内容，一层含义是对数据库中的数据资源进行筛选过滤，只把有限的数据开放给用户，另一层含义是对这些开放的资源是否具有增加、删除、修改的权限。数据权限控制实际上就是表的访问权限控制，包括表的行控制和列控制。比如当要求用户只能看到自己的试验数据时，就需要进行行控制，如果要求用户不能看到其他数据的来源信息时，就需要进行列控制。

气动数据也存在功能级权限管理和数据级权限管理，并采用基于角色的访问控制（Role-Based Access Control），这样可以把用户、角色和权限独立出来形成用户-角色的映射以及角色-权限的映射，实现了用户和权限的逻辑分离，方便了权限的管理。

气动数据库系统除了三员管理之外，一般来说还包括入库人员、查询人员、项目负责人、行政管理人员、部门领导等角色，同时人员还应该按照机构或者部门分类，对于权限的定义比较复杂，这里不展开论述。

顺便说一下，任何权限都有一个有效期限的问题，只有在这个时间段，对权限的所有定义才有效，未做特别时间约束的权限会一直有效，时间段是权限的一个属性，并不是权限本身。如果说用户是 WHO，那么功能权限就是 HOW，数据权限就是 WHAT 或者 WHICH，时间属性就是 WHEN。

9.14 系 统 维 护

该模块主要是为系统运维人员进行整个系统的运行维护而设计的，其实权限操作也是系统维护的一部分，还包括基本信息维护、日志管理、数据备份管理、网关集成等。总而言之，系统维护是为软件系统提供基础服务，保证平台的安全运行及维护，也可能方便地实现单点登录、接口服务、功能扩展或者挂接第三方程序。

（1）部门管理：把用户的组织结构以树的形式显示在网页上，包括添加部门，编辑部门、删除部门三个功能。

（2）人员管理：人员管理是在部门管理的基础上，对人员进行管理。用户根据部门组织结构树，相应的部门添加为多个人，可以对其进行编辑、删除以及详情查看。

（3）权限管理：权限管理可以进行角色以及相关权限的设置操作。

（4）日志管理：记录并显示所有人员在系统中所作的操作信息，其中包括用户日志和审计日志。

（5）数据备份管理：根据不同阶段对数据作定期的备份，确保数据的完整性和安全性。

（6）网关集成：在用户登录的时候采用这种和网关作验证的集成方式，来完成用户的安全登录。

第 10 章　气动数据管理框架设计

数据管理的首要职责是使企业能够做那些需要做的事情，以便能够迅速从数据中获取最大的价值，所谓气动数据再利用，就是在对风洞数据、CFD 数据和飞行试验数据进行有效存储管理的同时，采用数据挖掘、融合等分析方法，发现并提取数据中蕴含的客观规律，形成知识，服务于空气动力学理论研究及飞行器论证、研制、评估、鉴定和生产应用[90-100]。如美国既从国家层面规划数据中心，将气动数据作为整个科学数据的一部分进行管理与利用，又针对特定研制任务建立专门的气动数据库管理系统；俄罗斯主要依托气动机构的计算中心来管理和利用气动数据；英国则是根据特定飞行器研究的需要来建设气动数据库。从国外气动数据应用工程项目的建设情况可以看出，建设数据中心或专业气动数据库是其开展气动数据再利用研究工作的基本输入条件。因此，定义数据管理架构不应该从数据开始，也不应该以"上云优先"或"流优先"为目标。技术的目标必须服务于业务目标，好的架构能够满足业务需求。前面几章介绍了团队自主研发的服务端框架 Noomi、持久层框架 Relaen、前端 MVVM 框架 Nodom 和工作流引擎，同时介绍了气动数据及气动数据库系统通用功能，本章将基于这些成果，从整体解决方案、架构方案、支撑数据库设计和代码生成四个方面对气动数据管理框架进行阐述。

10.1　气动数据管理框架整体解决方案

框架整体解决方案描绘了整个框架的工作流程，如图 10.1 所示。

10.1.1　流程描述

（1）从数据库生成数据模型，或从数据模型生成数据库表结构；

（2）通过气动数据模型分析数据流程、模型关系、数据导入规则等；

（3）第（2）步分析结果结合自动化生成算法生成页面代码、业务代码、安全相关数据、流程代码、查询代码、配置代码、可视化代码等；

（4）生成的代码与核心子框架（业务框架 Noomi、ORM 框架 Relaen、工作流引擎和 MVVM 框架 Nodom）一同打包成发布版本并发布到指定服务器；或者在发布前增加插件和修改配置文件后再进行打包发布；

（5）发布后，客户机可直接通过浏览器访问气动数据管理平台。

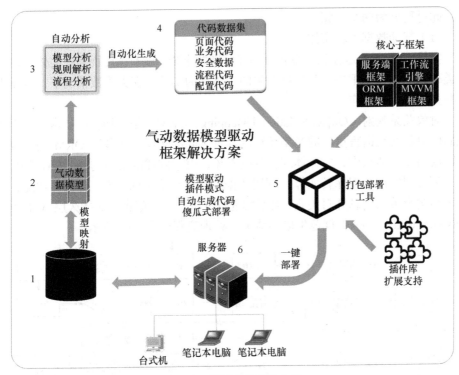

图 10.1　框架整体解决方案

10.1.2　模型转换

模型驱动的代码生成技术是自动化软件气动数据管理框架的基础，无论页面代码、业务代码、流程代码、可视化代码还是数据导入流程，都依赖气动数据模型进行驱动。所以生成气动数据模型是整个结构中最重要的一环，其关键技术包含气动数据结构的设计、数据的标准化表示、数据的对比分析及模型数据的前置处理[91]。

模型转换包含两种方案，一种是气动数据库转气动数据模型，另一种是气动数据模型转气动数据库。通常情况下，我们建议采用第一种方案。因为从开发的角度，对于一个气动管理系统或一个信息类系统而言，数据库设计应放在首位，在数据库设计的基础上再进行开发。通过建模工具（如 Powerdesigner）进行数据库建模，可以快速构建数据库模型，同时形成整体结构。如果采用第二种方案，则需要用户对数据模型先进行编辑，相较于数据库建模工具，从效率和整体结构上来说要差很多。

10.1.2.1　数据库转气动数据模型

此过程分为两个步骤。

（1）气动数据库转实体。

实体（Entity）是客观存在并可相互区别的事物。就数据库而言，实体往往指某类事物的集合。把每一类数据对象的个体称为实体。在大多数情况下，数据表与数据实体一一对应。

对象关系映射（Object Relational Mapping，ORM）是一种程序技术，用于实现面向对象编程语言里不同类型系统的数据之间的转换。在基于 ORM 搭建数据访问层的软件体系中，实体体现为数据对象，书中阐述的实体均指 ORM 实体。

为实现气动数据库转实体，利用数据库管理系统（DBMS）提供的功能，读取表结构及关联信息并对关系、数据域进行分析，最终按照 Java 持久层 API（Java Persistence API，JPA）规范生成实体类。处理流程如图 10.2 所示。

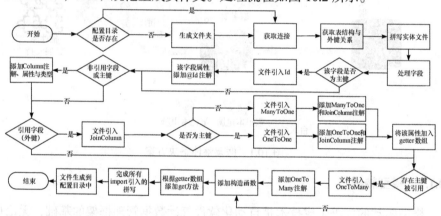

图 10.2　数据表转实体流程

流程描述：

（a）解析 cli 配置文件；

（b）获取数据库链接；

（c）获取表结果与外键关系；

（d）处理表字段；

（e）处理主键字段；

（f）处理非主键字段；

（g）生成 Column 和 JoinColumn 属性；

（h）生成 ManyToOne 和 OneToOne 注解；

（i）添加异步请求数据；

（j）处理 import 资源；

（k）生成实体类文件；

（l）重复（a）～（k）直至所有表处理完成。

（2）实体转数据模型。

在步骤（1）的基础上，实现实体到数据模型的转换。以目前的技术手段而言，只能生成最大集的数据模型，最大集包含两个方面：

（a）对于所有实体，都会生成对应的数据模型，同时数据模型的所有状态，如编辑、管理都默认为 true；

（b）对于实体的所有属性，如编辑、显示都会默认为 true。

通常情况下，用户需要进一步对模型进行按需配置，如设置无需管理的模型、无需编辑的模型、无需编辑的属性等。

10.1.2.2 气动数据模型转数据库

通过对气动数据模型进行分析，包括属性、引用关系等，可以构建气动数据库的表结构和表关系。构建流程如图 10.3 所示。

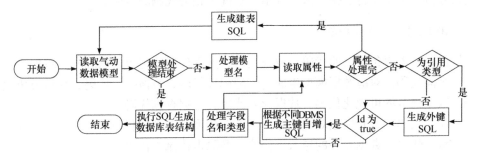

图 10.3 模型生成数据库流程

流程描述：

（1）从模型管理器读取模型；

（2）处理模型名；

（3）处理模型，包括引用关系、主键和属性的处理；

（4）重复（3）直至所有属性处理完毕；

（5）生成建表 SQL 到文件；

（6）重复（2）～（5）直至模型处理完成；

（7）执行 SQL 生成数据表结构。

创建数据表结构后，通过数据表生成实体。

注：实体是本框架不可或缺的部分，无论采用哪种方案实现数据映射，都需要生成实体。

10.1.2.3　自动分析

自动分析包含了两个部分：模型分析和规则分析。

（1）模型分析。

模型分析主要对模型配置和属性配置进行分析，模型配置分析主要分析引用实体、数据标志、编辑标志和管理标志，通过这些分析确定对应数据实体，同时确定是否需要进行信息管理和编辑、是否生成导入和数据概览等内容。属性配置分析主要分析属性类型、编辑标志与编辑配置、显示标志与显示信息等内容，最终确定如何生成相关元数据。

（2）规则分析。

规则分析主要包括：

（a）分析引用规则、属性与其他模型的引用关系，同时确定引用类型编辑属性和数据条件的引用内容；

（b）条件引用规则、条件模型与其他模型的引用关系，支持直接和间接引用关系分析，用于支持数据导入、导出、查询等相关代码的生成。

10.1.2.4　代码数据集

代码数据集包括页面代码、业务代码、流程代码、配置代码和安全数据。

页面代码：对应数据模型生成的管理模块代码、表格模块代码、编辑模块代码、数据概览的可视化代码、数据导入代码、数据查询代码等。

业务代码：所有模型对应的路由、Web 模型和业务层代码。

流程代码：数据相关的导入、修改、删除审核流程代码。

配置代码：Web 配置、Relaen 配置等代码。

安全数据：根据模型确定的页面资源、Web 路由资源、基础账户、角色和权限数据。

10.1.2.5　打包部署工具

打包：采用一键式打包方式，执行编译和打包两个过程，形成可直接部署的 zip 包。

部署：无须单独设计部署工具，把打包工具形成的 zip 包拷贝到待部署位置并解压，运行应用启动命令即可。

10.2　气动数据管理框架架构

框架结合具体风洞试验类型，建立由管理平台、后置处理、前置处理及其他软件接口部分组成的相关数据结构, 主要包括核心子框架、支撑模块和辅助工具; 同时配合模型驱动的自动化软件生成的代码, 实现不同气动数据管理系统的自动化生成能力。

核心子框架包括业务框架、工作流引擎、ORM框架、前端MVVM框架; 支撑模块包括页面管理、流程管理、查询管理、数据管理、导入规则管理、算法插件管理、异常处理、日志管理、报表生成、可视化分析、安全管理和数据统计模块。框架架构如图10.4所示。

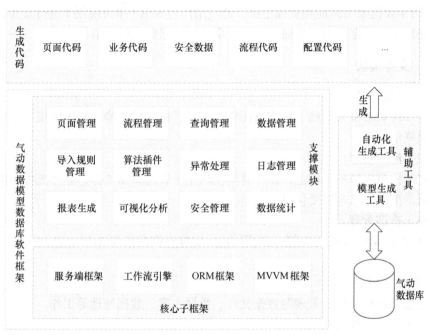

图 10.4 框架架构

10.2.1 核心子框架

(1)服务端框架。

服务端框架解决气动数据的业务处理部分, 包括业务层、Web 路由、IoC、AOP、事务支持, 是最为重要的核心子框架。

(2)工作流引擎。

工作流引擎是流程驱动的主要方式, 包括三类: 传统工作流、业务流、页面流, 其中传统工作流主要体现在审核相关部分, 如数据入库审核; 业务流体现业务流动, 如数据导入→数据预处理→数据入库→提交审核; 页面流主要体现页面流程, 如数据导入页面流程: 填写计算/试验基本信息→导入数据→查看数据→入工处理→提交入库。框架针对现有的气动数据使用场景，拟采用预植入流程方式，在自动化生成气动数据管理平台时，可自动加入相应流程。同时支持流程自定义和修改，进一步满足需求。

（3）ORM 框架。

ORM（对象关系映射）框架主要实现关系数据库与数据模型的映射，是模型驱动的数据操作基础，主要实现数据对象化操作。

（4）MVVM 框架。

MVVM 框架实现前端页面渲染，把应用作为 SPA（单页应用）进行发布，可以很好地实现数据模型与页面的对应关系，同时保证高效渲染。

10.2.2　支撑模块

（1）页面管理。

在 MVVM 框架基础上管理页面模块信息，包括模块输入和输出接口、页面模块关联信息等。

（2）流程管理。

在工作流引擎的基础上，流程管理模块用于管理页面流程、业务流程和传统工作流的配置信息与调度信息。

（3）查询管理。

查询管理模块用于管理查询配置信息，实施查询配置与 Relaen 查询语言（rql）转换等工作。

（4）数据管理。

数据管理模块用于管理源数据文件、数据入库、数据处理等工作。

（5）导入规则管理。

导入规则管理模块用于管理数据导入规则，因为气动数据存在多样性，往往一个文件对应多个数据表，导入时需要较为详细的配置，需要支持多种导入规则的定义。

（6）算法插件管理。

插件管理模块主要用于独立插件的管理，包括插件发布、插件使用等工作。

（7）异常处理。

异常处理模块用于处理系统的异常，包括异常提示、异常消息设定、异常捕获等。

（8）日志管理。

日志管理模块用于管理系统日志，支持多种级别、多种文件的日志处理方式。

（9）报表生成。

导入的数据需要产生报表用于论文素材或汇报素材，可以分用户、部门构建不同的报表库,用于产生气动数据报表。

（10）可视化分析。

数据入库后,可以直接进行使用,可视化模块提供可视化分析如多维数据图表、雷达图、散点图等帮助用户进行数据分析。

（11）安全管理。

安全管理模块用于管理数据安全,包括认证和鉴权,主要控制公私数据细粒度的安全访问。

（12）数据统计。

数据统计模块主要包括数据下载、数据访问等信息的统计。

10.2.3 辅助工具

（1）模型生成工具。

模型生成工具用于从实体生成数据模型,可以简化数据模型构建工作。

（2）自动化生成工具。

自动化生成工具用于生成气动数据管理平台的代码,在数据模型的基础上,实现一键生成整个系统/平台。

10.3 数据库设计

10.3.1 概述

自动化框架包含两个数据库包:

（1）支撑库。

支撑库主要用于解决自动化框架的基础体系数据,包括模型、安全、算法、统计和公共模块。

（2）应用库。

应用库根据具体应用进行设计,主要包含与数据相关的模块,如模型、部件、数据条件、状态、数据类型等。

10.3.2 应用库设计准则

应用库设计需要遵循以下三种准则,方可保证 100%代码生成成功:

（1）应用库必须包含条件表,条件表命名不做限制;

（2）条件表和数据表之间需要构建状态表,状态表和条件表形成 $m:1$ 关系,数据表和状态表形成 $m:1$ 关系,状态表名不做限制;

（3）支撑包中的数据导入批次表必须作为数据条件表的外键。

10.3.3　数据包

数据包包括计算/试验目标、导入模板、计算资源、数据导入批次和数据类型表等。

10.3.3.1　ER 图

图 10.5 描述了数据包各实体及实体间的关系。

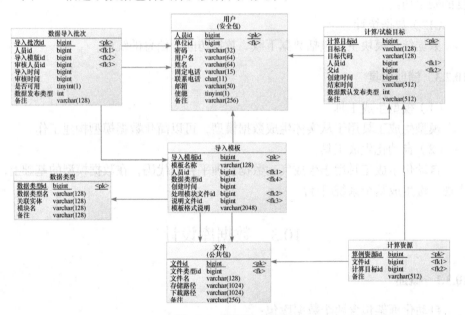

图 10.5　数据包 ER 图

10.3.3.2　表结构描述

表结构分别如表 10.1～表 10.4 所示。

表 10.1　导入模板（AM_IMPORT_TEMPLATE）

字段名	中文名称	类型	长度，精度	可否为空
TEMPLATE_ID	导入模板 id	整型		否
USER_ID	人员 id	整型		否
CREATE_TIME	创建时间	整型		否
DATA_TYPE_ID	数据类型 id	整型		否
HANDLE_MODULE	处理模块	字符型	128	否
MODULE_PATH	模块路径	字符型	512	否
DESCRIPTION	模板格式说明	字符型	2048	

关联关系如下：

关系名称	关联表	关联元素	本表元素	关系
IMPORT_TEMP_REF_USER	AM_USER	USER_ID	USER_ID	$1:n$

表 10.2 数据导入批次（AM_DATA_IMPORT）

字段名	中文名称	类型	长度，精度	可否为空
DATA_IMPORT_ID	导入批次 id	整型		否
TEMPLATE_ID	导入模板 id	整型		否
USER_ID	人员 id	整型		否
TARGET_ID	计算目标 id	整型		否
IMPORT_TIME	导入时间	整型		否
CHECK_TIME	审核时间	整型		
ENABLED	是否可用	整型	1	
PUBLISH_TYPE	数据发布类型	整型		

关联关系如下：

关系名称	关联表	关联元素	本表元素	关系
IMPORT_DATA_REF_TEMP	AM_IMPORT_TEMPLATE	TEMPLATE_ID	TEMPLATE_ID	$1:n$
IMPORT_DATA_REF_CHECKER	AM_USER	USER_ID	CHECKER_ID	$1:n$
IMPORT_DATA_REF_IMPORTOR	AM_USER	USER_ID	USER_ID	$1:n$

表 10.3 计算/试验对象（AM_TARGET）

字段名	中文名称	类型	长度，精度	可否为空
TARGET_ID	对象 id	整型		否
USER_ID	人员 id	整型		否
PARENT_ID	父 id	整型		
TARGET_NAME	对象名	字符型	256	否
TARGET_CODE	对象代码	字符型	256	否
CREATE_TIME	创建时间	整型		否
END_TIME	结束时间	字符型	512	

字段名	中文名称	类型	长度，精度	可否为空
PUBLISH_TYPE	数据默认发布类型	整型		否
REMARKS	备注	字符型	512	

关联关系如下：

关系名称	关联表	关联元素	本表元素	关系
TARGET_REF_CREATOR	AM_USER	USER_ID	USER_ID	$1 : n$
TARGET_REF_PARENT	AM_TARGET	TARGET_ID	PARENT_ID	$1 : n$

表 10.4　计算资源（AM_TARGET_RES）

字段名	中文名称	类型	长度，精度	可否为空
TARGET_RES_ID	对象资源 id	整型		否
FILE_ID	文件 id	整型		否
TARGET_ID	对象 id	整型		否
REMARKS	备注	字符型	512	

关联关系如下：

关系名称	关联表	关联元素	本表元素	关系
CACRES_REF_FILE	AM_FILE	FILE_ID	FILE_ID	$1 : n$
TARGETRES_REF_TARGET	AM_TARGET	TARGET_ID	TARGET_ID	$1 : n$

10.3.4　安全包

安全包实现系统安全支撑数据存储，包括用户、组、资源、权限和菜单数据。

10.3.4.1　ER 图

图 10.6 描述了安全包各实体及实体间的关系。

10.3.4.2　表结构描述

表结构分别如表 10.5～表 10.12 所示。

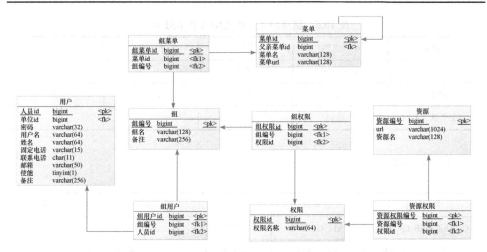

图 10.6 安全包 ER 图

表 10.5 用户表（AM_USER）

字段名	中文名称	类型	长度，精度	可否为空
USER_ID	用户 id	整型		否
USER_NAME	用户名	字符型	32	否
COMPANY_ID	单位 id	整型		否
PWD	密码	字符型	32	否
REAL_NAME	姓名	字符型	64	
TEL	固定电话	字符型	15	
MOBILE	联系电话	字符型	11	
EMAIL	邮箱	字符型	50	
ENABLED	使能	整型	1	
REMARKS	备注	字符型	256	

关联关系如下：

关系名称	关联表	关联元素	本表元素	关系
USER_REF_COMPANY	AM_COMPANY	COMPANY_ID	COMPANY_ID	$1:n$

表 10.6　组用户（AM_GROUP_USER）

字段名	中文名称	类型	长度，精度	可否为空
ID_	组用户 id	整型		否
GROUP_ID	组编号	整型		否
USER_ID	人员 id	整型		否

关联关系如下：

关系名称	关联表	关联元素	本表元素	关系
GUSER_REF_GROUP	AM_GROUP	GROUP_ID	GROUP_ID	$1:n$
GUSER_REF_USER	AM_USER	USER_ID	USER_ID	$1:n$

表 10.7　组（AM_GROUP）

字段名	中文名称	类型	长度，精度	可否为空
GROUP_ID	组编号	整型		否
GROUP_NAME	组名	字符型	128	否
REMARKS	备注	字符型	256	

表 10.8　组权限（AM_GROUP_AUTHORITY）

字段名	中文名称	类型	长度，精度	可否为空
ID_	组权限 id	整型		否
GROUP_ID	组编号	整型		否
AUTHORITY_ID	权限 id	整型		否

关联关系如下：

关系名称	关联表	关联元素	本表元素	关系
GROUPAUTH_REF_GROUP	AM_GROUP	GROUP_ID	GROUP_ID	$1:n$
GROUPAUTH_REF_AUTH	AM_AUTHORITY	AUTHORITY_ID	AUTHORITY_ID	$1:n$

权限（AM_AUTHORITY）如下：

字段名	中文名称	类型	长度，精度	可否为空
AUTHORITY_ID	权限 id	整型		否
AUTHORITY	权限名称	字符型	64	否

表 10.9 资源权限（AM_RESOURCE_AUTHORITY）

字段名	中文名称	类型	长度，精度	可否为空
ID_	资源权限编号	整型		否
RESOURCE_ID	资源编号	整型		否
AUTHORITY_ID	权限 id	整型		否

关联关系如下：

关系名称	关联表	关联元素	本表元素	关系
RESAUTH_REF_AUTH	AM_AUTHORITY	AUTHORITY_ID	AUTHORITY_ID	$1:n$
RESAUTH_REF_RESOURCE	AM_RESOURCE	RESOURCE_ID	RESOURCE_ID	$1:n$

表 10.10 资源（AM_RESOURCE）

字段名	中文名称	类型	长度，精度	可否为空
RESOURCE_ID	资源编号	整型		否
URL	URL	字符型	1024	否
TITLE	资源名	字符型	128	否

表 10.11 菜单（AM_MENU）

字段名	中文名称	类型	长度，精度	可否为空
MENU_ID	菜单 id	整型		否
MENU_NAME	菜单名	字符型	128	否
MENU_URL	菜单 URL	字符型	128	否

表 10.12　组菜单（AM_GROUP_RESOURCE）

字段名	中文名称	类型	长度，精度	可否为空
ID_	资源权限编号	整型		否
GROUP_ID	组 id	整型		否
MENU_ID	菜单 id	整型		否

关联关系如下：

关系名称	关联表	关联元素	本表元素	关系
GMENU_REF_GROUP	AM_GROUP	GROUP_ID	GROUP_ID	$1 : n$
GMENU_REF_MENU	AM_MENU	MENU_ID	MENU_ID	$1 : n$

10.3.5　算法包

算法包实现系统算法支撑数据存储，包括算法类型和算法。

10.3.5.1　ER 图

图 10.7 描述了算法包各实体及实体间的关系。

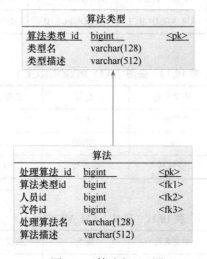

图 10.7　算法包 ER 图

10.3.5.2　表结构描述

表结构分别如表 10.13、表 10.14 所示。

表 10.13 算法类型（AM_ALGORITHM_TYPE）

字段名	中文名称	类型	长度，精度	可否为空
ALGORITHM_TYPE_ID	算法类型 id	整型		否
TYPE_NAME	类型名	字符型	128	否
DESCRIPTION	类型描述	字符型	512	

表 10.14 计算资源（AM_ALGORITHM）

字段名	中文名称	类型	长度，精度	可否为空
ALGORITHM_ID	处理算法 id	整型		否
ALGORITHM_TYPE_ID	算法类型 id	整型		否
USER_ID	人员 id	整型		否
ALGORITHM_NAME	处理算法名	字符型	128	否
HANDLE_MODULE	处理模块	字符型	128	否
MODULE_PATH	模块路径	字符型	512	否
DESCRIPTION	算法描述	字符型	512	

关联关系如下：

关系名称	关联表	关联元素	本表元素	关系
ALGORITHM_REF_TYPE	AM_ALGORITHM_TYPE	ALGORITHM_TYPE_ID	ALGORITHM_TYPE_ID	1 : n
ALGORITHM_REF_CREATOR	AM_USER	USER_ID	USER_ID	1 : n

10.3.6 统计包

统计包实现数据、模板、算法的使用和下载统计，包括数据访问日志、数据下载日志、算法使用日志和模板使用日志。

10.3.6.1 ER 图

图 10.8 描述了统计包各实体及实体间的关系。

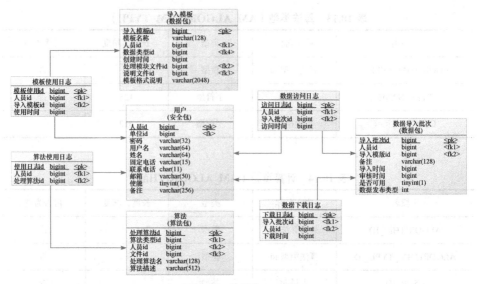

图 10.8 统计包 ER 图

10.3.6.2 表结构描述

表结构分别如表 10.15～表 10.17 所示。

表 10.15 模板使用日志（AM_TEMPLATE_USE_LOG）

字段名	中文名称	类型	长度，精度	可否为空
ID_	模板使用 id	整型		否
USER_ID	人员 id	整型		否
TEMPLATE_ID	导入模板 id	整型		否
USE_TIME	使用时间	整型		否

关联关系如下：

关系名称	关联表	关联元素	本表元素	关系
TEMPLATE_USE_REF_TEMPLATE	AM_IMPORT_TEMPLATE	TEMPLATE_ID	TEMPLATE_ID	1：n
TEMPLATE_USE_REF_USER	AM_USER	USER_ID	USER_ID	1：n

表 10.16 算法使用日志（AM_ALGORITHM_USE_LOG）

字段名	中文名称	类型	长度，精度	可否为空
ID_	使用日志 id	整型		否
USER_ID	人员 id	整型		否
ALGORITHM_ID	处理算法 id	整型		否
USE_TIME	使用时间	整型		否

关联关系如下：

关系名称	关联表	关联元素	本表元素	关系
ALG_USE_REF_ALG	AM_ALGORITHM	ALGORITHM_ID	ALGORITHM_ID	$1:n$
ALG_USE_REF_USER	AM_USER	USER_ID	USER_ID	$1:n$

数据访问日志（AM_DATA_VISIT_LOG）如下：

字段名	中文名称	类型	长度，精度	可否为空
VISIT_LOG_ID	访问日志 id	整型		否
USER_ID	人员 id	整型		否
DATA_IMPORT_ID	导入批次 id	整型		否
CACULATE_TARGET_ID	计算目标 id	整型		否
VISIT_TIME	访问时间	整型		否

关联关系如下：

关系名称	关联表	关联元素	本表元素	关系
VISIT_REF_IMPORT	AM_DATA_IMPORT	DATA_IMPORT_ID	DATA_IMPORT_ID	$1:n$
VISIT_REF_USER	AM_USER	USER_ID	USER_ID	$1:n$

表 10.17 数据下载日志（AM_DATA_DOWNLOAD_LOG）

字段名	中文名称	类型	长度，精度	可否为空
ID_	下载日志 id	整型		否
USER_ID	人员 id	整型		否

续表

字段名	中文名称	类型	长度，精度	可否为空
DATA_IMPORT_ID	导入批次 id	整型		否
CACULATE_TARGET_ID	计算目标 id	整型		否
DOWNLOAD_TIME	下载时间	整型		否

关联关系如下：

关系名称	关联表	关联元素	本表元素	关系
DOWNLOAD_REF_IMPORT	AM_DATA_IMPORT	DATA_IMPORT_ID	DATA_IMPORT_ID	1 : n
DOWNLOAD_REF_USER	AM_USER	USER_ID	USER_ID	1 : n

10.3.7 公共包

公共包实现文件、机构等公共资源管理。

10.3.7.1 ER 图

图 10.9 描述了安全包各实体及实体间的关系。

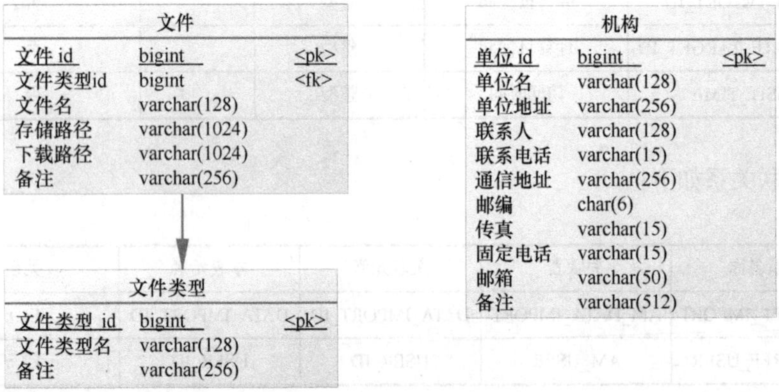

图 10.9 公共包 ER 图

10.3.7.2 表结构描述

表结构分别如表 10.18、表 10.19 所示。

表 10.18 文件（AM_FILE）

字段名	中文名称	类型	长度，精度	可否为空
FILE_ID	文件 id	整型		否
FILE_TYPE_ID	文件类型 id	整型		否
FILE_NAME	文件名	字符型	128	否
SAVE_PATH	存储路径	字符型	1024	否
DOWN_PATH	下载路径	字符型	1024	否
REMARKS	备注	字符型	256	

关联关系如下：

关系名称	关联表	关联元素	本表元素	关系
FILE_REF_TYPE	AM_FILE_TYPE	FILE_TYPE_ID	FILE_TYPE_ID	$1:n$

文件类型（AM_FILE_TYPE）如下：

字段名	中文名称	类型	长度，精度	可否为空
FILE_TYPE_ID	文件类型 id	整型		否
TYPE_NAME	文件类型名	字符型	128	否
REMARKS	备注	字符型	256	

表 10.19 机构（AM_COMPANY）

字段名	中文名称	类型	长度，精度	可否为空
COMPANY_ID	单位 id	整型		否
COMPANY_NAME	单位名	字符型	128	否
ADDRESS	单位地址	字符型	256	
LINK_MAN	联系人	字符型	128	
LINK_TEL	联系电话	字符型	15	
MAIL_ADDRESS	通信地址	字符型	256	
ZIPCODE	邮编	字符型	6	
FAX_NO	传真	字符型	15	
FIX_TEL_NO	固定电话	字符型	15	

字段名	中文名称	类型	长度，精度	可否为空
EMAIL	邮箱	字符型	50	
REMARKS	备注	字符型	512	

10.4　代码生成主流程

自动化流程在数据库建好的基础上进行，自动化生成代码流程包含以下 10 个步骤：

（1）通过 Relaen-cli 工具生成数据实体（Entity）。

（2）基于生成的数据实体，通过 ModelGenerator 生成模型（model）。

（3）第（2）步生成的 model，采用最大集生成，可能存在冗余信息，同时对于模型和模型属性的中文显示无法生成，需要手动修改。

（4）在模型的基础上生成模型相关元数据，包含 form（表单）、grid（网格）和 menu（菜单）元数据，保留元数据的目的是用户在此时可继续对最终的页面效果进行调整，通常情况下，如果模型已配置完整，form 和 grid 元数据无须进行调整。menu 元数据主要生成管理菜单，生成的菜单可在菜单管理页面进行调整。

（5）基于元数据生成页面代码。

（6）基于模型生成服务端代码。

（7）基于模型生成气动数据相关的页面和服务端代码。

（8）基于配置文件生成页面 home、header 模块代码。

（9）基于 menu 元数据、模型生成菜单、数据类型和初始用户相关 SQL 代码。

（10）把相关代码复制到应用目录。

注：如果只是做少量改动，建议在现有模型基础上进行修改，也就是避开步骤 1 和步骤 2。

10.5　配　置　文　件

代码生成需要依赖配置文件 appconfig.JSON 进行，示例文件如下所示：

```
{
//系统标题
"title"："气动数据验证与确认平台",
```

```
//生成路径配置
"paths" : {
    //生成代码基础路径
        "codePath" : "amtool/gencode",
    //模型存放路径
        "modelTsPath" : "amtool/model",
    //数据实体路径
        "entityPath" : ["/dist/server/module/dao/entity/**/*.js"],
    //模型编译后路径
        "modelPath" : ["/dist/amtool/model/**/*.js"],
    //元数据存放路径
        "metaPath" : "amtool/gencode/meta",
    //页面代码存放路径
        "pagePath" : "amtool/gencode/pages",
    //服务端代码存放路径
        "serverPath" : "amtool/gencode/server",
    //SQL 代码存放路径
        "dataPath" : "amtool/gencode/data",
    //数据类型相关代码存放路径
        "dataTypePath" : "amtool/gencode/datatype",
    //系统页面路径
        "toPagePath" : "pages",
    //系统服务端路径
        "toServerPath" : "server"
    }
}
```

10.6 模 型 设 计

10.6.1 模型

自动化生成框架采用模型驱动（Model Driven）方式进行生成，文中所述的模型为覆盖数据、显示、编辑相关信息范畴的模型定义，与实际的数据实体（Entity）具有较高的关联性。

模型定义如表 10.20 所示。

表 10.20　模型定义

配置项	类型	说明
ref	string	参考实体名，与 Entity 一致
showName	string	显示名，表示交互页面中显示的名称
isData	boolean	是否是数据，表示该模型是否为气动数据
editable	boolean	是否可编辑，如果为 true 则会生成编辑相关代码，如果 data 为 true，则无效
Manageable	boolean	是否可管理，如果为 true 则会生成管理相关代码，如果 data 为 true，则无效
props	map	属性集合，属性相关项如表 10.21 所示

所有模型都需要包含属性，属性配置如表 10.21 所示。

表 10.21　属性配置表

配置项	类型	说明
name	string	属性名，与 Entity 一致
showName	string	显示名，表示交互页面中显示的名称
type	string	类型，包含 int|float|double|date|string|file|ref 其中 ref 为模型引用
ref	string	引用模型名，当 type 为 ref 时有效
id	boolean	是否为主键
editable	boolean	是否可编辑，如果为 true 则会显示在编辑页面中
useSystemTime	object	保存时是否使用系统当前时间，当类型为日期时间时有效，配置为 {update:true}，当 update 为 true 时，表示每次修改信息时更新时间
useLogonUser	object	保存时是否使用登录用户，配置为 {update:true}，当 update 为 true 时，表示每次修改信息时更新用户
editOption	object	编辑选项，参考编辑器配置项说明
validator	object	参考校验器说明
width	number	在表格中显示宽度
showInRef	boolean	是否作为被引用对象时的显示信息
showInGrid	boolean	是否在表格中显示
showInQuery	boolean	是否出现在查询结果中
showInDetail	boolean	是否在信息详情中显示，当 showInGrid 为 true 时默认为 true
unit	string	显示单位，如 m、m/s、Pa 等
encryption	string	加密方式，如 md5 等，当配置该项时，保存数据时会对该属性值进行加密存放

10.6.2 编辑配置项

（1）type：编辑器类型，包括 text、textarea、number、date、datetime、time、radio、checkbox、select、file 等。

（2）option：编辑选项，当为 date、datetime、checkbox、radio 和 select 时有效，不同情况配置如下。

（a）date 格式：ISO 日期格式，如 yyyy/MM/dd，默认为 yyyy-MM-dd；

（b）datetime 格式：ISO 日期时间格式，如 yyyy/MM/dd hh：mm:ss，默认为 yyyy-MM-dd hh：mm:ss；

（c）time 格式：ISO 时间格式，如 hh：mm:ss，默认为 hh：mm:ss；

（d）checkbox 格式：{yes：选中值，no：未选中值}；

（e）radio 格式：[{value：值，text：显示文本}]，或{refModel：引用模型，valueProp：值属性名，displayProp：显示属性名}；

（f）select 和 list 格式：{multi：是否允许多选，list：[{value：值，text：显示文本}]} 或 {multi：是否允许多选，refModel：引用模型，valueProp：值属性名，displayProp：显示属性名}，其中 displayProp 可以是数组；

（g）file 格式：multi 是否上传为多个文件，type：image|common，image 表示图像类型。

10.6.3 校验器

校 验 器 配 置 为 数 组 ， 其 通 常 为 空 校 验 + 规 则 校 验 ， 例 如 ：['require','betweenLength:6:20']。目前提供的规则校验表如表 10.22 所示。

表 10.22　规则校验表

校验名	说明
require	不能为空校验
min	最小值校验
max	最大值校验
between	区间值校验
minLength	最小长度校验
maxLength	最大长度校验
betweenLength	区间长度校验
email	邮箱校验
mobile	手机号校验

续表

校验名	说明
tel	电话号码校验
idno	身份证号校验
regexp	正则式校验，可自行输入正则表达式串
method	自定义方法校验

10.6.4　注解器设计

为支持模型配置，需要设计两个注解器用于模型和属性的定义，注解器实现模型加载时的模型和属性到模型工厂的注册，注解器如表 10.23 所示。

表 10.23　注解器列表

注解器名	参数	说明
AMModel	参见表 10.20	模型注解器
AMProp	参见表 10.21	属性注解器

10.7　代码生成算法

代码完整生成，需要依赖 11 个生成算法，涵盖了模型、元数据、页面、服务端、数据类型、查询页面和可视化生成算法。

10.7.1　气动模型生成算法

气动模型生成算法用于生成本框架依赖的数据模型，通过 Relaen 实体管理器读取实体（Entity）列表，针对每个 Entity 构建模型；通过模型配置 ModelCfg 实例初始化一个空的数据模型对象，遍历 Entity 属性，针对不同属性处理如下。

（1）属性为 id，则设置模型主键；

（2）属性为 ref，如果关系为 OneToOne，则处理状态依赖，否则处理数据依赖；

（3）处理完毕后，通过 AMProp 注解器处理属性注解，设置 showName、editable、showInGrid、showInRef、showInDetail、useSystemTime、useLogonUser 等配置；

（4）处理属性编辑特性，对于普通类型，如 int、float、string、boolean 等直

接定义对应的编辑器即可，对于外键属性，则需要构建 select 编辑器，当遇到
ManyToMany 关系时，对应 select 的 multi 属性设置为 true。

（5）最后把新属性加入模型中。

（6）遍历完属性后，通过 AMModel 注解器对模型类进行装饰，同时需要构
建相应的 showName、ref、managable、editable 和 isData 配置项，构建时，showName
和 ref 默认 Entity 名，managable 和 editable 默认为 true，isData 默认为 false，需
要后续对模型做出相应修改。

算法 1 展示了单个模型构建过程。

算法 1　单个模型构建算法

输入：实体
输出：数据模型

1：	Procedure CreatModel（Entity）	
2：	model = new ModelCfg（）	//创建空模型
3：	for each prop in Entity do	//遍历模型属性
4：	newProp = new Prop（prop）	//创建空属性
5：	if prop is id do	//处理 id
6：	newProp.idConfig = new IdConfig（prop）	//创建 id 配置项
7：	else if Prop has ref do	//处理依赖模型
8：	DM = new DependModel（prop）	//创建依赖模型
9：	if prop.refType = 1To1 do	
10：	DM.setStDepend（prop）	//创建状态依赖
11：	else	
12：	DM.setDtDepend（prop）	//创建数据依赖
13：	end if	
14：	newProp.DM = DM	//给属性设置依赖模型
15：	else	
16：	handleCommonProp（newProp）	//处理普通属性
17：	end if	
18：	setEditConfig（newProp）	//设置编辑配置项
19：	model.addProp（newProp）	//添加属性到模型
20：	end for	
21：	return model	
22：	End Procedure	

10.7.2　元数据生成算法

元数据生成器实现从模型到元数据生成过程，主要为用户提供可直观修改的

配置文件，如编辑页面、表格和菜单结构，为用户提供更多的自由度。

　　遍历模型管理器所有模型，对每个模型按照模型配置进行 form 元数据和 grid 元数据生成。当模型 editable 设置为 true 时，则生成 form 元数据；当模型 managable 为 true 时，生成 grid 元数据。

　　form 元数据生成过程：创建 form 元数据对象，遍历模型属性，属性处理流程如下：

　　（1）当属性为 id 类型时，设置值属性；

　　（2）当属性为 showInRef 时，设置为显示属性，同时进行递归创建元数据属性；

　　（3）当为普通属性时，则进行简单属性处理，转到第 6 步，否则执行第 4、5 步；

　　（4）处理属性校验器；

　　（5）检测属性是否存在数据单位，如果有则设置单位信息，同时设置 form 单位标志；

　　（6）处理完毕后把新属性加入 form 元数据对象中。

　　算法 2 展示了 form 元数据构建过程。

算法 2　form 元数据构建算法

输入：数据模型
输出：form 元数据对象

1：	Procedure CreatFormMeta（model）	
2：	config = new FormMetaConfig（）	//创建空数据配置对象
3：	for each prop in model do	//遍历模型属性
4：	newProp = new FormField（）	//创建新属性
5：	if prop type = ref do	//处理引用模型
6：	props = readRefModel（prop.ref）	//读取引用模型属性集合
7：	for each p in props do	
8：	if p is id do	//处理找到 id 属性
9：	newProp.setValueField（p）	//设置值属性
10：	else if p is showInRef do	//处理显示属性
11：	if p type = ref do	//设置显示属性
12：	p = CreateFormMeta（p）	//递归执行属性创建
13：	end if	
14：	newProp.setDisplayField（p）	//添加显示属性
15：	end if	
16：	end for	
17：	config.editConfig = genSelectConfig（config）	//创建编辑配置
18：	else	

19：	newProp.editConfig = genCommonConfig（prop）
	//创建普通类型编辑配置
20：	end if
21：	config.addProp（newProp） //添加新属性到配置项
22：	end for
23：	return config
24：	End Procedure

10.7.3 grid 元数据生成算法

grid 元数据生成过程：遍历模型属性，如果属性 showInGrid 为 true，则处理属性：

（1）判断属性是否为引用类型；

（2）如果为引用类型，则递归执行属性处理流程；

（3）设置属性显示参数；

（4）把属性添加到属性数组。

处理完成后，返回元数据对象。

算法 3 展示了 grid 元数据创建过程。

算法 3　grid 元数据构建算法

输入：数据模型
输出：grid 元数据对象

1：	Procedure CreatGridMeta （model）
2：	config = new GridMetaConfig（） //创建空数据配置对象
3：	for each prop in model do //遍历模型属性
4：	if prop type = ref do //处理引用模型
5：	props = readRefModel（prop.ref） //读取引用模型属性集合
6：	for each p in props do
7：	if p is showInGrid do
8：	column = new GridColumn（） //创建列对象
9：	setDispConfig（column） //设置显示配置
10：	config.addColumn（column） //添加到配置对象
11：	end if
12：	end for
13：	else
14：	column = new GridColumn（） //创建列对象
15：	setDispConfig（column） //设置显示配置
16：	config.addColumn（column） //添加到配置对象

17:		end if
18:		end for
19:		return config
20:	End Procedure	

10.7.4　页面生成算法

页面生成算法主要通过元数据生成页面代码,包括 form 页面、grid 页面。

页面代码生成过程:创建 form 模块对象,初始化 form 相关属性如 label width、form name 等。遍历 form 元数据属性数据,并对属性数据进行如下操作:

(1)读取属性信息。

(2)处理属性。

(a)添加 label 标签;

(b)判断数据类型,根据不同类型生成不同页面编辑器代码;

(c)如果有模型依赖,则根据依赖模型生成数据依赖方法。

(3)把属性加入 form 模块。

处理完属性后,生成模板、方法集代码。

算法 4 展示了 form 页面代码创建过程。

算法 4　form 页面模块类构建算法

输入:form 元数据
输出:form 模块类定义字符串

1:	Procedure CreatFormModule(formmeta)
2:	module = new FormModule(formmeta) //设置 form 配置项,包括 label 宽度、每行列数
3:	for each prop in formmeta.props do　　　　　　　　　//遍历属性
4:	if prop editable do
5:	switch prop type do
6:	case text do
7:	temp = genTextInputTemplate(prop)//生成文本输入模板
8:	case textarea do
9:	temp = genTextAreaTemplate(prop)//生成文本域输入模板
10:	case number do
11:	temp = genNumberInputTemplate(prop)//生成数据输入模板
12:	case datetime do
13:	temp = genDateInputTemplate(prop)　　//生成日期输入模板
14:	case file do
15:	temp = genFileInputTemplate(prop)　　//生成文件输入模板

16:	case list do	
17:	temp = genListInputTemplate（prop）//生成列表框输入模板	
18:	case select do	
19:	temp = genSelectInputTemplate（prop）//生成下拉框输入模板	
20:	end switch	
21:	module.addPropTemplate（temp）	//添加模板到模块
22:	if prop ref do	//处理依赖模型的数据依赖方法
23:	method = createMethod（）	//创建新方法
24:	method.handler = new refHandler（prop）	//设置处理方法
25:	module.addMethod（method）	//添加到模块方法集
26:	end if	
27:	end if	
28:	end for	
29:	genModuleTemplate（module）	//创建模板
30:	genModuleMethods（module）	//创建方法集
31:	return toModuleString（module）	//返回模块类文件字符串
32:	End Procedure	

10.7.5 grid 页面模块生成算法

grid 代码生成过程：遍历 grid 元数据列属性数据，并对属性数据进行如下操作：

（1）读取属性信息；

（2）生成列对象模板；

（3）添加到列集合。

列属性处理完后，生成分页插件模板和数据请求方法代码。

算法 5 展示了 grid 页面代码创建过程。

算法 5 grid 页面模块类构建算法

输入：grid 元数据

输出：grid 模块类定义字符串

1:	Procedure CreatGridModule（gridmeta）	
2:	module = new GridModule（gridmeta）//设置 grid 配置项，包括列宽	
3:	for each col in gridmeta.columns do	//遍历数据列
4:	column = new Column（col）	//创建数据列
5:	if prop type = ref do	//处理引用模型
6:	column.handleRef（）	//添加依赖模型约束
7:	end if	

8：	module.setShowConfig（column）//设置列显示配置
9：	end for
10：	module.setPagination（）	//设置模块分页配置
11：	module.setReqMethod（）	//设置模块请求数据方法
12：	return toModuleString（module）	//返回模块类文件字符串
13：	End Procedure

10.7.6　服务端代码生成算法

服务端代码生成算法通过遍历 Model Manager 中的所有模型，针对每个模型生成服务端需要的 Web Model 代码、Web 路由代码和业务层代码。

Web Model 代码生成过程：创建空 WebModel 对象，实现对象结构初始化，依赖模块的 import，遍历属性，针对属性进行如下操作：

（1）根据属性类型进行 Web Model 类型转换；

（2）根据属性校验器实现 Web Model 属性校验设置。

（3）添加到 Web Model 集合中。

算法 6 展示了 Web Model 代码创建过程。

算法 6　Web Model 代码构建算法

输入：数据模型

输出：Web 模型类定义字符串

1：	Procedure CreateWebModel（model）
2：	webModel = new WebModel（）//初始化对象结构，Noomi 模块 import，base model import
3：	for each prop in model.props do	//遍历属性
4：	newProp = new ModelProp（）	//初始化模型属性
5：	type = toTsType（prop.type）	//转换属性类型为 ts 类型
6：	switch type do	//数据类型转换
7：	case ref do
8：	type = object	//转换实际类型为 object
9：	case datetime do
10：	type = int	//转换实际类型为 int
11：	default do
12：	type = prop.type
13：	end switch
14：	newProp.type = type
15：	newProp.validator = handleValidator（prop）	//处理模型校验器
16：	webModel.addProp（newProp）	//加入模型属性集合

17:	end for	
18:	return toModuleString（webModel）	//返回模块类文件字符串
19:	End Procedure	

10.7.7 Web 路由生成算法

Web 路由代码生成过程：创建空 WebRoute 对象，实现对象初始化，依赖模块的 IMPORT。根据模型设置路由命名空间、校验模型、注入业务类和各操作方法。

算法 7 展示了 Web 路由代码创建过程。

算法 7 Web 路由代码构建算法

输入：数据模型

输出：Web 路由定义字符串

1:	Procedure CreateWebRoute（model）	
2:	module = new WebRoute（model）//初始化对象结构，Noomi 模块 import，service import，web model import	
3:	module.setNameSpace（）	//设置命名空间
4:	module.setModel（）	//设置校验模型
5:	module.setInject（）	//设置注入器
6:	module.setSaveMethod（）	//初始化保存方法
7:	module.setDeleteMethod（）	//初始化删除方法
8:	module.setQueryMethod（）	//初始化查询方法
9:	return toModuleString（module）//返回模块类文件字符串	
10:	End Procedure	

10.7.8 业务层代码生成算法

业务层代码生成过程：创建空 Service 对象，实现对象结构初始化，依赖模块的 import。处理模型中的特殊属性并加入到 Service 对象中。

算法 8 展示了业务层代码创建过程。

算法 8 业务层代码构建算法

输入：数据模型

输出：业务定义字符串

1:	Procedure CreateService（model）
2:	module = new Service（model）//初始化对象结构，Noomi 模块 import，base service import

```
3:          specialProps = []                                    //初始化特殊属性集合
4:          for each prop in model do
5:              if prop.useSystemTime do
6:                  spcialProps.add（handleSystemTime（prop））//处理系统时间属性约束
7:              else if prop.useLogonUser do
8:                  spcialProps.add（handleLogonUser（prop））　//处理登录用户属性约束
9:              end if
10:         end for
11:         module.setSpecialProp（specialProps）               //设置模块特殊属性约束
12:         return toModuleString（module）                      //返回模块类文件字符串
13:     End Procedure
```

10.7.9　数据类型生成算法

数据类型生成主要生成与数据类型相关的服务器和页面代码，包括：导入页面代码、查询页面代码、服务端导入业务代码和查询业务代码。其中服务端业务代码主要进行引用对象处理，与业务层生成算法相似，此处不再赘述。

导入页面代码生成过程：根据数据模型，创建页面导入对象，对对象结构进行初始化和 Nodom 依赖模块 import。遍历模型属性，进行如下操作：

（1）处理模型引用条件，构建关系表格；

（2）处理模型普通条件，构建 form；

（3）处理完普通条件和引用条件后，进行 4~8 步；

（4）生成导入模板选择器；

（5）生成数据和条件信息提交方法；

（6）生成数据结果解析代码；

（7）生成数据结果表格；

（8）生成数据结果图表。

算法 9 展示了导入页面代码创建过程。

算法 9　导入页面代码构建算法

输入：数据模型

输出：导入页面类定义字符串

```
1:      Procedure CreateDataImportPage（model）
2:          module = new DataImport（model）   //初始化对象结构，Nodom 模块 import
3:          for each prop in model.props do                       //遍历属性
4:              if prop type = ref do
5:                  conditionClass = getCondModel（model）        //获取条件类
```

6：	for each condProp in conditionClass do	//遍历条件属性
7：	if prop ref do	//依赖模型处理
8：	if prop edittype = new do	//引用模型属性需要新建
9：	refClass = getModel（prop.ref）//获取依赖模型类	
10：	for each prop1 in refClass do	//遍历引用类属性
11：	if prop1 editable do	//可编辑
12：	module.addEditProp（prop1）//添加到可编辑	
		集合
13：	end if	
14：	end for	
15：	else if prop ref 不等于 DataType do	//依赖模型为数据类型
16：	module.addGridProp（prop）//添加到可编辑 Grid 集合	
17：	end if	
18：	end for	
19：	elseif prop is not id do	
20：	addCommonProp（prop）	//普通属性处理
21：	addAxisData（prop）	//轴数据处理
22：	end if	
23：	end for	
24：	module.addGrid（Template）	//添加导入模板依赖
25：	module.handleChart（）	//处理可视化图表
26：	module.genMethods（）	//处理数据处理方法
27：	module.genTemplate（）	//生成模板代码
28：	return toModuleString（module）	//返回模块类文件字符串
29：	End Procedure	

10.7.10　查询页面生成算法

　　查询页面生成过程：创建数据查询对象并对对象进行初始化，通过模型依赖关系创建条件表格（参考 grid 生成算法），创建数据表格（参考 grid 生成算法），创建轴数据，创建可视化图表（参考可视化生成算法），创建依赖的数据获取方法，创建显示模板。

　　算法 10 展示了查询页面代码创建过程。

算法 10　查询页面代码构建算法

输入：数据模型
输出：查询页面类定义字符串

```
1:    Procedure CreateDataQueryPage（model）
2:        module = new DataQuery（model）//初始化对象结构，Nodom 模块 import
3:        module.createCondGrid（model）        //创建条件表格
4:        module.createDataGrid（model）          //创建数据表格
5:        module.createAxisData（model）          //创建轴数据
6:        module.createChart（model）            //创建可视化图表
7:        module.createMethods（）              //创建数据获取方法
8:        module.createTemplate（）              //生成模板代码
9:        return toModuleString（module）         //返回模块类文件字符串
10:   End Procedure
```

10.7.11 可视化生成算法

可视化生成算法主要生成数据的可视化图表，通过轴数据（axisdata）生成轴选择器，通过数据生成分组信息，可视化框架采用 echarts。算法 11 展示了可视化代码创建过程。

算法 11 可视化代码构建算法

输入：轴数据（axisdata），显示数据（data）

输出：可视化类定义字符串

```
1:    Procedure CreateDataQueryPage（axisdata,data）
2:        module = new DataChart（axisdata）//初始化对象结构，Nodom 模块 import
3:        module.groupMethod = group method        //创建分组操作
4:        for each d in data do                    //遍历数据集合进行分组操作
5:            groupData = group（module.x）        //按横坐标进行分组
6:            sort（groupData,module.x）           //对分组数据进行排序
7:        end for
8:        module.createSeries（groupData）          //创建 series
9:        module.createLegend（）                  //创建 legend
10:       module.createAxisSelec（）               //创建轴选择器
11:       Module.createGroup（）                   //创建分组选择器
12:       return toModuleString（module）          //返回模块类文件字符串
13:   End Procedure
```

第 11 章　示　范　验　证

气动数据在研制任务的方案设计过程中发挥重要的作用，倘若其在初步设计之后就变成死数据，不能得到充分再利用，那么其价值就要大打折扣。无论是美国，还是其他航空航天大国，都十分重视气动数据的再利用，气动数据贯穿飞行器的整个寿命周期[100]。建立数据中心和专业气动数据库是进行气动数据再利用的基础，结合国外的经验看，先以重大研究计划或项目建立气动数据库，再将各个数据库集成，建设数据中心，是搞好气动数据再利用的基本方法。气动数据库建设的最终目标是集成应用，发挥效益。如果没有统一的标准，集成上会有很大的困难。为此，本书提出模型驱动的自动化软件代码生成技术，以气动数据管理框架为应用示范，上一章我们介绍了该气动数据管理框架的模型设计、生成方法和生成流程，本章用一个示例说明应用系统的生成过程和生成效果，开展气动数据再利用准则、方法的定量考核、验证研究，旨在提高融合方法的适应性与结果的可信度。

11.1　生成系统概述

本书参考"国家数值风洞工程"的"验证与确认系统"生成了一个气动数据管理系统。生成代码约 20000 行。生成内容包含：

（1）四种数据类型数据导入及图表可视化功能；

（2）数据查询及下载功能；

（3）算例、标模、试验对象共三种数据依赖对象信息管理功能；

（4）算例结果文件及文件类型两种附属对象信息管理功能；

（5）模板、算法、数据概览管理功能；

（6）权限、组、菜单、资源和用户共五种安全管理模块管理功能。

11.1.1　ER 图设计

示范系统 ER 图如图 11.1 所示，包含四种数据类型、两种状态、试验条件、算例、标模、试验模型、算例文件等 13 个数据表（其中文件表属于支撑框架自带，无须新建）。

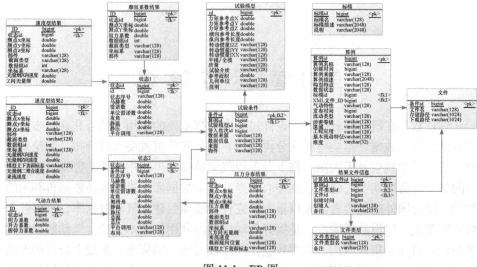

图 11.1　ER 图

11.1.2　生成配置

生成配置文件如下所示，可设置生成系统名和相应的生成路径。

```
{
    "title":"气动数据库系统",
    "paths":{
        "codePath" : "amtool/gencode",
        "modelTsPath" : "amtool/model",
        "entityPath" : ["/dist/server/module/dao/entity/**/*.js"],
        "modelPath" : ["/dist/amtool/model/**/*.js"],
        "metaPath" : "amtool/gencode/meta",
        "pagePath" : "amtool/gencode/pages",
        "serverPath" : "amtool/gencode/server",
        "dataPath" : "amtool/gencode/data",
        "dataTypePath" : "amtool/gencode/datatype",
        "toPagePath": "pages",
        "toServerPath": "server"
    }
}
```

11.2 生 成 效 果

（1）登录界面，如图 11.2 所示。

WELCOME TO
气动数据库系统
admin
立即登录

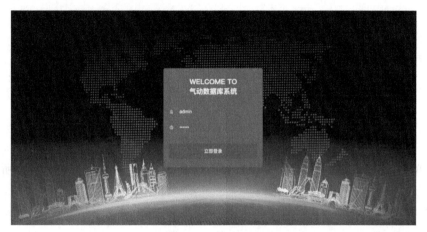

图 11.2 登录界面

（2）主菜单，如图 11.3 所示。

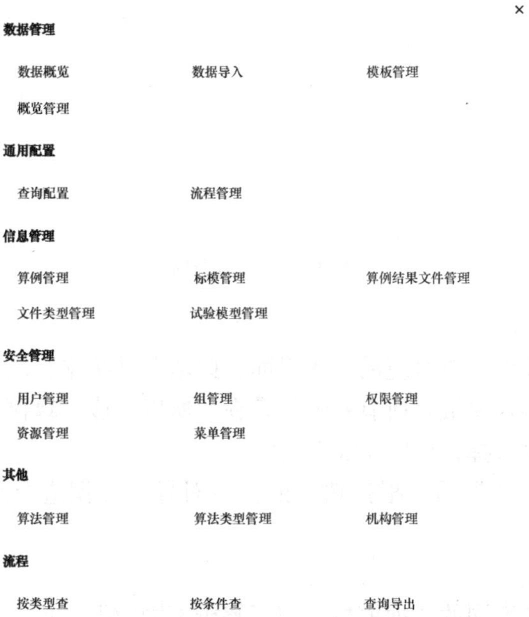

×
数据管理
数据概览
数据导入
模板管理
概览管理
通用配置
查询配置
流程管理
信息管理
算例管理
标模管理
算例结果文件管理
文件类型管理
试验模型管理
安全管理
用户管理
组管理
权限管理
资源管理
菜单管理
其他
算法管理
算法类型管理
机构管理
流程
按类型查
按条件查
查询导出

图 11.3 主菜单

（3）数据概览。

根据用户的定义展示不同的数据概览功能，图 11.4 显示了三种不同类型的数据导航方式，分别是标模算例、算例、标模模型算例。其中单击左侧导航树，右侧表格内容会进行相应修改。

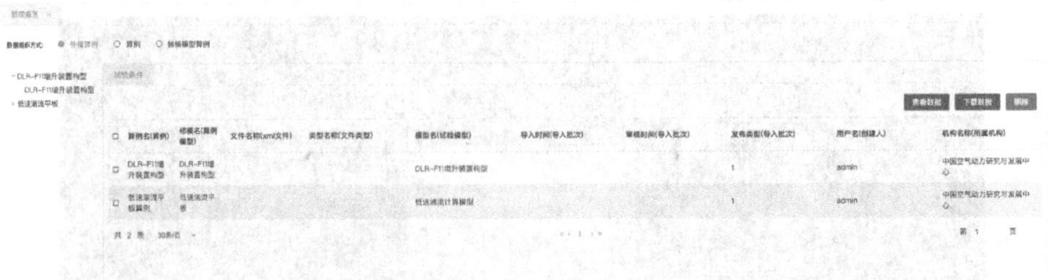

图 11.4　数据概览

单击"查看数据"按钮，可以查看所选中条件对应的数据，如图 11.5 所示。

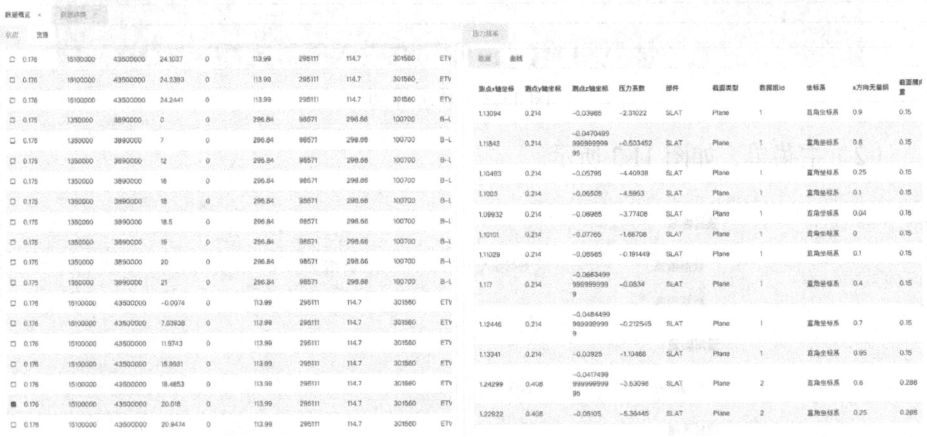

图 11.5　数据表格

（4）数据导入。

框架会根据模型生成对应的导入界面，此示范系统中，新建依赖对象包括算例和试验模型，导入模板对所有系统都存在，所以生成了算例、试验模型和导入模板表格供导入时选择，如图 11.6 所示。

单击"数据导入"后，根据选择的模板对导入数据进行解析，解析结果如图 11.7 所示。

（5）模板管理。

用户可以定义不同的数据模板，用于解析不同数据文件，示范系统中，针对"验证与确认系统"现有源数据编写模板。模板管理列表和编辑分别如图 11.8、

图 11.9 所示。

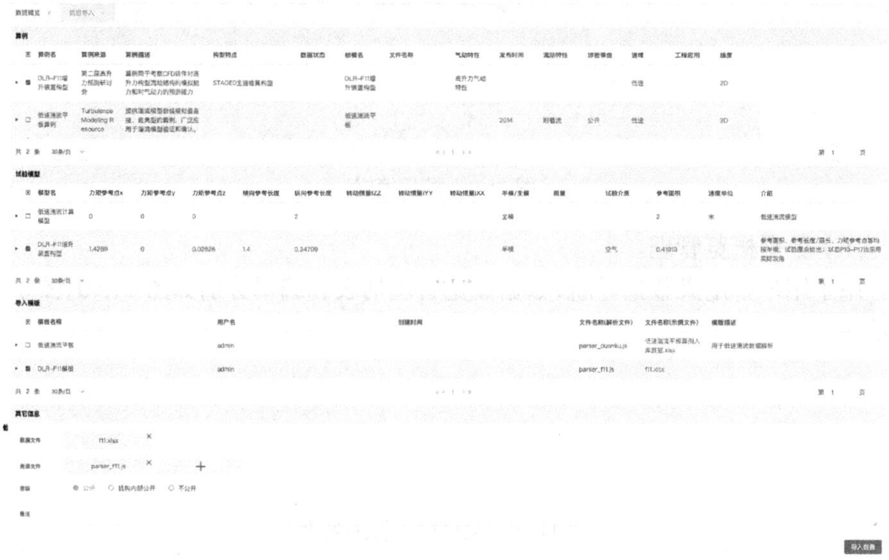

图 11.6 导入信息配置

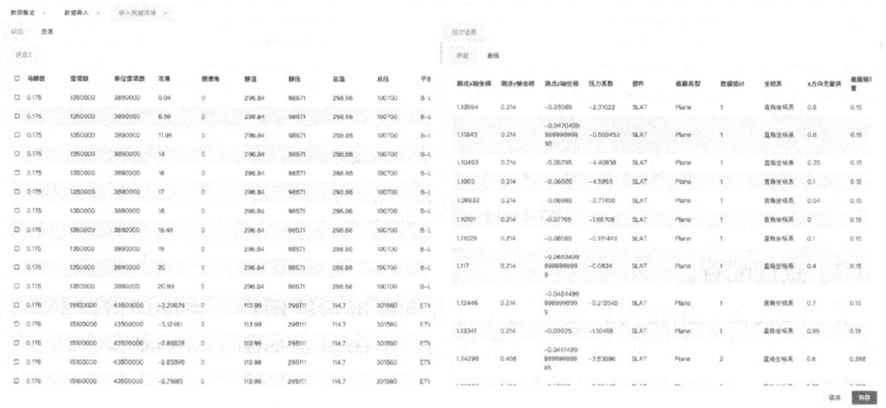

图 11.7 导入数据解析结果

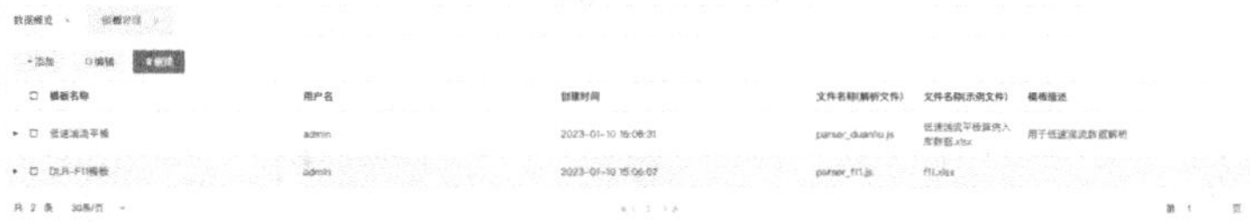

图 11.8 模板管理列表

图 11.9　模板编辑

（6）数据概览管理。

用于用户自定义数据导航，数据概览管理列表和编辑分别如图 11.10、图 11.11 所示。

图 11.10　数据概览管理列表

图 11.11　数据概览编辑

（7）查询配置。

用于配置在数据查询页面中把哪些查询项展示给用户，查询项以试验条件为基础，逆向推导出有哪些数据项可供使用。生成界面如图 11.12 所示。

图 11.12　查询配置生成界面

（8）流程管理。

用于配制业务流，流程引擎采用 Noomiflow。流程管理列表与编辑分别如图 11.13、图 11.14 所示。

图 11.13　流程管理列表

图 11.14　流程编辑

（9）算例管理。

用于管理算例基本信息，算例管理列表与编辑分别如图 11.15、图 11.16 所示。

图 11.15　算例管理列表

图 11.16　算例编辑

（10）标模管理。

用于管理标模基本信息，标模管理列表与编辑分别如图 11.17、图 11.18 所示。

图 11.17　标模管理列表

图 11.18　标模编辑

（11）试验模型管理。

用于管理试验模型基本信息，试验模型管理列表与编辑分别如图 11.19、图 11.20 所示。

图 11.19　试验模型管理列表

图 11.20　试验模型编辑

（12）文件类型管理。

用于管理标模文件的文件类型信息，管理列表与编辑分别如图 11.21、图 11.22 所示。

图 11.21 文件类型管理列表

图 11.22 文件类型编辑

（13）算例结果文件管理。

用于管理算例的结果文件，如网格、计算结果等。管理列表与编辑分别如图 11.23、图 11.24 所示。

图 11.23 算例结果文件管理列表

图 11.24 算例结果文件编辑

（14）用户管理。

用于管理用户基本信息，管理列表与编辑分别如图 11.25、图 11.26 所示。

图 11.25 用户管理列表

图 11.26　用户编辑

由于配置了查询项，此处生成了查询内容，如图 11.27 所示。

图 11.27　用户查询

（15）组管理。

用于管理用户组基本信息，管理列表与编辑分别如图 11.28、图 11.29 所示。

图 11.28　组管理列表

图 11.29　组编辑

（16）权限管理。

用于管理权限基本信息，管理列表与编辑分别如图 11.30、图 11.31 所示。

图 11.30　权限管理列表

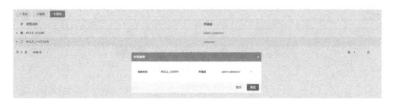

图 11.31 权限编辑

（17）资源管理。

用于管理 URL 资源信息，管理列表与编辑分别如图 11.32、图 11.33 所示。

图 11.32 资源管理列表

图 11.33 资源编辑

（18）菜单管理。

用于管理系统菜单项信息，菜单项访问权限通过用户组进行分配。管理列表与编辑分别如图 11.34、图 11.35 所示。

图 11.34 菜单管理列表

图 11.35　菜单编辑

（19）算法类型管理。

用于管理算法类型基本信息，便于用户使用，管理列表与编辑分别如图 11.36、图 11.37 所示。

图 11.36　算法类型管理列表

图 11.37　算法类型编辑

（20）算法管理。

用于管理算法基本信息，便于用户使用，管理列表与编辑分别如图 11.38、图 11.39 所示。

图 11.38　算法管理列表

图 11.39　算法编辑

（21）机构管理。

用于管理机构基本信息，管理列表与编辑分别如图 11.40、图 11.41 所示。

图 11.40　机构管理列表

图 11.41　机构编辑

（22）按类型查询。

根据数据类型进行查询，查询项中会列出数据类型对应数据状态所包含的项，同时可以选择查询结果项。查询界面如图 11.42 所示，查询结果如图 11.43 所示。

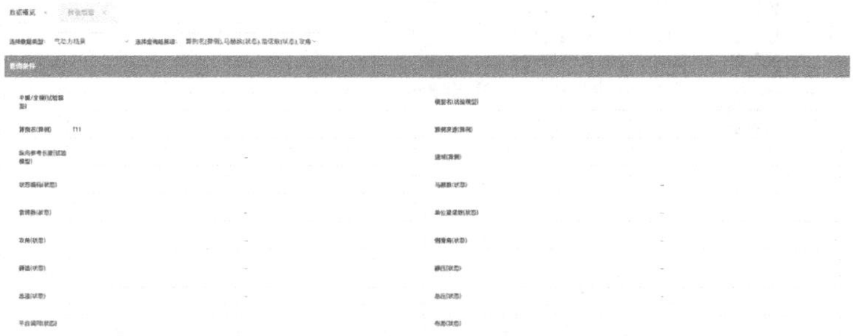

图 11.42　查询界面

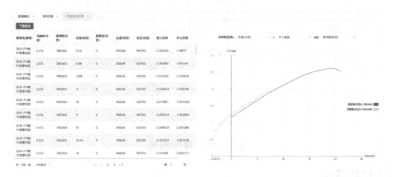

图 11.43　查询结果图表显示

（23）查询导出。

对查询结果，选择一条记录并单击下载数据，则可将该组数据导出为 Excel 文件，如图 11.44 和图 11.45 所示。

图 11.44　查询结果页面

图 11.45　导出页面

导出 Excel 格式为多个页签，其中第一个页签为试验条件信息、第二个页签为状态数据，后续的页签依次为具体数据。导出文件如图 11.46～图 11.48 所示。

图 11.46　试验条件页签

Id	状态编码	马赫数	雷诺数	单位雷诺数	攻角	侧滑角	静温	静压	总温	总压	平台调用	布局	来源
1617		0.175			0.04	0	296.84	98571	298.66	100700	B-LSWT		1
1618		0.175			6.99	0	296.84	98571	298.66	100700	B-LSWT		1
1619		0.175			11.98	0	296.84	98571	298.66	100700	B-LSWT		1
1620		0.175			14	0	296.84	98571	298.66	100700	B-LSWT		1
1621		0.175			16	0	296.84	98571	298.66	100700	B-LSWT		1
1622		0.175			17	0	296.84	98571	298.66	100700	B-LSWT		1
1623		0.175			18	0	296.84	98571	298.66	100700	B-LSWT		1
1624		0.175			18.49	0	296.84	98571	298.66	100700	B-LSWT		1
1625		0.175			19	0	296.84	98571	298.66	100700	B-LSWT		1
1626		0.175			20	0	296.84	98571	298.66	100700	B-LSWT		1
1627		0.175			20.99	0	296.84	98571	298.66	100700	B-LSWT		1
1628		0.176			-3.20076	0	113.99	295111	114.7	301560	ETW		1
1629		0.176			-3.12461	0	113.99	295111	114.7	301560	ETW		1
1630		0.176			-2.98878	0	113.99	295111	114.7	301560	ETW		1

试验条件　状态　气动力结果　压力结果　速度型结果2　+

图 11.47　状态页签

状态id	阻力系数	升力系数	俯仰力矩系数
1617	0.103434	1.16577	-0.532371
1618	0.163663	1.871343	-0.486829
1619	0.222163	2.270918	-0.383439
1620	0.248443	2.419235	-0.333575
1621	0.273851	2.523492	-0.268712
1622	0.286424	2.552682	-0.223874
1623	0.299832	2.581286	-0.179437
1624	0.307034	2.603106	-0.15717
1625	0.311559	2.622771	-0.137374
1626	0.366663	2.602231	-0.089893
1627	0.450737	2.526372	-0.093887
1628	0.0873	0.731757	-0.465169
1629	0.0869	0.749453	-0.4717
1630	0.0869	0.781128	-0.486082

试验条件　状态　气动力结果　压力结果　速度型结果2

图 11.48　数据页签

11.3　结　　语

随着空气动力学领域数字化建设的深入推进，气动数据管理成了提升数据使用效率、缩短数据处理周期、加速研发进程的关键环节。在此背景下，我们完成了此书，旨在实现气动数据的高效存储和管理，为性能评估和优化等应用提供坚实的数据支撑。展望未来，我们将继续完善气动数据管理框架，探索新的技术手段与策略，更好地适应空气动力学数字化建设的需要。至此，本书内容已全部完成，由于时间仓促，书中难免存在不足，敬请读者批评指正。

参 考 文 献

[1] 郑蹬蹬. HMI 代码自动生成与消息处理方法的研究与实现[D]. 杭州: 杭州电子科技大学, 2022. DOI:10.27075/d.cnki.ghzdc.2022.000678.

[2] 王博, 舒新峰, 王小银, 等. 自动代码生成技术的发展现状与趋势[J]. 西安邮电大学学报, 2018, 23(3): 1-12.

[3] 谈振伟. 基于知识表示的智能低代码开发引擎的关键技术研究[D]. 成都: 电子科技大学, 2022. DOI:10.27005/d.cnki.gdzku.2022.004535.

[4] 吴步丹, 林荣恒, 陈俊亮. 基于模板的工作流应用系统代码自动生成[J]. 华中科技大学学报 (自然科学版), 2013, 41(z2): 18-21. DOI:10.13245/j.hust.2013.s2.059.

[5] 汪畅. 基于动词属性的模板化自动代码生成[D]. 重庆: 重庆大学, 2010.

[6] 管太阳. 基于模板的自动代码生成技术的研究[D]. 成都: 电子科技大学, 2007.

[7] 王博, 华庆一, 舒新峰.一种基于模型和模板融合的自动代码生成方法[J].现代电子技术, 2019, 42(22): 69-74.DOI:10.16652/j.issn.1004-373x.2019.22.015.

[8] 徐祝庆. OpenVG 代码自动生成与跨平台仿真系统的设计与实现[D]. 南京: 东南大学, 2015.

[9] 夏云龙. 基于模板的代码自动生成系统的研究与实现[D]. 沈阳: 沈阳理工大学, 2010.

[10] 徐聪. 移动终端应用界面代码自动生成方法的研究与应用[D]. 曲阜: 曲阜师范大学, 2021. DOI:10.27267/d.cnki.gqfsu.2021.000168.

[11] Li Z H, Hu W Q, Wu J L, et al. Improved gas-kinetic unified algorithm for high rarefied to continuum flows by computable modeling of the Boltzmann equation[J]. Physics of Fluids, 2021, 33(12): 126114.1-126114.28.

[12] Hu W Q, Li Z H, Peng A P, et al. A gas-kinetic unified algorithm for non-equilibrium polyatomic gas flows covering various flow regimes[J]. Communications in Computational Physics, 2021, 30(6): 144-189.

[13] 张子彬, 李志辉, 白智勇, 等. 类天宫飞行器轨道衰降过程空气动力特性一体化建模并行优化设计[J]. 载人航天, 2020, 26(4): 418-428.

[14] 白智勇, 李志辉. GPU 并行算法与 N-S 方程高性能计算应用[M]. 北京: 科学出版社, 2020.

[15] Ho M T, Zhu L H, Wu L, et al. A multi-level parallel solver for rarefied gas flows in porous media[J]. Computer Physics Communications, 2019, 234: 14-25.

[16] Hu W Q, Li Z H. Investigation on different discrete velocity quadrature rules in gas-kinetic unified algorithm solving Boltzmann model equation[J]. Computers & Mathematics with Applications, 2018, 75(11): 4179-4200.

[17] 王学斌. 软件工程中基于模型驱动架构的模型转换技术研究[D]. 北京: 国防科学技术大学, 2006.

[18] Wu J, Yang L, Li T, et al. Rule-based fuzzy classifier based on quantum ant optimization algorithm[J]. Journal of Intelligent & Fuzzy Systems, 2015, 29(6): 2365-2371.

[19] Wu J, Yang L, Li Z H. Variable weighted bsvd-based privacy-preserving collaborative filtering[C]. 2015 International Conference on Intelligent Systems and Knowledge Engineering

(ISKE), 2015: 144-148.

[20] 李志辉, 吴俊林, 彭傲平, 等. 天宫飞行器低轨控空气动力特性一体化建模与计算研究[J]. 载人航天, 2015, 21(2): 106-114.

[21] 陈志涛. 概念设计模型驱动的 Web 信息系统的代码自动生成的研究[D]. 深圳: 深圳大学, 2016.

[22] 李文鑫. 基于模型的代码生成技术及软件可靠性分析的研究[D]. 哈尔滨: 哈尔滨工业大学, 2019. DOI:10.27061/d.cnki.ghgdu.2019.002883.

[23] Zhu L H, Pi X C, Su W, et al. General synthetic iteration scheme for nonlinear gas kinetic simulation of multi-scale rarefied gas flows[J]. Published in J. of Comput. Phys., 2020. DOI: 10.1016/j.jcp.2020.110091.

[24] Li Z H, Peng A P, Ma Q, et al. Gas-Kinetic Unified Algorithm for Computable Modeling of Boltzmann Equation and Application to Aerothermodynamics for Falling Disintegration of Uncontrolled Tiangong-No.1 Spacecraft[J]. Advances in Aerodynamics, 2019, 1(4): 1-21.

[25] Li Z H, Li Z H, Wu J L, et al. Coupled N-S/DSMC simulation of multi-component mixture plume flows[J]. Journal of Propulsion and Power, 2014, 30(3): 672-689.

[26] 李志辉, 彭傲平, 马强, 等. 大型航天器离轨再入气动融合结构变形失效解体落区数值预报与应用[J]. 载人航天, 2020, 26(4): 403-417.

[27] 李志辉, 梁杰, 李中华, 等. 跨流域空气动力学模拟方法与返回舱再入气动研究[J]. 空气动力学学报, 2018, 36(5): 826-847.

[28] 李志辉, 梁杰. 跨流域空气动力学模拟"护驾"再入飞行器[J]. 科技纵览, 2018, (8): 57-59.

[29] 李志辉, 石卫波, 唐小伟, 等. 天宫一号再入回放[J]. 科学世界, 2018, 236(10): 106-112.

[30] 徐金秀, 李志辉, 尹万旺. MPI 并行调试与优化策略在三维绕流气体运动论数值模拟中的应用[J]. 计算机科学, 2012, 39(5): 300-303, 313.

[31] 李志辉, 王鹿受. 箔条云整体运动性能建模研究[J].系统仿真学报, 2009, 21(4): 928-931.

[32] 陆林生, 董超群, 李志辉. 多相空间数值模拟并行化研究[J]. 计算机科学, 2003, 30(3): 129-137.

[33] 许伟. 基于协同建模的代码自动生成系统的设计与实现[D]. 南京: 南京航空航天大学, 2021. DOI:10.27239/d.cnki.gnhhu.2021.001762.

[34] 李志辉, 蒋新宇, 吴俊林, 等. 求解 Boltzmann 模型方程高性能并行算法在航天跨流域空气动力学应用研究[J]. 计算机学报, 2016, 39(9): 1801-1811.

[35] 李志辉, 李中华, 杨东升, 等. 卫星姿控发动机混合物羽流场分区耦合计算研究[J]. 空气动力学学报, 2012, 30(4): 483-491.

[36] 李志辉, 梁杰, 李四新, 等. 箔条云跨流域整体气动特性计算研究[J]. 空气动力学学报, 2011, 29(1): 59-67.

[37] 李志辉, 张涵信. 稀薄流到连续流的气体运动论模型方程数值算法研究[J]. 力学学报, 2002, 34(2): 145-155.

[38] 李志辉, 张涵信, 符松. 用于 Poiseuille 等微槽道流的 Boltzmann 模型方程算法研究[J]. 中国科学, 2005, 35(3): 271-291.

[39] 李志辉, 张涵信. 基于 Boltzmann 模型方程的气体运动论统一算法研究[J]. 力学进展, 2005, 35(4): 559-576.

[40] 梁杰, 阎超, 李志辉, 等. 稀薄过渡流区横向喷流干扰效应数值模拟研究[J]. 空气动力学学报, 2013, 31(1): 27-33.

[41] 李海燕, 李志辉, 陈爱国, 等. 高温激波管化学非平衡流动数值模拟研究[J]. 计算力学学报, 2013, 30(s1): 124-129.

[42] 李中华, 李志辉, 李海燕, 等. 过渡流区 N-S/DSMC 耦合计算研究[J]. 空气动力学学报, 2013, 31(3): 282-287.

[43] 蒋新宇, 李志辉, 吴俊林. 气体运动论统一算法在跨流域转动非平衡效应模拟中的应用[J]. 计算物理, 2014, 31(4): 403-411.

[44] 李海燕, 李志辉, 罗万清, 等. 近空间飞行环境泰氟隆烧蚀流场化学非平衡流数值算法及应用研究[J]. 中国科学, 2014, 44(2): 194-202.

[45] 何开锋, 钱炜祺, 汪清, 等. 数据融合技术在空气动力学研究中的应用[J]. 空气动力学学报, 2014, 32(6): 777-782.

[46] 周铸, 黄江涛, 黄勇, 等. CFD 技术在航空工程领域的应用、挑战与发展[J]. 航空学报, 2017, 38(3): 020891.

[47] 张培红, 赵炜, 张耀冰, 等. CFD 在飞翼标模支撑干扰影响研究中的应用[J]. 计算力学学报, 2020, 37(6): 743-749.

[48] 赵炜, 陈江涛, 肖维, 等. 国家数值风洞(NNW)验证与确认系统关键技术研究进展[J]. 空气动力学学报, 2020, 38(6): 1165-1172.

[49] 权巍, 李莉, 徐晶. 基于模型的软件开发方法[M]. 北京: 国防工业出版社, 2011.

[50] 刘艳斌. 基于深度学习框架的代码自动生成算法研究[D]. 重庆: 重庆邮电大学, 2019.

[51] 王晓宇, 钱红兵. 基于 UML 类图和顺序图的 C++代码自动生成方法的研究[J]. 计算机应用与软件, 2013, 30(1): 190-195.

[52] 胡凯, 张腾, 尚利宏, 等. 面向同步规范的并行代码自动生成[J]. 软件学报, 2017, 28(7): 1698-1712.

[53] 杨志斌, 袁胜浩, 谢健, 等. 一种同步语言多线程代码自动生成工具[J]. 软件学报, 2019, 30(7): 1980-2002.

[54] 王家龙, 刘艳红, 沈立. 线程级猜测并行系统代码自动生成工具的设计与实现[J]. 计算机科学, 2017, 44(11): 114-119.

[55] Yang Y, Li X, Ke W, et al. Automated prototype generation from formal requirements model[J]. IEEE Transactions on Reliability, 2019, 69(2): 632-656.

[56] Nguyen N, Mhenni F, Choley J Y. AltaRica 3.0 Code Generation from SysML Models[M]. Safety and Reliability—Safe Societies in a Changing World. London: CRC Press, 2018: 2435-2440.

[57] Kirchner A, Oetjens J H, Bringmann O. Using SysML for modelling and code generation for smart sensor ASICs[C]. 2018 Forum on Specification & Design Languages (FDL). IEEE, 2018: 5-16.

[58] Schulze S, Schupp S, Gotting DID. Automatic code synthesis of UML/SysML state machines for airborne applications[J]. 2016.

[59] Hossein M, Hemmat A, Mohamed O A, et al. Towards code generation for ARM Cortex-M MCUs from SysML activity diagrams[C]. 2016 IEEE International Symposium on Circuits and

Systems (ISCAS). IEEE, 2016: 970-973.

[60] 张伟伟, 寇家庆, 刘溢浪. 智能赋能流体力学展望[J]. 航空学报, 2021, 42(4): 20-65.

[61] 刘沛清. 空气动力学[M]. 北京: 科学出版社, 2021.

[62] Weiland C. 航天飞行器空气动力学数据集[M]. 唐志共, 陈喜兰, 译. 北京：国防工业出版社, 2017.

[63] Silberschatz A, Korthb H F, Sudarsham S. 数据库系统概念[M]. 7版. 杨冬青, 李红燕, 张金波, 等译. 北京：机械工业出版社, 2021.

[64] Peng A P, Li Z H, Wu J L, et al. Implicit gas-kinetic unified algorithm based on multi-block docking grid for multi-body reentry flows covering all flow regimes[J]. Journal of Computational Physics, 2016, 327: 919-942.

[65] 李盾, 何跃龙, 刘帅, 等. 近空间连续流区航天器残骸解体分离落点散布数值预测研究[J]. 载人航天, 2020, 26(5): 550-556, 573.

[66] 石卫波, 孙海浩, 唐小伟, 等. 金属结构航天器陨落过程三维瞬态传热有限元算法研究[J]. 计算力学学报, 2019, 36(1)：219-225.

[67] 李志辉, 张涵信. 跨流域三维复杂绕流问题的气体运动论并行计算[J]. 空气动力学学报, 2010, 28(1): 7-16.

[68] 李志辉, 张涵信. 稀薄流到连续流的气体运动论统一算法研究[J]. 空气动力学学报, 2003, 21(3): 255-266.

[69] Li Z H, Zhang H X. Numerical investigation from rarefied flow to continuum by solving the Boltzmann model equation[J]. International Journal of Numerical Methods in Fluids, 2003, 42(4): 361-382.

[70] Xu K, Li Z H. Microchannel flow in the slip regime: Gas-kinetic BGK-Burnett solutions[J]. Journal of Fluid Mechanics, 2004, 513: 87-110.

[71] 梁杰, 李志辉, 李绪国, 等. 大型航天器再入解体气动力热特性模拟的直接模拟蒙特卡洛方法研究[J]. 载人航天, 2020, 26(5): 537-542.

[72] Li Z H, Zhang H X. Study on the unified algorithm for flows from rarefied transition to continuum using Boltzmann model equation[J]. Fourth Asia Workshop on Computational Fluid Dynamics, 2004, 13(2): 289-294.

[73] Li Z H, Zhang H X. Gas kinetic algorithm using Boltzmann model equation[J]. Computers & Fluids , 2004, 33(7): 967-991.

[74] Li Z H, Zhang H X, Fu S, et al. A gas kinetic algorithm for flows in microchannel[J]. International Journal of Nonlinear Sciences and Numerical Simulation, 2005, 6(3): 261-270.

[75] 李志辉, 彭傲平, 方方, 等. 跨流域高超声速绕流环境 Boltzmann 模型方程统一算法研究[J]. 物理学报, 2015, 64(22): 224703-1-224703-16.

[76] Zhu G H, Li H C, Underwood I, et al. Specific surface area and neutron scattering analysis of water's glass transition and micropore collapse in amorphous solid water[J]. Modern Physics Letters B, 2019, 33(31): 1950391.

[77] Li J, Cai C P, Li Z H. Efficient DSBGK simulations of the low speed thermal transpiration gas flows through micro-channels[J]. Inter. Communications in Heat and Mass Transfer, 2020, 119: 104924.

[78] 孙学舟, 李志辉, 吴俊林, 等. 再入气动环境类电池帆板材料微观响应变形行为分子动力学模拟研究[J]. 载人航天, 2020, 26(4): 459-468.

[79] Li J, Cai C P, Li Z H. Knudsen diffusion differs from fickian diffusion[J]. Physics of Fluids, 2021, 33(4): 042009.1-042009.4.

[80] 蒋新宇, 党雷宁, 李志辉, 等. 航天器无控再入解体非规则碎片散布范围分析研究[J]. 载人航天, 2020, 26(4): 436-442.

[81] 党雷宁, 李志辉, 唐小伟, 等. 基于等效迎角的气动融合轨道直接积分计算无控航天器轨道衰降研究[J]. 载人航天, 2020, 26(4): 452-458.

[82] 李中华, 党雷宁, 李志辉, 等. 天宫飞行器过渡流区高超声速绕流 N-S/DSMC 耦合计算[J]. 载人航天, 2020, 26(5): 543-549.

[83] 罗万清, 梁剑寒, 李海燕, 等. 最小二乘无网格方法及其在近空间解体碎片绕流场模拟应用[J]. 载人航天, 2020, 26(5): 557-565.

[84] 王泽江, 李杰, 曾学军, 等. 逆向喷流对双锥导弹外形减阻特性的影响[J]. 航空学报, 2020, 41(12): 215-223.

[85] 方明, 李志辉, 李中华, 等. 球锥钝头体再入稀薄气体电离过程三维 DSMC 模拟与验证[J]. 空气动力学学报, 2017, 35(1): 39-45.

[86] 陈爱国, 陈力, 李志辉, 等. 瑞利散射测速技术在高超声速流场中应用研究[J]. 实验流体力学, 2017, 31(6): 51-55.

[87] 李明, 祝智伟, 李志辉. 红外热图在高超声速低密度风洞测热试验中的应用概述[J]. 实验流体力学, 2013, 27(3): 108-112.

[88] 李绪国, 杨彦广, 李志辉, 等. 小尺寸应变天平设计方法研究[J]. 实验流体力学, 2013, 27(4): 78-82.

[89] 李志辉, 张涵信. 基于 Boltzmann 模型方程各流域三维复杂绕流问题统一算法研究[J]. 中国科学, 2009, 39(3): 414-427.

[90] 李中华, 李志辉, 吴俊林, 等. 羽流中固体颗粒在真空环境下分布的数值仿真[J]. 固体火箭技术, 2014, 37(6): 797-803.

[91] 杨福军, 刘云楚, 阳贵刚. 导弹气动数据库管理系统分析与设计[J]. 兵工自动化, 2006, 25(3): 38-45.

[92] 李志辉, 方明, 唐少强. DSMC 方法中的统计噪声分析[J]. 空气动力学学报, 2013, 31(1): 1-8.

[93] 李志辉, 吴俊林, 蒋新宇, 等. 含转动非平衡效应 Boltzmann 模型方程统一算法与跨流域绕流问题模拟研究[J]. 空气动力学学报, 2014, 32(2): 137-145.

[94] 李志辉, 吴俊林, 蒋新宇, 等. 跨流域高超声速绕流 Boltzmann 模型方程并行算法[J]. 航空学报, 2015, 36(1): 201-212.

[95] 方方, 周璐, 李志辉. 航天器返回地球的气动特性综述[J]. 航空学报, 2015, 36(1): 24-38.

[96] 梁杰, 李志辉, 杜波强, 等. 大型航天器再入陨落时太阳翼气动力/热模拟分析[J]. 宇航学报, 2015, 36(12): 1348-1355.

[97] Li Z H, Ma Q, Cui J Z. Finite element algorithm for dynamic thermoelasticity coupling problems and application to transient response of structure with strong aerothermodynamic environment[J]. Communications in Computational Physics, 2016, 20(3): 773-810.

[98] Li Z H, Zhang H X. Gas-kinetic numerical method for solving mesoscopic velocity distribution function equation[J]. Acta Mechanica Sinica, 2007, 23(3): 121-132.

[99] 梁杰, 李志辉, 杜波强, 等. 探月返回器稀薄气体热化学非平衡特性数值模拟[J]. 载人航天, 2015, 21(3): 295-302.

[100] 李志辉, 蒋新宇, 吴俊林, 等. 转动非平衡玻尔兹曼模型方程统一算法与全流域绕流计算应用[J]. 力学学报, 2014, 46(3): 336-351.